“十二五”职业教育
国家规划教材修订版

国家职业教育建筑工程技术专业
教学资源库配套教材

U0501966

土建施工类专业导论

（第二版）

▶主　编　胡兴福

质检

高等教育出版社·北京

内容提要

本书是“十二五”职业教育国家规划教材修订版，同时也是国家职业教育建筑工程技术专业教学资源库配套教材。

本书内容包括5章，依次为走进建筑、走进建筑业、走进高等职业教育、走进土建施工类专业、走进大学学习。

本书在使学生认知建筑、建筑业、高等职业教育的基础上，介绍土建施工类专业“干什么、学什么、怎么学”。

本书是“高等职业教育建筑工程技术专业教学资源库”的配套教材，也可单独用作专业教育教材。

本书适用于土建施工类专业的专业教育，也可供有关专业人员参考。

本书配套有微课、教学课件等资源。视频类资源可直接扫描书中二维码观看，授课教师如需课件资源，可发送邮件至 gztj@pub.hep.cn 索取。

图书在版编目(CIP)数据

土建施工类专业导论/胡兴福主编.--2版.--北京:高等教育出版社,2021.8(2022.9重印)

ISBN 978-7-04-056202-6

Ⅰ.①土… Ⅱ.①胡… Ⅲ.①土木工程-工程施工-高等职业教育-教材 Ⅳ.①TU74

中国版本图书馆CIP数据核字(2021)第109561号

TUJIAN SHIGONGLEI ZHUANYE DAOLUN

策划编辑 刘东良　责任编辑 刘东良　封面设计 张雨微　版式设计 徐艳妮
插图绘制 于 博　责任校对 吕红颖　责任印制 朱 琦

出版发行 高等教育出版社
社 址 北京市西城区德外大街4号
邮政编码 100120
印 刷 涿州市京南印刷厂
开 本 850mm×1168mm 1/16
印 张 14.25
字 数 370千字
购书热线 010-58581118
咨询电话 400-810-0598

网 址 http://www.hep.edu.cn
http://www.hep.com.cn
网上订购 http://www.hepmall.com.cn
http://www.hepmall.com
http://www.hepmall.cn
版 次 2012年9月第1版
2021年8月第2版
印 次 2022年9月第2次印刷
定 价 38.80元

本书如有缺页、倒页、脱页等质量问题，请到所购图书销售部门联系调换
版权所有 侵权必究
物 料 号 56202-00

“智慧职教”服务指南

“智慧职教”是由高等教育出版社建设和运营的职业教育数字教学资源共建共享平台和在线课程教学服务平台，包括职业教育数字化学习中心平台（www.icve.com.cn）、职教云平台（zjy2.icve.com.cn）和云课堂智慧职教 App。用户在以下任一平台注册账号，均可登录并使用各个平台。

- 职业教育数字化学习中心平台（www.icve.com.cn）：为学习者提供本教材配套课程及资源的浏览服务。

登录中心平台，在首页搜索框中搜索“建筑工程技术专业导论”，找到对应作者（胡兴福）主持的课程，加入课程参加学习，即可浏览课程资源。

- 职教云（zjy2.icve.com.cn）：帮助任课教师对本教材配套课程进行引用、修改，再发布为个性化课程（SPOC）。

1. 登录职教云，在首页单击“申请教材配套课程服务”按钮，在弹出的申请页面填写相关真实信息，申请开通教材配套课程的调用权限。

2. 开通权限后，单击“新增课程”按钮，根据提示设置要构建的个性化课程的基本信息。

3. 进入个性化课程编辑页面，在“课程设计”中“导入”教材配套课程，并根据教学需要进行修改，再发布为个性化课程。

- 云课堂智慧职教 App：帮助任课教师和学生基于新构建的个性化课程开展线上线下混合式、智能化教与学。

1. 在安卓或苹果应用市场，搜索“云课堂智慧职教”App，下载安装。

2. 登录 App，任课教师指导学生加入个性化课程，并利用 App 提供的各类功能，开展课前、课中、课后的教学互动，构建智慧课堂。

“智慧职教”使用帮助及常见问题解答请访问 help.icve.com.cn。

第二版前言

本书在第一版的基础上修订而成。本书保留了第一版的内容结构、逻辑线条和版式设计。本次修订的主要内容是：

(1) 根据建筑行业和职业教育的发展，对部分内容进行了更新；

(2) 结合课程思政的要求，丰富了案例和小故事；

(3) 为了适应线上、线下混合教学需要，增加了数字资源，包括三维动画、知识点视频等，读者通过扫描二维码即可观看。

本书是"高等职业教育建筑工程技术专业教学资源库"的配套教材，可以利用资源库将信息的触角延伸。同时，与本教材配套的"建筑工程技术专业导论"在线开放课程，已在智慧职教 MOOC 学院开课 5 轮，在持续的教学实践中，课程资源不断丰富、内容不断完善。

本书由四川建筑职业技术学院胡兴福、黄陆海、张爱莲，中国建筑第二工程局有限公司于震，中国建筑第八工程局有限公司华南分公司胡铮修订，胡兴福任主编。学习单元 1 由张爱莲、胡铮修订，学习单元 2 由黄陆海、于震修订，学习单元 3 由张爱莲修订，学习单元 4 由胡兴福修订，学习单元 5 由黄陆海修订。本书由四川建筑职业技术学院吴泽教授主审，在编写中参考了很多公开文献和互联网资源，在此一并致以衷心的感谢。

本书所涉及的知识面很广，而编者水平有限，因此书中疏漏难免，恳请同行批评指正。

编　者

2021 年 2 月

第一版前言

一个高中毕业生进入专业学校学习，对将来干什么、学什么、怎么学都一无所知，热爱专业、勤奋学习也就无从说起或者缺乏理性依据，所以专业教育就成了各个学校、各个专业都必须进行的工作。但是，对于土建施工类专业，却一直没有相应教材，这就使这项工作的效果大打折扣。本书就是在这样的背景下编写的。

本书内容包括5章，依次为走进建筑、走进建筑业、走进高等职业教育、走进土建施工类专业、走进大学学习。其逻辑线条是：在使学生认知建筑、建筑业、高等职业教育的基础上，介绍土建施工类专业毕业生将来的职业岗位、岗位职责以及需要具备的知识，土建施工类专业毕业生的职业发展路径，土建施工类专业的课程设置与教学内容，大学学习的一般原理及土建施工类专业的学习方法，简单讲就是告诉学生“干什么、学什么、怎么学”。

本书是“国家职业教育建筑工程技术专业教学资源库”配套教材中的一本，其定位是整套教材的“总引”，但同时又考虑了本书作为单独的专业教育用书；不但可以利用资源库将信息的触角延伸，还能因此而使学习变得有趣和快乐。本书参考学时分配表如下：

参考学时分配表

序号	授课内容	学时分配(学时)	
		讲课	实践
1	走进建筑	4	2
2	走进建筑业	2	
3	走进高等职业教育	2	
4	走进土建施工类专业	4	
5	走进大学学习	2	
合计		14	2

本书由四川建筑职业技术学院胡兴福、黄陆海、张爱莲及深圳职业技术学院叶玲编写，胡兴福任主编。

本书承蒙四川建筑职业技术学院吴泽教授审稿，在编写中参考了很多公开文献和四川建筑职业技术学院王长连教授的校内讲义《大学学习策略》，并引用了一些网络上的资料，在此一并致以衷心的感谢。

本书所涉及的知识面很广，而编著者水平有限，因此书中错漏难免，恳求同行批评指正。

编　者

2012年6月

目 录

学习单元 1

走进建筑

■ **学习导引** ……………………………………………………………………■

建筑在我们的身边无处不在,建筑与人们的生活有着密不可分的关系。那么什么是建筑?建筑如何分类?建筑的构成要素有哪些?建筑是如何诞生的?建筑的发展历史以及展望又如何?本单元将介绍这些内容,以利大家对建筑能有较全面的认识。

■ **学习目标** ……………………………………………………………………■

了解什么是建筑,建筑的诞生以及建筑的发展历史及展望;掌握建筑的分类和构成要素。

1.1 什么是建筑

1.1.1 建筑的定义

什么是建筑?一般人也许会这样回答:建筑就是房子。但在深入研究后,你却会发现,这种回答是很不确切的。“房子”是建筑,但并不等同于“建筑”。英文对此区分得很清楚,“建筑”是 architecture,“房子”则是 house(图 1-1)。

建筑的定义

关于什么是建筑这一问题,在学术界一直存有争议。近现代建筑理论认为,建筑就是空间。这种提法是有一定道理的。我们的生活起居、交谈休息、用餐、购物、上课、科研、开会、就诊、看书阅览、观看演出、体育活动以及车间劳动,等等,都在建筑空间中进行。

但是,仅仅说建筑就是空间还是不够全面的,因为它还没有涉及建筑的一些重要内涵。

建筑不仅仅是一种空间,还是一种艺术。但它与其他艺术的不同之处是它具有高度的工程技术性。英文“建筑”——architecture,来源于希腊文“archi”和“tekt”。“tekt”意为“技艺”,“archi”则是“最重要的”“占第一位的”“首要的”的意思。如果我们设想,迄今为止人间留存的所有建筑艺术珍品一旦都不复存在,我们的历史将会显得多么苍白,生活将会失掉多少光彩!建筑还具有文化性。所谓文化性,就是它的民族性和地域性,它的历史性和时代性。

综上所述,要给"建筑"下一个确切的简短的定义,还真不是容易的一件事。但这并不怎么妨碍我们对建筑的认识,甚至,也许永远也不会找到恰当的定义这件事情本身,更有助于我们体会到建筑的复杂性。但是我们还是可以用浅显易懂的语言解释建筑的狭义概念:建筑[1]就是为了满足人们生活和生产而营造的空间。建筑可分为建筑物和构筑物。

图 1-1 典型的 house

建筑物是人造的、相对于地面固定的、有一定存在时间的、且是人们为了其形象或为了其空间使用的物体,强调相对直接地被人观赏或进入活动,如住房、宫殿、教堂和城堡等。构筑物指房屋以外的工程建筑,强调相对间接地为人服务的固定人造物,如围墙、道路、水坝、水井、隧道、水塔、桥梁、聚气塔、炼铁炉和烟囱等。图 1-2~图 1-7 都属建筑范畴。

图 1-2 印度泰姬陵

图 1-3 哥特式艺术建筑

图 1-4 布达拉宫

图 1-5 古罗马斗兽场

图 1-6 金字塔

图 1-7 长城

1.1.2 建筑的分类

建筑既然这么复杂，它又可以分为哪些类型呢？从古至今，建筑主要是为人们生活、生产服务的。随着社会的进步，生产分工的细化，人们对生活质量的不同要求，建筑的属性越来越广泛，建筑的分类也就越来越细致了。因此按照不同的情况，建筑有多种分类方法。

建筑的分类

一、按建筑的使用性质分类

1. 生产性建筑

工业建筑[2]：指供人们进行工业生产活动的建筑。

农业建筑[3]：指供人们进行农牧业的种植、养殖、贮存等用途的建筑，如粮仓、温室、种子库(图 1-8)等。

2. 非生产性建筑

非生产性建筑[4]又叫民用建筑，是指供人们工作、学习、生活、居住等的建筑，按功能可以分为居住建筑和公共建筑两大类。居住建筑主要是指提供家庭和集体生活起居用的建筑物，公共建筑主要是指提供人们进行各种社会活动的建筑物，见表 1-1。图 1-9 所示为园林建筑。

图 1-8 种子库

图 1-9 拙政园(苏州)

表 1-1 民用建筑分类

分类	建筑类型	建筑物举例
居住建筑	住宅	住宅、公寓、福利院等
	宿舍	职工宿舍、职工公寓、学生宿舍、学生公寓
公共建筑	教育建筑	托儿所、幼儿园、中小学、高等院校、职业学校、特殊教育学校
	办公建筑	各级党委、政府办公楼,企业、事业、团体、社区办公楼
	科研建筑	实验楼、科研楼、设计楼
	文化建筑	剧院、电影院、图书馆、博物馆、档案馆、文化馆展览馆音乐厅
	商业建筑	百货公司、超级市场、菜市场、旅馆、餐馆、饮食店、洗浴中心、美容中心
	服务建筑	银行、邮电所、电信大楼、会议中心、殡仪馆
	体育建筑	体育场、体育馆、游泳馆、健身房
	医疗建筑	综合医院、康复中心、急救中心、疗养院等
	交通建筑	汽车客运站、港口客运站、铁路旅客站、空港航站楼、地铁站等
	纪念性建筑	纪念碑、纪念馆、纪念塔、名人故居等
	园林建筑	动物园、植物园、海洋馆、游乐场、旅游景点建筑、城市建筑小品等
	综合建筑	功能综合体、商住楼等

二、按建筑物的层数或总高度分类

按建筑物的层数或总高度分类主要是针对民用建筑而言的。建筑高度[5]是指自室外设计地面至主体檐口顶部的垂直高度。

《民用建筑设计统一标准》(GB 50352—2019)规定,民用建筑按使用功能可分为居住建筑和公共建筑两大类。其中,居住建筑可分为住宅建筑和宿舍建筑。民用建筑按地上建筑高度或层数进行分类,可分为低层或多层民用建筑、高层民用建筑和超高层建筑。低层或多层民用建筑[6]是指建筑高度不大于 27.0 m 的住宅建筑、建筑高度不大于 24.0 m 的公共建筑及建筑高度大于 24.0 m 的单层公共建筑。高层民用建筑[7]是指建筑高度大于 27.0 m 但不大于 100.0 m 的住宅建筑和建筑高度大于 24.0 m 但不大于 100.0 m 的非单层公共建筑。建筑高度大于 100.0 m 的建筑(包括住宅和公共建筑)为超高层建筑[8]。

国际上,又将高层建筑进行具体分类:第一类高层建筑[9]9~16 层(最高 50 m),第二类高层建筑[10]17~25 层(最高 75 m),第三类高层建筑[11]26~40 层(最高 100 m),第四类高层建筑[12]40 层以上(100 m 以上)。

1.1.3 建筑的构造组成

通过前面的学习，已经知道了什么是建筑以及建筑的分类。那么建筑是由哪些部分组成的呢？建筑虽然种类繁多、形式千差万别，而且在使用要求、空间组合、外形处理、结构形式、构造方式、规模大小等方面存在着种种不同，但它们都具有相同的构造组成。接下来，我们一起来讨论这个问题。

房屋建筑通常是由基础、墙或柱、楼地层、楼梯、屋顶、门窗等六大部分所组成。图 1-10 所示为某住宅建筑构造组成的剖切立体图，表示出一般民用建筑主要构件和配件。这些组成构件处在不同的部位，发挥不同的作用，共同组成完整的建筑。

建筑的构造组成

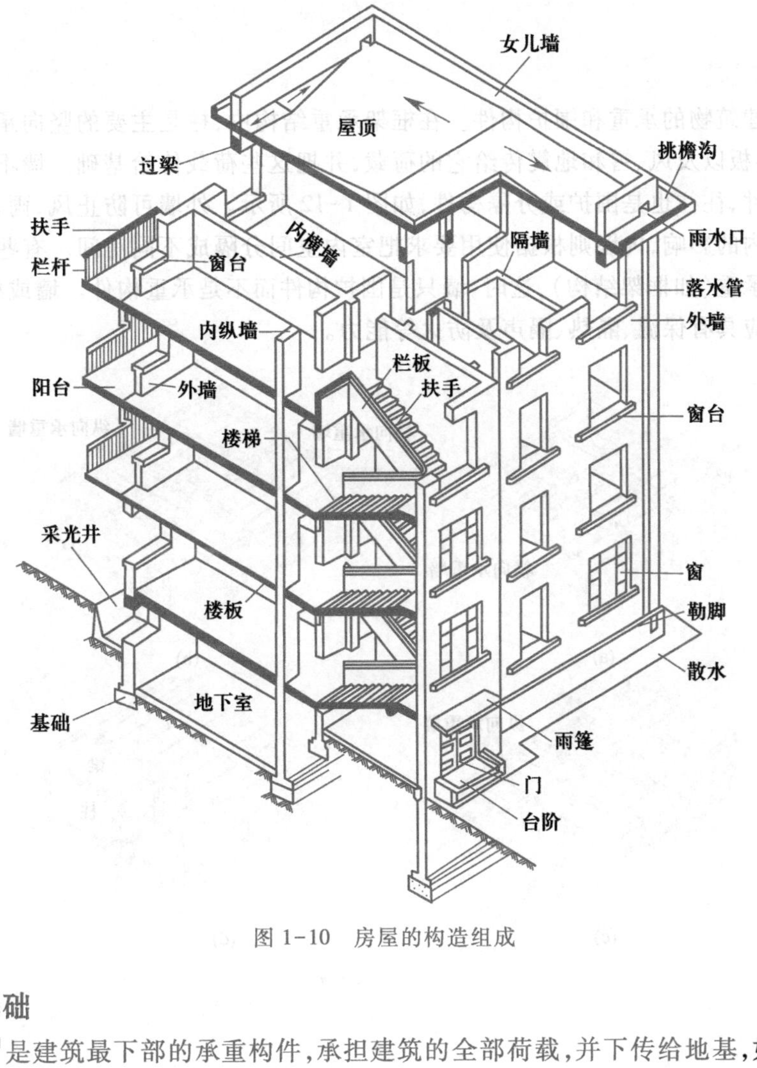

图 1-10 房屋的构造组成

一、基础

基础[13]是建筑最下部的承重构件，承担建筑的全部荷载，并下传给地基，如图 1-11 所示。基础是房屋的重要组成部分，应该坚固、稳定、能经受冰冻和地下水及其所含化学物质的侵蚀。

图 1-11 柱基础

二、墙或柱

墙体是建筑物的承重和围护构件。在框架承重结构中，柱是主要的竖向承重构件。它承受屋顶、楼板以及风、雪和地震传给它的荷载，并把这些荷载传给基础。墙不仅是一个重要的承重构件，往往也是围护或分隔构件，如图 1-12 所示。外墙可防止风、雨、雪以及太阳辐射等对室内的影响，内墙则根据使用要求把室内空间分隔成不同房间。有些房屋不用墙承重而用柱承重（如框架结构），这时，墙只是围护构件而不是承重构件。墙或柱应坚固、稳定、耐久，还应具有保温、隔热、隔声及防火等能力。

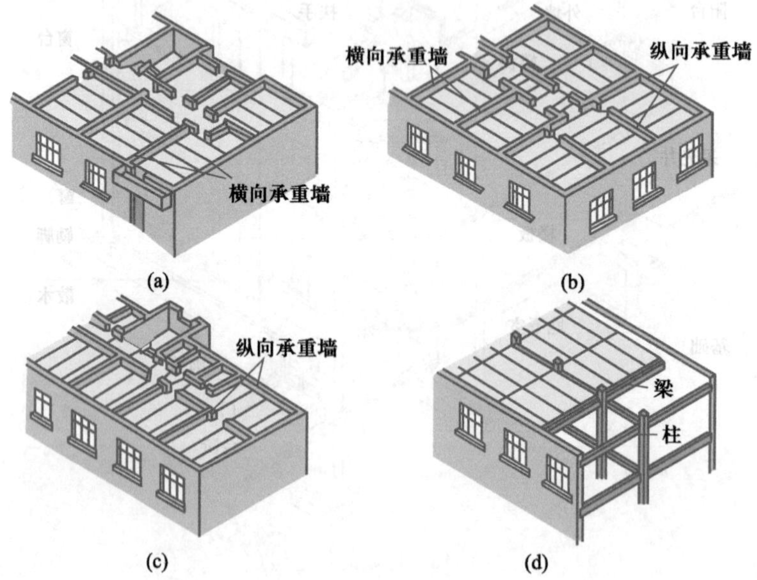

图 1-12 墙体类型

三、楼地层

楼地层[14]是楼房建筑中的水平承重构件，包括底层地面和中间的楼板层。楼板把建筑空间在垂直方向分隔成若干层，并把所承受的荷载传给墙或柱。楼板支承在墙或柱上，对墙或柱也起水平支撑作用。楼板层应是坚固、刚性好，并具有一定耐磨、隔声、防火的能力。一般底层是做成实铺地面，它把所承受的荷载传递给地基。

四、楼梯

楼梯[15]是楼房建筑的垂直交通设施，供人们平时上下和紧急疏散时使用(图 1-13)。楼梯应有适当的坡度，足够的通行和疏散能力，并应满足防火、防烟、耐磨、防滑等要求。

五、屋顶

屋顶[16]是建筑顶部的承重和围护构件，一般由屋面、保温(隔热)层和承重结构三部分组成。屋面的作用是防止雨水渗漏并将雨水排除，同时防止风雪对室内的影响。承重结构的作用是承受屋顶的全部荷载，并把这些荷载传给墙或柱。保温(隔热)层的作用是防止冬季室内热量散发和夏季太阳辐射热进入室内。

图 1-13 楼梯

屋顶的承重结构应有足够的强度和刚度，屋面应具有良好的防水、排水和保温(隔热)性能。

六、门窗

门主要用作内外交通联系及分隔房间，窗的作用主要是采光、通风和供人眺望，门窗属于非承重构件。门是供人们出入交通和内外联系用的建筑配件。在遇有灾害事故时，尚起紧急疏散作用，有的门还兼有采光和通风的作用。同时，门和窗还有抵御风、雨、冰、雪等侵蚀和隔声作用。

七、其他

房屋除上述基本构配件组成之外，还有一些其他构配件，如台阶、散水、阳台、走廊、天沟、雨水管、勒脚、踢脚板等。散水[17]是指与房屋外墙墙脚相交接的室外地面部分，用以分散雨水，保护墙基免受雨水侵蚀，一般宽度在 600～1 000 mm。有砖铺散水、现浇细石混凝土散水和普通混凝土散水等几种。勒脚是指室外地面(或散水)以上的一小段房屋外墙，由于这个部位的墙体经常遭受雨雪的侵蚀和地下水沿基础上升而变得潮湿，易受冻融破坏，因此要求使用耐水性较好的材料砌筑，或用水泥砂浆抹面来保护。天沟[18]是坡屋面使雨水统一流向落水管的落水沟。踢脚板[19]又称“踢脚线”，是楼地面和墙面相交处的一个重要构造节点。

组成房屋的六大部分构配件各自所起的作用不同，但归纳起来可以分为三类：承重构件(承重结构)，如基础、柱、楼梯；围护构件(围护结构)，如门窗，非承重墙；既承重构件又围护的构件，如承重的墙、楼板层、屋顶等。

1.2 建筑的构成要素

1.2.1 建筑功能

一、建筑的基本功能

“实用、坚固、美观”被称为建筑三要素。建筑的功能要求是建筑三要素中实用性的体现。建筑功能是随着人类社会的发展和生活方式的变化而发展变化的。各种建筑都应表现出对使用者的最大关怀，并尽可能满足基本的使用要求。

1. 人体活动尺度要求

人在建筑所形成的空间里活动，人体的各种活动尺度与建筑空间具有十分密切的关系，为了满足使用、活动的需要，应该熟悉人体活动的基本尺度（图 1-14）。

当我们置身于建筑中时，总会有大或是小、宽或是窄的感觉。如果不考虑经济因素的话，宽而大的建筑总是令人更乐于接受的。可我们又不能因为经济的原因把建筑建造得太小，因为生活在建筑中的人们有最起码的身体活动基本要求。走、站、坐、躺、蹲、举等都是人的基本动作，而这些动作的完成必须有相应的空间，这些空间就是人体活动尺度。建筑必须满足人体活动尺度的基本要求。

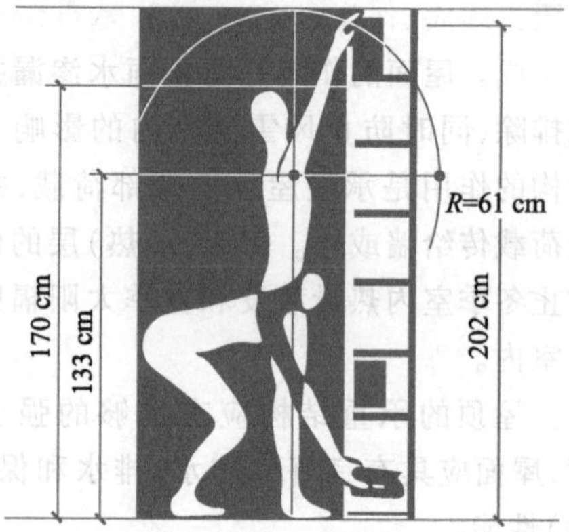

图 1-14 人体活动的基本尺度

2. 人的生理要求

人的生理要求主要包括对建筑物的朝向、保温、防潮、隔热、隔声、通风、采光、照明等方面的要求，这是满足人们生产、生活所必须的条件。

北半球的建筑为了在冬季取得较多的日照，要尽量争取南向，南半球则相反。潮湿炎热地区的建筑要求通风良好，建筑就应取得较好的方位以形成室内的“穿堂风”，保持气流的通畅。对于舒适度要求较高的室内环境，则需要采用人工照明和空调设施来弥补采光和通风的不足。

3. 使用过程和特点的要求

人们在各种类型的建筑中活动，经常是按照一定的顺序或路线进行的。如铁路旅客站必须充分考虑旅客的活动顺序和特点，才能合理地安排好售票厅、大厅、候车室、进出站口等各部分之间的关系。这就要求建筑物的各个部分之间的关系有一定的次序。人是建筑中的主体，应以人流路线作为建筑中交通路线的主导线，把各部分内外空间设计成有机结合的空间序列。

不同建筑在使用上又常具有某些特点，它们直接影响着建筑的功能使用。如公共食堂中的备餐与用餐；实验室中对空气温度、湿度的要求；工业建筑中的设备配置和生产工艺的要求等。这些都是建筑设计中必须考虑的功能问题。

二、建筑的光、声、热工等功能

人类在本能上有着强烈的趋光性，这不仅是生理的需求，也是心理的需求。光作为一种自然元素始终贯穿于建筑的发展过程中。伴随着人类不断提高的居住要求，光的把握与使用早已不再停留在单纯的功能层面上，而是已经提高为精神空间做贡献。因此，光已成为建筑中最为活跃的因素。人类很早就掌握了在屋顶或墙壁上开洞收集天然光照明的方法。现在的建筑中天然光通过采光口到达室内，不仅带来满足视觉工作要求的照度，而且创造出各种各样的空间效果。建筑中的光分为自然采光和人工照明。自然光是取之不尽用之不竭的能源，应予有效利用。如果自然光能进入到某一空间，那电光源就只能算是一个补充光源，进行定点照明，平衡一点亮度而已。

随着我国住宅的商品化及人民生活水平的提高,住宅不再只是一个遮风挡雨的地方,人们对居住环境越来越重视。近年来,交通运输业发展迅速,人们出行更加方便快捷,但同时交通噪声污染也日益严重。人们追求舒适的室内环境,却忽视了室外环境,如建筑物空调系统的室外设备(冷却塔、通风机等)都是噪声源。总之,噪声源的数量及强度都在急剧增加,使得声环境质量下降。一方面是声环境质量不断恶化,而另一方面是人们对住宅声环境要求的提高,因此,我们应该在日趋嘈杂的环境中创建一个安静的居住环境。良好的住宅声环境是室内与室外声环境的和谐统一;提高住宅的声环境质量,需从城市规划、管理制度、住宅区设计、施工等方面综合采取措施。

一个好的建筑物不仅外观设计要好,而且内部功能要合理,良好的热工环境就是其中一项,合理的热工设计不仅不影响建筑物的外观,而且还为建筑设计丰富了表达手法。随着人们生活水平的提高,对建筑物的要求也日益多样和复杂,建筑不仅仅是满足生活和生产功能所需,同时还要求节能、环保,在建筑中如何做到使用、美观、节能是每一位设计者都要面临的问题。近年来,随着我国经济建设的不断发展,大型综合的建筑物越来越多,这些建筑物往往配备采暖空调系统,每年要消耗可观的能源用来维持必要的室内温度,如果在设计过程中多考虑一些建筑热工方面的问题,不仅可以降低系统运行的能耗,而且可以有效地减少花费在设备系统上的造价。

1.2.2 建筑的物质技术条件

建筑的物质技术条件主要是指房屋用什么建造和怎样去建造的问题,一般包括建筑的结构、材料、施工和各种设备等。它决定建筑的坚固性。

一、建筑材料

有人说过:上帝一次性给出了木头、石头、泥土和茅草,其他的一切都是人的劳作,这就是建筑。建筑都是由建筑材料组成的。用于土建工程的材料总称为建筑材料或土木工程材料[20]。那建筑材料是如何分类?它的发展如何?

1. 建筑材料的分类

(1) 按化学成分分类。按照化学成分不同,将建筑材料分为无机材料、有机材料和复合材料三大类,见表 1-2。

表 1-2　建筑材料按化学成分分类

<table>
<tr><th colspan="4">分类</th><th>举例</th></tr>
<tr><td rowspan="8">无机材料</td><td rowspan="2">金属材料</td><td colspan="2">黑色金属</td><td>铁、钢、不锈钢</td></tr>
<tr><td colspan="2">有色金属</td><td>铝、铜及其合金</td></tr>
<tr><td rowspan="6">非金属材料</td><td colspan="2">天然石材</td><td>砂、石及石材制品</td></tr>
<tr><td colspan="2">烧土制品</td><td>砖、瓦、陶、瓷、琉璃制品</td></tr>
<tr><td colspan="2">玻璃及熔融制品</td><td>玻璃、玻璃纤维、岩棉、铸石</td></tr>
<tr><td rowspan="2">胶凝材料</td><td>气硬性胶凝材料</td><td>石灰、石膏、菱苦土、水玻璃</td></tr>
<tr><td>水硬性胶凝材料</td><td>水泥</td></tr>
<tr><td colspan="2">混凝土及硅酸盐制品</td><td>混凝土、砂浆、硅酸盐制品</td></tr>
</table>

续表

分类		举例
有机材料	植物材料	竹材、木材、植物纤维及其制品
	沥青材料	石油沥青、煤沥青、沥青制品
	合成高分子材料	塑料、涂料、胶黏剂、合成橡胶
复合材料	无机非金属材料与有机材料复合	玻璃纤维增强塑料、聚合物水泥混凝土、沥青混凝土
	金属材料与无机非金属材料复合	钢筋混凝土、钢纤维增强混凝土
	金属材料与有机材料复合	轻金属夹芯板

（2）按材料来源分类。建筑材料按材料来源可分为天然建筑材料和人工材料两类。

天然建筑材料如常用的土料、砂石料、石棉、木材等及其简单采制加工的成品（如建筑石材等）。

人工材料如石灰、水泥、沥青、金属材料、土工合成材料、高分子聚合物等。

（3）按功能分类。建筑材料按功能分为结构材料、防水材料、胶凝材料、装饰材料、防护材料、隔热保温材料等。

结构材料如混凝土、型钢、木材等。

防水材料如防水砂浆、防水混凝土、镀锌薄钢板、紫铜止水片、膨胀水泥防水混凝土、遇水膨胀橡胶嵌缝条等。

胶凝材料如石膏、石灰、水玻璃、水泥、混凝土等。

装饰材料如天然石材、建筑陶瓷制品、装饰玻璃制品、装饰砂浆、装饰水泥、塑料制品等。

防护材料如钢材覆面、码头护木等。

隔热保温材料如石棉纸、石棉板、矿渣棉、泡沫混凝土、泡沫玻璃、纤维板等。

2. 建筑材料的发展

建筑材料是随着人类社会生产力和科学技术水平的提高而逐步发展起来的。建筑材料对于建筑结构的发展有极其重要的意义。砖的出现，使得拱结构得以发展，钢和水泥的出现促进了高层框架结构和大跨度空间结构的发展，而塑胶材料则带来了面目全新的充气建筑。同样，建筑材料对建筑的装修和构造也十分重要，玻璃的出现给建筑的采光带来了方便，油毡的出现解决了平屋顶的防水问题，而用胶合板和各种其他材料的饰面板则正在取代各种抹灰中的湿操作。

建筑材料的发展大体上经历了如下阶段：

18世纪——钢材、水泥。1824年英国泥瓦工约瑟夫·阿斯普丁（Joseph. Aspadin）发明了水泥并获得专利。

19世纪——钢筋混凝土。1861年法国人约瑟夫·莫尼埃（Joseph. Monier）获得了制造钢筋混凝土构件的专利，中国于1898年开始使用钢筋混凝土。

20世纪——预应力混凝土、高分子材料。1928年出现了预应力混凝土结构。

21世纪——轻质、高强、节能、高性能绿色建材。

建材工业正向研制、开发高性能建筑材料和绿色建筑材料方向发展。高性能建筑材料是指性能、质量更加优异,轻质、高强、多功能和更加耐久、更富装饰效果的材料,是便于机械化施工和更有利于提高施工生产效率的材料。

绿色建筑材料是采用清洁生产技术,不用或少用天然资源和能源,大量使用工农业或城市固态废弃物生产的无毒害、无污染、无放射性、达到使用周期后可回收利用、有利于环境保护和人体健康的建筑材料。绿色建材主要包括以下含义:

(1) 以相对最低的资源和能源消耗、环境污染为代价生产的高性能传统建筑材料,如用现代先进工艺和技术生产的高质量水泥。

(2) 能大幅度地降低建筑能耗(包括生产和使用过程中的能耗)的建材制品,如具有轻质、高强、防水、保温、隔热、隔声等功能的新型墙体材料。

(3) 具有更高的使用效率和优异的材料性能,从而能降低材料的消耗,如高性能水泥混凝土、轻质高强混凝土。

(4) 具有改善居室生态环境和保健功能的建筑材料,如抗菌、除臭、调温、调湿、屏蔽有害射线的多功能玻璃、陶瓷、涂料等。

(5) 能大量利用工业废弃物的建筑材料,如净化污水、固化有毒有害工业废渣的水泥材料。

二、建筑结构

1. 建筑结构的概念

在中学物理课中,我们已学习了力的概念,它是物体之间的相互作用。在我们这个专业里,将直接施加在结构上的各种力称为直接作用或者荷载[21],例如结构自身的重量、家具重量、人群荷载、风荷载、雪荷载等。这些荷载可以分为三种情况:

一种是在建筑使用期间经常出现,并且其值不随时间变化,或者其变化很小,小到与平均值相比可忽略不计的荷载,称之为永久荷载[22],也称为恒荷载,如结构自重、土压力等。

一种是在建筑使用期间经常出现,但其值随时间变化较大,大到与平均值相比不可忽略的荷载,称为可变荷载,也称为活荷载[23],如家具重量、人群荷载、风荷载、雪荷载等。

再一种是在建筑使用期间不一定出现,但是一旦出现,其量值很大且持续时间很短的荷载,称为偶然荷载[24],如爆炸力、撞击力等。

建筑结构的概念

结构除了会受到直接施加在结构上的各种荷载作用外,还可能受到地震、地基沉降、温度变化等作用。这些作用不是以力的形式直接施加在结构上的,称之为间接作用。间接作用对于结构的影响可能比直接作用大得多。地震是一种自然灾害。地震时会释放出巨大的能量,不但可能直接引起地表和建筑物的破坏(图 1-15),导致人员和财产损失,还可能引起火灾、水灾、污染、瘟疫、海啸等间接性灾害,即次生灾害。由次生灾害造成的损失有时比地震直接产生的灾害造成的损失还要大。有一部电影相信大家都已经看过,那就是《2012》。影片中强烈的地震、巨大的

图 1-15 5·12 汶川地震中受损的房屋

火山爆发让我们熟悉的地球变成了人间炼狱，各种各样的自然灾害也以前所未有的规模爆发。虽然这只是电影，但是却带给我们很大震撼。2008 年“5 · 12”汶川地震造成 6.9 万多人死亡和 1.8 万多人失踪，直接经济损失8 451.4 亿元。2011 年 3 月 11 日日本本州岛仙台港东 130 km 处发生 9.0 级地震，引发约 10 m 高海啸，导致 11 000 余人死亡、16 000 余人失踪，更为严重的是地震引发福岛第一核电站爆炸所产生的次生灾害，核泄漏给日本造成了巨大的灾难。当然，需要说明的是，尽管地震的危害很大，但地震的发生却是一种“小概率事件”。

直接作用和间接作用的总和称为作用。建筑物总是在各种作用的作用下工作的。在各种作用的作用下，对建筑物提出了两方面的要求：

一是建筑物在各种力的共同作用下必须保持平衡，否则就会发生机械运动。也就是说，从宏观上看，建筑物总应该是静止的。处于平衡状态时，这些力之间必须满足一定的条件，这个条件称为力系的平衡条件。在大学一年级的“建筑力学”课程中，我们会详细地学习力系的平衡条件。

二是必须形成一个“骨架”，用以承受这些作用。这个使命是由建筑结构来完成的。

所谓建筑结构[25]，是指在建筑物中，由建筑材料组成的用来承受各种作用，以起骨架作用的空间受力体系。建筑结构通常可以简称结构。

结构是一个有机体系，其组成“元素”就是梁、板、墙、柱、基础等，这些元素称为构件（图 1-16）。

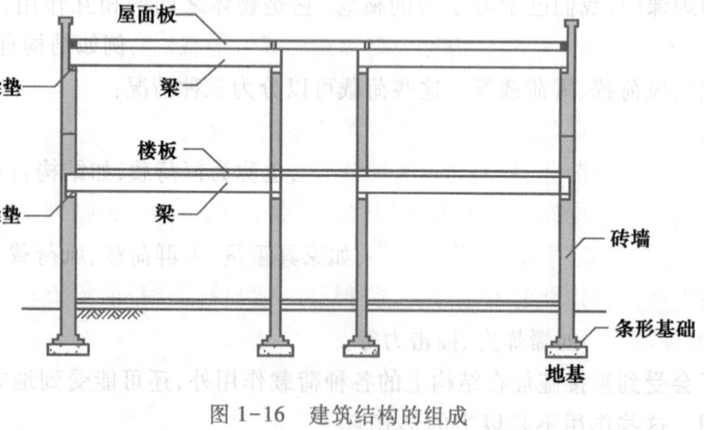

图 1-16　建筑结构的组成

建筑结构定义的内涵是：第一，建筑结构是指建筑物的承重骨架部分，不等同于建筑物，诸如门、窗等建筑配件以及框架填充墙、隔墙、屋面、楼地面、装饰面层等都不属于建筑结构范畴；第二，建筑结构除特殊情况下为单个构件外（如独立柱），是由若干构件通过一定方式连接而成的有机整体，这个有机整体能够承受作用在建筑物上的各种“作用”，并将其可靠地传给地基。

2. 建筑结构的作用

建筑结构的作用表现为以下几方面：

（1）形成人类活动所需要的、功能良好和舒适美观的空间。它既有物质方面的需要，如其空间尺度、功能需求和通道联系，又有精神方面的需要，如其文化内涵、新颖形式和高雅表现。这是建筑结构的根本目的和出发点。

(2) 能够承受和抵御各种作用,能使建筑物耐久使用,并在突发偶然事件时,保持整体稳定,这是建筑结构之所以存在的根本原因。

(3) 充分发挥所采用材料的效能。建筑结构都是应用石、砖、混凝土、钢材、木材乃至合金材料、化学合成材料等在土层或岩层上建造的。材料所需的资金占建筑工程投资的大部分。材料是建造结构的根本物质条件。"有效地利用材料、尽可能地节约材料"往往是建筑结构设计的重要指标。

此外,建筑结构必须适应当时当地的环境,并与施工方法有机结合,因为任何建筑工程都受到当时当地政治、经济、社会、文化、科技、法规等因素的制约,任何建筑结构都是靠合理的施工技术来实现的。

3. 建筑结构的组成

如前所述,建筑结构是由若干构件通过一定方式连接而成的。但是,由于建筑功能要求的不同,建筑结构的组成形式也有多种多样。相应地,组成建筑结构的构件类型和形式也不一样,但它们基本上都可以分为以下三类:

(1) 水平构件。包括板、梁、桁架、网架等,其主要作用是承受竖向荷载。

(2) 竖向构件。包括柱、墙、框架等,主要用以支承水平构件和承受水平荷载。

(3) 基础。基础是上部建筑物与地基相联系的部分,用以将建筑物承受的荷载传至地基。

建筑结构还可分为上部结构和下部结构。上部结构是指天然地坪或±0.00 以上的部分,以下部分则称为下部结构。上部结构又包括水平结构体系和竖向结构体系两部分。

4. 建筑结构的类型

梁板、柱结构和拱结构是人类最早采用的结构形式(图 1-17)。由于受天然材料的限制,当时不可能取得很大的空间。目前利用钢和钢筋混凝土可以使梁和拱的跨度大大增加,因此,它们仍然是当今所常用的结构形式。随着科学技术的进步,建筑结构的形式也在不断增加,相继出现了网架、钢架及悬挑等新的结构形式(图 1-18)。因此,建筑结构的类型很多,划分类型的方法也有多种。下面介绍常见的几种。

图 1-17 梁板及砖拱结构

(1) 按承重结构材料分类

① 混凝土结构(图 1-19)。以混凝土为主制作的结构称为混凝土结构[26],包括素混凝土结构、钢筋混凝土结构和预应力混凝土结构。

图 1-18 网架结构

建筑结构按承重结构材料分类

② 砌体结构(图 1-20)。由块体(砖、砌块、石材)和砂浆砌筑的墙、柱作为建筑物主要受力构件的结构称为砌体结构[27],它是砖砌体结构、石砌体结构和砌块砌体结构的统称。

图 1-19 钢筋混凝土结构(施工中)

图 1-20 砌体结构(施工中)

③ 木结构(图 1-21)。主要结构构件均采用实木锯材或工程木产品的结构称为木结构[28]。

④ 钢结构。钢结构[29]系指以钢材为主制作的结构(图 1-22),包括重钢结构和轻钢结构。

此外,还有一些其他结构,如塑料结构、薄膜充气结构等。

(2) 按建筑物承重结构体系分类

① 墙体承重结构。房屋重量通过墙传到基础,称为墙体承重结构[30](图 1-23)。

② 框架结构。框架结构[31]指由梁和柱连接而成的承重体系的结构(图 1-24)。

图 1-21 木结构

图 1-22 钢结构图

建筑结构按承重结构体系分类

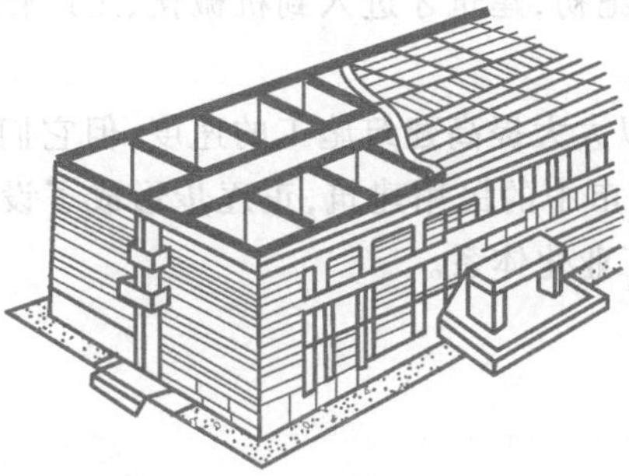

图 1-23 墙体承重结构

图 1-24 框架结构

③ 剪力墙结构。剪力墙结构[32]是由一系列纵向、横向剪力墙及楼盖所组成的空间结构，**承受竖向荷载和水平荷载，是高层建筑中常用的结构形式(图 1-25)。**

④ 筒体结构。筒体结构[33]是将剪力墙或密柱框架集中到房屋的内部和外围而形成的空间封闭式的筒体，**其特点是剪力墙集中而获得较大的自由分割空间，多用于写字楼建筑，如图 1-26 所示。**

⑤ 空间结构。空间结构[34]是指结构构件三向受力的大跨度的，中间不放柱子，用特殊结构解决的结构。**主要有网架结构、悬索结构、壳体结构、管桁架结构、膜结构等，如图 1-27 所示。**

图 1-25 剪力墙结构

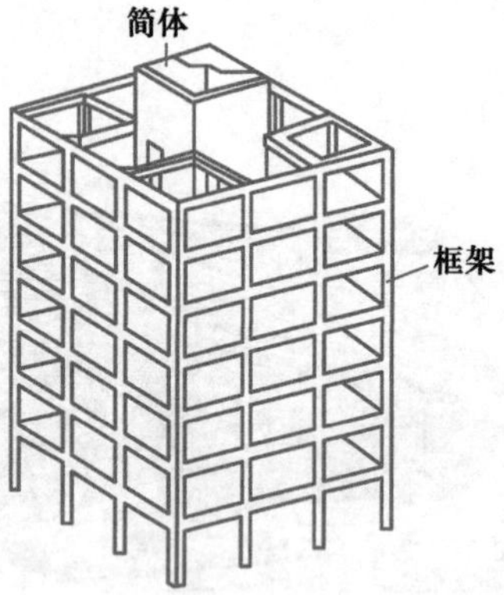

图 1-26 筒体结构

图 1-27 空间结构

三、建筑施工

建筑设计中的一切意图和设想,最后都要通过施工变为现实。建筑施工一般包括两个方面:施工技术和施工组织。施工技术是指人的操作熟练程度,施工工具和机械、施工方法等。施工组织是指材料的运输、进度的安排、人力的调配等。

由于建筑的体量庞大,类型繁多,同时又具有艺术创作的特点,许多世纪以来,建筑施工一直处于手工业和半手工业状态。直到 20 世纪初,建筑才进入到机械化、工厂化和装配化的过程。

机械化、工厂化和装配化施工(图 1-28)可以大大提高建筑施工的速度,但它们必须以设计的定型化为前提。近年来,我国一些大中城市中的民用建筑,正逐步形成了设计与施工配套的全装配大板、框架挂板、现浇大模板等工业化体系。

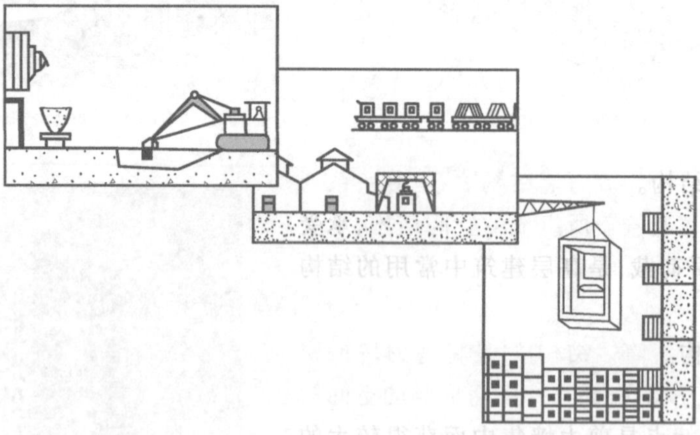

图 1-28 机械化、工厂化和装配化施工

四、建筑设备

近几年来,随着人类对大自然的破坏,自然环境越来越不正常。夏天高温达 40 ℃的城市环境也已出现。同时,随着我国社会主义市场经济体制的建立与完善,科学技术及设备的不断进步和发展,人民物质文化生活水平日益提高,人们对建筑物的功能要求也越来越高,对室内环境与空气品质要求也是越来越高。人们已不仅要求有处可住,同时更希望居住环境更加舒适:舒适宜人的温湿度、使用方便的冷热水系统、便捷的通讯交通方式、安全

可靠的报警监控系统、服务良好的物业管理系统等，所有这些功能的实现都依赖于建筑设备的发展。目前城市建筑，特别是高层建筑的迅猛发展，对建筑物的使用功能和质量提出了越来越高的要求。

建筑设备[35]是指安装在建筑物内为人们居住、生活、工作提供便利、舒适、安全等条件的设备。建筑设备主要包括以下几个方面：建筑给排水、建筑通风、建筑照明、采暖空调、建筑电气和电梯等。随着科技的发展，建筑中的设备日趋复杂和完善。在功能建筑中，设备显得尤为重要，譬如智能办公建筑里面的设备（水电、消防设施、通讯、网络、闭路电视、监控系统等）是建筑的主要系统，一旦发生故障，建筑就将陷入瘫痪状态。

建筑设备对于现代建筑的作用，好比人的五脏对于人的作用。我们可以将建筑外形、结构及建筑装饰看作人的体形、骨骼及服饰，而建筑设备可看作人的内脏器官。内脏器官里面的呼吸系统由空调与通风扮演，肠胃系统由室内给排水完成，供血系统由供配电完成，而神经及视听系统由自动控制与弱电扮演。因此，建筑外形与设备是互为依存、缺一不可的。没有建筑设备的建筑物神韵虽存却无活力。一般的建筑物在主体结构或造型上并无太大区别与差距，而建筑的规模、档次、等级和功能绝大部分均由建筑设备的完善程度与技术含量加以体现与区分。

在强调可持续发展的今天，随着可持续发展运动的蓬勃兴起，“建筑节能”“智能建筑”“绿色建筑”“生态建筑”等不仅成为建筑界的时尚，也是人类智慧和文明的升华。2004 年 8 月，建设部将“绿色建筑”[36]明确定义为：“为人们提供健康、舒适、安全的居住、工作和活动的空间，同时在建筑全生命周期中实现高效率地利用资源（节能、节地、节水、节材）、最低限度地影响环境的建筑物。”而绿色建筑的存在也离不开建筑设备的发展。建筑物的节能与“绿色”的实现决定于建筑设备的使用能耗与技术含量，只有开发出新一代的建筑设备才能使现代建筑成为真正意义上的可持续发展的绿色生态建筑。建筑设备技术的发展完善了建筑的功能，推动了现代建筑向自动化、节能化和智能化方向发展！

建筑功能与形式的发展是与人类社会的发展以及人们对精神与物质的需求紧密相关的。自从有了人类社会，就有了人类的住所。人类从原始的洞穴、简陋的茅草屋发展到如今的高级住宅；从低矮的多层建筑发展到 100 多层、高 400 m 以上的高层建筑；从简单的居住发展到今天的办公楼、写字楼、宾馆、商业建筑、医院、图书馆等功能种类繁多的建筑。这些建筑形式及功能的发展直接反映了社会的发展，科技的进步，反映了建筑设备的不断更新与发展。现代建筑离不开建筑设备的快速进步和房屋建筑技术的发展，如人类可以把房屋建造得很高，相应地，就要有快速安全的垂直交通工具——电梯，有供水提升设备，有消防设施及其他的防护设施，有报警系统、灭火系统等。

现代科学技术的发展为建筑设备的发展提供了新的活力，为建筑设备工程的智能化、人性化发展提供了有力的技术保障。而现代科技所带来的高速计算机技术和信息技术大大地促进了这种发展过程的速度。因此我们必须高瞻远瞩预见社会需求的发展，并十分关注相关学科和技术的最新发展，才能使建筑设备的发展适应现代建筑发展的新时代。

1.2.3 建筑形象

建筑形象是建筑三要素中美观性的体现。建筑具有实用和美观的双重作用，但这两种作用是不平衡的。如工业建筑，它的使用要求是首要的，形象处理是次要的；一般的民用建筑是使用和形象并重的；而具有政治意义的建筑，如纪念性建筑，其建筑形象处理便是主要的。

建筑形象可以反映建筑所处时代的精神面貌，也能表现一定历史时期经济和技术的发展水平，又能作为各民族文化传统的组成部分。

虽然建筑的形象问题涉及文化传统、民族风格、社会思想意识等多方面的因素，但一个让人感觉良好的建筑，美观却是最直接和首要的，建筑形象的美观，有一定的规律可循。建筑形象设计应遵循比例、尺度、均衡、韵律、对比等基本原则。

建筑的功能、技术、形象三者的关系是辩证统一的关系。功能要求是建筑的主要目的，材料、结构、设备等物质技术条件是达到目的的手段，而建筑的形象则是建筑功能、技术和艺术内容的综合表现。也就是说三者的关系是目的、手段和表现形式的关系。其中功能居于主导地位，它对建筑的结构和形象起决定的作用。材料、结构、设备等物质技术条件是实现建筑的手段，因此建筑的功能和形象要受到一定的制约。

当然，建筑的艺术形象也不是完全处于被动地位。同样的功能要求，同样的材料或技术条件，由于设计的构思和艺术处理手法的不同，以及所处具体环境的差异，完全可能产生出风格和品味各异的艺术形象。

总之，建筑既是一项具有切实用途的物质产品，同时又是人类社会的一项重要精神产品。建筑与人们的社会生活有着千丝万缕的联系，从而使其成为综合反映人类社会生活与习俗，文化与艺术，心理与行为等精神文明的载体。

1.3 建筑产品的诞生过程

1.3.1 建设项目

建设项目[37]是指投入一定量的资金，按照一定程序在一定时间内完成，并符合质量要求的，以形成固定资产为明确目标的一次性任务。一个建设项目就是一个固定资产投资项目，它是由一个或若干个具有内在联系的工程所组成的总体。

一、建设项目的分类

建设项目可以按不同的方式分类：

按建设性质不同，建设项目可分为基本建设项目和技术改造项目。

按规模大小不同，基本建设项目可分为大型项目、中型项目、小型项目三类。

按功能、用途不同，建设项目可分为工业建设项目、民用建设项目和基础设施项目等。

按隶属关系及投资主体不同，建设项目可分为中央项目、地方项目、合资项目等。

二、建设项目的组成

根据建设项目的工程管理、造价管理、施工组织、统计会计核算等要求，建设项目一般可划分为单项工程、单位工程、分部工程、分项工程等四个层次。

1. 单项工程

单项工程[38]是指在一个建设项目中，具有独立的设计文件，可独立组织施工和竣工验收，建成后能单独形成生产能力或发挥效益的工程。如工业建设项目中各个独立的生产车间、实验大楼等。民用建设项目中学校的教学楼、宿舍楼等，这些都可以称为一个单项工程。一个建设项目，可由一个单项工程组成，也可由若干个单项工程组成。

2. 单位工程

单位工程[39]是指在一个单项工程中，具有独立的设计文件，可独立组织施工和竣工验收，但建成后不能单独形成生产能力或发挥效益的工程。一般情况下，单位工程是一个单体的建筑物或构筑物，需要在几个有机联系、互为配套的单位工程全部建成竣工后，才能提供生产或使用。如建筑物单位工程由建筑工程和建筑设备安装工程组成。住宅小区的室外单位工程有室外建筑工程、室外电气工程、室外采暖工程等。

3. 分部工程

分部工程[40]是单位工程的组成部分，是按单位工程的结构形式、工程部位、构件性质、使用材料、设备种类等的不同而划分的工程。例如一般工业与民用建筑工程的分部工程包括：地基与基础工程、主体结构工程、装饰装修工程、屋面工程、给排水及采暖工程、电气工程、智能建筑工程、通风与空调工程、电梯工程。

当分部工程较大时，可将其分为若干子分部工程。如主体结构工程可分为混凝土结构、劲钢（管）混凝土结构、砌体结构、钢结构、木结构、网架和索膜结构等子分部工程，装饰工程可分为地面、门窗、吊顶工程；建筑电气工程可划分为室外电气、电气照明安装、电气动力等子分部工程。

4. 分项工程

组成分部工程的若干个施工过程称为分项工程[41]，它是形成建筑产品基本部构件的施工过程。如砖混结构的基础，可以划分为挖土、混凝土垫层、砌砖基础、填土等分项工程。现浇钢筋混凝土框架结构的主体，可以划分为安装模板、绑扎钢筋、浇筑混凝土等分项工程。

1.3.2 工程建设程序

工程建设程序[42]是指一个工程建设项目或者一栋房屋由开始拟定计划到建成投入使用所必须遵循的程序。一幢建筑的诞生主要可以分为七个阶段：批文阶段、勘察阶段、设计阶段、施工阶段、验收阶段、交付使用阶段和保修阶段。

一、批文阶段

制订计划任务书，计划任务书是工程项目建设单位向上级主管部门呈报的工程建设文件；进行可行性研究，包括初步可行性研究和详细可行性研究；项目的批准立项，即必须经过上级的批准才可以；城建管理部门同意用地的批文及规划条件批文。

二、勘察阶段

建筑工程勘察（图 1-29）是建设中非常重要的一个阶段，其任务是确定建设项目场地的地质条件、自然环境是否适宜于进行工程建设。

勘察工作要由具备相应资质的勘察单位来承担，一般工程勘察可按工作要求划分为可行性研究勘察、初步勘察和详细勘察三个阶段。每个阶段的勘察工作可以分为踏勘、野外工作、室内试验和资料整理编写报告等步骤。

出具的成果为工程勘察报告，集中反映了工程勘察的成果，是建筑设计与施工的重要依据文件，可为单体建筑设计和施工提供所需的工程地质、水文地质资料，也为全过程建设提供各种技术服务，如地基基础方案论证、工程监测等。

在设计和施工中会充分利用勘察报告所提供的工程地质资料和地基物理力学指标，进行各种设计计算，有针对性地采取相应的工程措施。勘察的质量对建筑工程的质量有决定

图 1-29 工程地质勘察

性的作用。

三、设计阶段

设计阶段包括初步设计、技术设计和施工图设计。这 3 项工作主要是确定拟定项目具体方案,是选择和设计实现项目投资构想的优化实施方案的过程。我国对于一般项目进行两阶段设计,即工程的初步设计和施工图设计,对重大项目和技术上比较复杂而又缺乏设计经验的项目,在初步设计后还增加了技术设计。

按专业(俗称工种)划分,一项建筑工程设计应包括建筑设计、结构设计和设备设计等部分。

我国新时期的建筑方针

2015 年 12 月 20—21 日,中央城市工作会议在北京召开。这是继 1978 年之后时隔 37 年再次召开的中央城市工作会议。会议从国家发展全局高度重新审视城市工作,出台了《中共中央 国务院关于进一步加强城市规划建设管理工作的若干意见》,提出了我国新时期的建筑方针:适用、经济、绿色、美观。

建筑设计(图 1-30)是在建筑方针、政策的指导下,综合考虑建筑功能、工程技术与建筑艺术之间的关系,正确掌握建筑标准,为创造良好的空间环境提供方案,并完成建筑施工图。这项工作包括总体设计和个体设计。结构设计是结合建筑设计完成结构方案和造型,进行结构计算及构件设计,完成全部结构施工图设计。设备设计是根据建筑设计完成给水排水、采暖通风、电气照明以及通信、动力等专业的方案、选型、布置以及施工图设计。以上若干方面的工作既有分工,又密切配合。建筑设计在整个工程设计中起着主导和先行的作用,一般由注册建筑师来完成。其他各专业设计,由相应的注册工程师承担。

四、施工阶段

施工阶段主要可以分为施工组织设计、施工准备、组织施工、生产准备(包括组织准备、技术准备和物资准备)以及竣工验收 5 个阶段。这 5 项工作是一种具体的资源组合性质工作,其主要任务是在确定性约束条件下优化实施过程。

五、验收阶段

建筑工程项目的验收至少包括两次关键时期的质量检查过程。第一次是结构主体工

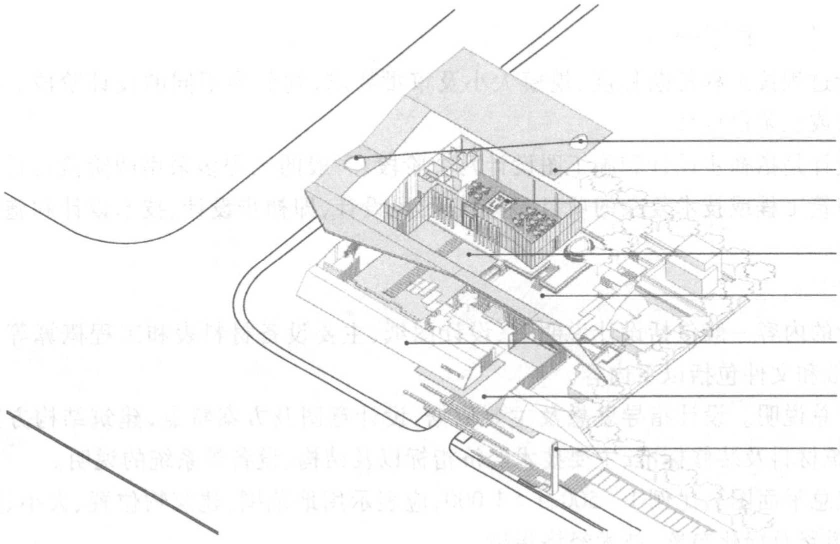

图 1-30 建筑设计

程阶段施工完毕后的验收;第二次是整个工程阶段施工完毕后的验收。其余则是无数次小过程的验收。验收工作一般由工程建设方、工程施工方、工程设计方、工程监理方等多方代表共同进行,对照国家建设规范的有关标准,检验工程是否符合要求。

六、交付使用阶段

建筑工程项目验收合格后,即交付建设单位使用。

七、保修阶段

建筑工程项目交付建设单位使用后,在一般情况下施工方仍需在一定的时间内负责工程质量问题的处理,即施工单位需要在国家规定的时间内对建筑物进行保修。

1.3.3 建筑的设计过程

一、设计前的准备工作

1. 熟悉设计任务书

设计任务书是经上级主管部门批准提供给设计单位进行设计的依据性文件,一般包括以下内容:

(1) 建设项目总的要求、用途、规模及一般说明。

(2) 建设项目的组成,单项工程的面积,房间组成、面积分配及使用要求。

(3) 建设项目的投资及单方造价,土建设备及室外工程的投资分配。

(4) 建设基地大小、形状、地形,原有建筑及道路现状,并附地形测量图。

(5) 供电、供水、采暖及空调等设备方面的要求,并附有水源、电源的使用许可文件。

(6) 设计期限及项目建设进度计划安排要求。

2. 调查研究、收集资料

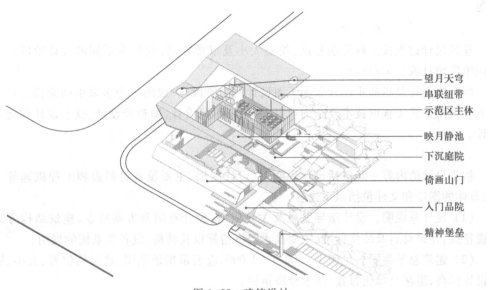

除设计任务书提供的资料外,还应当收集必要的设计资料和原始数据,如:建设地区的气象、水文地质资料;基地环境及城市规划要求;施工技术条件及建筑材料供应情况;与设计项目有关的定额指标及已建成的同类型建筑的资料;当地文化传统、生活习惯及风土人

情等。

二、设计阶段的划分

建筑设计过程按工程复杂程度、规模大小及审批要求,划分为不同的设计阶段。一般分两阶段设计或三阶段设计。

两阶段设计是指初步设计和施工图设计两个阶段,一般的工程多采用两阶段设计。对于大型民用建筑工程或技术复杂的项目,采用三阶段设计,即初步设计、技术设计和施工图设计。

1. 初步设计阶段

初步设计的内容一般包括设计说明书、设计图纸、主要设备材料表和工程概算等4部分,具体的图纸和文件包括以下内容。

(1) 设计总说明。设计指导思想及主要依据,设计意图及方案特点,建筑结构方案及构造特点,建筑材料及装修标准,主要技术经济指标以及结构、设备等系统的说明。

(2) 建筑总平面图。比例1:500、1:1 000,应表示用地范围,建筑物位置、大小、层数及设计标高,道路及绿化布置,技术经济指标。

(3) 各层平面图、剖面图及建筑物的主要立面图。比例1:100、1:200,应表示建筑物各主要控制尺寸,如总尺寸、开间、进深、层高等,同时应表示标高,门窗位置,室内固定设备及有特殊要求的厅、室的具体布置,立面处理,结构方案及材料选用等。

(4) 工程概算书。建筑物投资估算,主要材料用量及单位消耗量。

(5) 大型民用建筑及其他重要工程,必要时可绘制透视图、鸟瞰图或制作模型。

2. 技术设计阶段

主要任务是在初步设计的基础上进一步解决各种技术问题。技术设计的图纸和文件与初步设计大致相同,但更详细些。具体内容包括整个建筑物和各个局部的具体做法,各部分确切的尺寸关系,内外装修的设计,结构方案的计算和具体内容、各种构造和用料的确定,各种设备系统的设计和计算,各技术工种之间各种矛盾的合理解决,设计预算的编制等。

3. 施工图设计阶段

施工图设计是建筑设计的最后阶段,是提交施工单位进行施工的设计文件。

施工图设计的主要任务是满足施工要求,解决施工中的技术措施、用料及具体做法。

施工图设计的内容包括建筑、结构、水电、采暖通风等工种的设计图纸、工程说明书,结构及设备计算书和概算书。具体图纸和文件包括以下内容。

(1) 建筑总平面图。与初步设计基本相同。

(2) 建筑物各层平面图、剖面图、立面图。比例1:50、1:100、1:200。除表达初步设计或技术设计内容以外,还应详细标出门窗洞口、墙段尺寸及必要的细部尺寸、详图索引。

(3) 建筑构造详图。应详细表示各部分构件关系、材料尺寸及做法、必要的文字说明。根据节点需要,比例可分别选用1:20、1:10、1:5、1:2、1:1等。

(4) 各工种相应配套的施工图纸。如基础平面图、结构布置图、钢筋混凝土构件详图、水电平面图及系统图、建筑防雷接地平面图等。

(5) 设计说明书。包括施工图设计依据、设计规模、面积、标高定位、用料说明等。

(6) 结构和设备计算书。

(7) 工程概算书。

每一阶段的工作总是在前一阶段工作的基础上进行的,并将前一阶段制定的原则深化完善。

1.3.4 建筑工程施工过程

我们中的绝大多数同学毕业之后会直接从事施工方面的工作。接下来给大家介绍建筑的施工程序。

建筑工程施工过程可用流程图概括如图 1-31 所示。

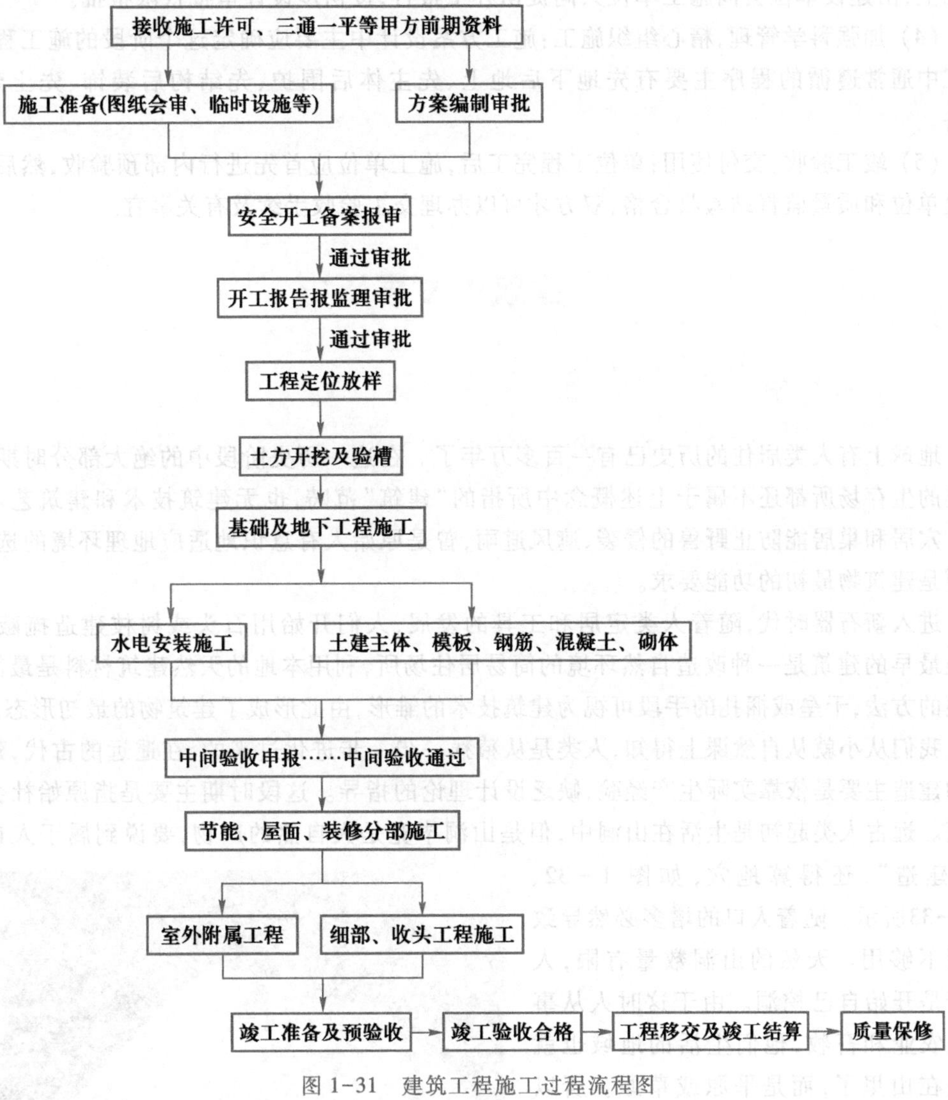

图 1-31 建筑工程施工过程流程图

图 1-31 的过程可以分为五大步,每一阶段都必须完成规定的工作内容,并为下阶段工作创造条件。

(1) 承接施工任务,签订施工合同:接受任务阶段是其他各个阶段的前提条件,施工单位在这个阶段承接施工任务，签订施工合同，明确拟施工的单位工程。

（2）全面统筹合理安排，编制施工组织设计：项目经理部成立后，首先面临的问题就是如何编制一套合理的施工计划。这些计划包括对工作任务的细化和分解，合理排定的进度计划，相应的材料、机械、劳务供应及配置计划，乃至资金计划等。合理的施工计划能具体指导施工过程，并可用做项目部人员业绩考核的准绳。要编制出切实可行且合理的施工组织设计应具备很多方面的知识，特别是实践中的经验，只有这样，才能编制出更具有指导性的工程文件，用来指导施工。

（3）落实施工准备，提出开工报告：大、中型项目开工前，在做好基本建设前期工作的基础上，由建设单位会同施工单位共同提出开工报告，按初步设计审批权限报批。

（4）加强科学管理，精心组织施工：施工方案设计中主要应确定这个阶段的施工程序。施工中通常遵循的程序主要有先地下后地上、先主体后围护、先结构后装饰、先土建后设备。

（5）竣工验收，交付使用：单位工程完工后，施工单位应首先进行内部预验收，然后，经建设单位和质量监督站验收合格，双方才可以办理交工验收手续及有关事宜。

1.4 建筑的发展历史

1.4.1 古代建筑

地球上有人类居住的历史已有一百多万年了。在这一历史阶段中的绝大部分时期内，人类的生存场所都还不属于上述概念中所指的“建筑”范畴，也无建筑技术和建筑艺术可言。穴居和巢居能防止野兽的侵袭、遮风避雨，曾是原始人有意识地适应地理环境的选择，这便是建筑物最初的功能要求。

进入新石器时代，随着人类定居和工具的发展，人们开始用石头或树枝建造掩蔽物。人类最早的建筑是一种改造自然环境的简易居住场所，利用本地的天然建筑材料是最简单方便的方法，干垒或捆扎的手段可视为建筑技术的雏形，由此形成了建筑物的最初形态。

我们从小就从自然课上得知，人类是从猿猴一步一步进化过来的，在遥远的古代，建筑物的建造主要是依靠实际生产经验，缺乏设计理论的指导。这段时期主要是指原始社会的建筑。远古人类起初是生活在山洞中，但是山洞毕竟是大自然的产物，要说到属于人自己的“建造”，还得算地穴，如图1－32、图1-33所示。随着人口的增多必然导致山洞不够用。天然的山洞数量有限，人们于是开始自己挖洞。由于这时人从事的是农业和畜牧，他们生活的地域也就不是在山里了，而是平原或草原。所以他们挖的洞就是地穴，其形制很像中国北方过去常见的地窖。形状大多近似圆形，两侧有台阶通往地面。这些地穴算得上是真正出自人手的第一个建筑。

图1-32 圆形木质建筑遗迹（英国）

一、外国古代建筑

外国的古代建筑的主要代表是古希腊建筑、古罗马建筑、拜占庭建筑、哥特建筑、意大利文艺复兴建筑与巴洛克建筑、法国古典主义建筑和洛可可建筑。下面我们一起来看几个比较有代表性的外国古代建筑物。

胡夫金字塔(图 1-34)建于埃及第四王朝第二位法老胡夫统治时期(约公元前 2670 年),被认为是胡夫为自己修建的陵墓。胡夫大金字塔的 4 个斜面正对东、南、西、北四方,误差不超过圆弧的 3 分,底边原长 230 m。塔原高 146.59 m,因顶端剥落,现高 136.5 m,相当于一座 40 层摩天大楼。塔底面呈正方形,占地 5.29 万平方米。胡夫金字塔的塔身由大小不一的 230 万块巨石组成,每块重量在 1.5~160 t,石块间合缝严密,不用任何黏合物。如把这些石头凿成平均 1 立方英尺①的小块并排列成行,其长度相当于地球周长的 2/3。

图 1-33 半坡遗址(中国)

图 1-34 胡夫金字塔

帕提农神庙(图 1-35)是古希腊最著名的建筑,建于古希腊最繁荣时期。它原是供奉雅典的保护神雅典娜的,它采用希腊神庙中最典型的长方形平面的列柱围廊形式,建在一个三级台基上。屋顶的东西两端形成三角形的山墙上有精美的高浮雕。这种格式被认为是古典建筑风格的基本形式。

厄瑞克忒翁神庙(图 1-36)是雅典卫城建筑群中最后完成的一座建筑物,同时也以它那复杂生动的形体和精致完美的细部装饰而著称于世,其中六个女像柱尤为后人所称道。

图 1-35 帕提农神庙

图 1-36 厄瑞克忒翁神庙

① 1 英尺 = 0.304 8 米。

古罗马大斗兽场(图 1-37)位于古罗马广场较低的一头,占地 6 英亩,像一座由石灰石垒成的顶部凹陷的小山。外墙高约 157 英尺,布满大得令人生畏的拱门,黑森森地拔地而起,直插浅蓝色的天穹;内部周长 1 790 英尺,为一裂痕累累的巨大椭圆形砖石建筑,场上纵横交错着一条条像敞开的伤口般暴露在外的坑道。

图 1-37 古罗马大斗兽场

斗兽场围墙高大,它层层拱廊相连,宽阔高大,构筑典雅。各层连拱廊的柱型富于变化,漫游其中,就如置于古代石柱雕刻艺术的宫殿。端坐在观众席的顶层,俯身下望,偌大斗兽场,景象一览无余,尽收眼底。整座斗兽场形似一口平放的大锅,四周自下而上阶梯式的座位密密麻麻。

巴黎圣母院由法国人莫里斯·德·萨里设计,整个建筑全部由石头砌成,看上去就像在一座石山上雕刻而成,是一座典型的“哥特式”教堂,如图 1-38 所示。墙体越往上越轻佻,装饰越多,饰物越玲珑,雕刻越精巧。所有的券都是尖的,各部分顶部也是尖的,教堂上的每块石头、每个饰物都有股向上的冲力,好像要摆脱大地的束缚,带着教友飞向天国。令人痛惜的是,这幢始建于 1163 年,完工于 1345 年,历史悠久的著名建筑,在 2019 年 4 月 15 日傍晚发生火灾,受到严重损毁。法国政府将重建巴黎圣母院。

图 1-38 巴黎圣母院

哥特式建筑是 11 世纪下半叶起源于法国,13—15 世纪流行于欧洲的一种建筑风格,主要见于天主教堂,也影响到世俗建筑。哥特式建筑以其高超的技术和艺术成就,在建筑史上占有重要地位。最负著名的哥特式建筑有巴黎圣母大教堂、意大利米兰大教堂、德国科隆大教堂、英国威斯敏斯特大教堂,如图 1-39 所示。

哥特式建筑的特点是尖塔高耸,在设计中利用十字拱、飞券、修长的立柱,以及新的框架结构以增加支撑顶部的力量,使整个建筑以直升线条、雄伟的外观和教堂内空阔空间,再结合镶着彩色玻璃的长窗,使教堂内产生一种浓厚的宗教气氛。哥特式教堂的内部空间高旷、单纯、统一,装饰细部如华盖、壁龛等也都用尖券作主题,建筑风格与结构手法形成一个

(a) 巴黎圣母大教堂

(b) 意大利米兰大教堂

(c) 德国科隆大教堂

(d) 英国威斯敏斯特大教堂

图 1-39 哥特式建筑

有机的整体。

二、中国古代建筑

中国建筑中具有审美价值的特征形式和风格，自先秦至 19 世纪中叶以前基本上是一个封闭的独立的体系，2 000 多年间风格变化不大，通称为中国古代建筑艺术。中国古代建筑艺术在封建社会中发展成熟，它以汉族木结构建筑为主体，也包括各少数民族的优秀建筑，是世界上延续历史最长、分布地域最广、风格非常显明的一个独特的艺术体系。中国古代建筑对于日本、朝鲜和越南的古代建筑有直接影响，17 世纪以后，也对欧洲产生过影响。下面一起来看几个比较有代表的中国古代建筑物。

万里长城(图 1-40)横穿中国北方的崇山峻岭之巅，总长度约 6 700 km，始建于春秋战国。它是人类建筑史上罕见的古代军事防御工程，它以悠久的历史、浩大的工程、雄伟的气魄著称于世，被联合国教科文组织列入《世界遗产名录》。

图 1-40 中国万里长城

北京故宫(图 1-41)，亦称紫禁城，位于北京市区中心，为明、清两代的皇宫，有 24 位皇帝相继在此登基执政。始建于 1406 年，至今已 600 余年。故宫是世界上现存规模最大、最完整的古代木构建筑群，占地72万平方米，建筑面积约15万平方米，拥有殿宇9 000多间，其中太和殿（又称金銮殿），是皇帝举行即位、诞辰节日庆典和出兵征伐等大典的地方。故宫黄瓦红墙，金扉朱楹，白玉雕栏，宫阙重叠，巍峨壮观，是中国古建筑的精华。宫内现收藏珍贵历代文物和艺术品约100万件，1987年12月被列入《世界遗产名录》。

赵州桥（图1-42）结构新奇，造型美观，全长50.82 m，宽9.6 m，跨度为37.37 m，是一座由28道独立拱券组成的单孔弧形大桥。在大桥洞顶左右两边拱肩里，各砌有两个圆形小拱，用以加速排洪，减少桥身重量，节省石料。

图1-41 世界上最大的古建筑群——北京故宫

图1-42 赵州桥

独乐寺（图1-43）位于天津市蓟州区。寺中有辽统和二年（984）所建山门与观音阁，结构精妙，艺术超群，是中国古代建筑中的珍品。观音阁为全寺主体，上、下两层，中间设平座暗层，实为三层，通高23 m，阁顶有斗八藻井。独乐寺建成后经历了多次地震的考验，至今安然无恙。

圆明园（图1-44），由圆明园、长春园、绮春园（万春园）组成。三园紧相毗连，通称圆明园，共占地5 200余亩（约350公顷）。

图1-43 独乐寺观音阁

图1-44 圆明园

天坛（图1-45）的主体建筑是祈年殿，每年皇帝都在这里举行祭天仪式，祈祷风调雨顺、五谷丰登。祈年殿呈圆形，直径32 m，高38 m，是三重檐亭式圆殿，宝顶鎏金，碧蓝琉璃瓦盖顶；殿内九龙藻井极其精致，富丽堂皇，光彩夺目。大殿结构十分独特，不用大梁和长檩，檐顶以柱和枋桷承重。中央的四根立柱高19.2 m，代表一年中的四季；外围两排各有12根柱子，分别代表十二月和十二时辰。大殿建于高6 m的三层汉白玉石台上，使大殿产生出高耸云端的巍峨气势。

(a) 祈年殿

(b) 皇穹宇

图 1-45 天坛

古镇周庄(图 1-46)是隶属于江苏省昆山市和上海交界处的一个典型的江南水乡小镇,于 2003 年被评为中国历史文化名镇,最为著名的景点有富安桥、双桥、沈厅。富安桥是江南仅存的立体形桥楼合璧建筑;双桥则由两桥相连为一体,造型独特;沈厅为清式院宅,整体结构严整,局部风格各异。此外还有澄虚道观、全福讲寺等宗教场所。

应县木塔(图 1-47)全名为佛宫寺释迦塔,位于山西省朔州市应县县城内西北角的佛宫寺院内,是佛宫寺的主体建筑。建于辽清宁二年(公元 1056 年),金明昌六年(公元 1195 年)增修完毕。它是我国现存最古老最高大的纯木结构楼阁式建筑,是我国古建筑中的瑰宝,世界木结构建筑的典范。它与意大利比萨斜塔、埃菲尔铁塔并称世界三大奇塔。

火烧圆明园

1860 年 10 月 6 日,英法联军侵入北京,闯进圆明园,肆意抢夺。园内凡能拿走的东西,他们统统掠走;拿不动的,就用大车或牲口搬运;实在运不走的,就任意破坏、毁掉。为了销毁罪证,10 月 18 日和 19 日,三千多名侵略者奉命在园内放火。大火连烧三天,烟云笼罩了整个北京城,圆明园化成了一片灰烬,仅有二三十座殿宇亭阁及庙宇、官门、值房等建筑幸存,但门窗多有不齐,室内陈设、几案尽遭劫掠。据粗略统计,圆明园文物被掠夺的数量约有 150 万件,上至中国先秦时期的青铜礼器,下至唐、宋、元、明、清历代的名人书画和各种奇珍异宝。

圆明园的毁灭是中国文化史乃至世界文化史上不可估量的损失,也是文明古国落后了也会挨打的证明。

每一个中华儿女都要不忘国耻,为中华民族的伟大复兴而努力奋斗!

图 1-46 周庄

图 1-47 应县木塔

福建土楼(图 1-48)包括闽南土楼和一部分客家土楼,总数 3 000 余间。通常是指闽西南独有的利用不加工的生土夯筑承重生土墙壁所构成的群居和防卫合一的大型楼房,形如天外飞碟,散布在青山绿水之间。主要分布地区为中国福建西南山区,客家人和闽南人聚居的福建、江西、广东三省交界地带,包括以闽南人为主的漳州市,闽南人与客家人参半的龙岩市。福建土楼是世界独一无二的大型民居形式,被誉为"东方古城堡""世界建筑奇葩""世界上独一无二的、神话般的山区建筑模式"。

图 1-48 福建土楼

1.4.2 近现代建筑

19 世纪时,欧美已进入到工业社会,建筑规模、建筑技术、建筑材料都有了很大的发展,建筑功能多元化已成为必然的趋势。但由于受到根深蒂固的古典主义学院派的束缚,建筑形式却没有发生大的变化。随着社会的不断进步及科学技术的迅速发展,建筑新技术、新内容与旧形式之间的矛盾日益尖锐。从 19 世纪中叶开始,一批建筑师、工程师、艺术家纷纷提出了各自的见解,倡导"新建筑"运动。在 19 世纪末 20 世纪初 ,开发商在诸多因素影响下开始开发高层建筑,钢筋混凝土技术在这一过程中发挥了决定性作用,从而引发了"现代建筑运动"。

自现代建筑理论产生以来,各种建筑学派和设计思潮层出不穷,将新型建筑技术及建筑材料的特性发挥得淋漓尽致。以下几个实例充分表现了现代建筑的无穷魅力。

包豪斯宿舍(图 1-49)包豪斯主张创新,反对复古,讲究以人为本,少即是多,讲究材料与设计巧妙集合,设计了许多脍炙人口的作品,影响了世界的现代设计。其作品设计的融合性和经典性直到百年后的今天仍让人自叹不如。

图 1-49 包豪斯宿舍

包豪斯宿舍的特点是高低错落,简洁明快,学习、制造等车间有机结合,面对主要街道的实习车间为大面积装有机械开窗装置的玻璃幕墙。

里昂机场火车站(图 1-50)的"飞鸟"造型重复了当年沙里宁在设计纽约肯尼迪机场 TWA 航站楼时的创意,不过这个火车站并不仅仅是一只“鸟”，从侧面看则呈现一个完整的人的眼角延伸至眉毛的曲线。

五角大楼(图 1-51)坐落在美国华盛顿附近波托马克河畔的阿灵顿镇，是美国国防部所在地。从空中俯瞰，这座建筑成正五边形，故名“五角大楼”。它占地面积 235.9 万平方米，大楼高22 m，共有 5 层，总建筑面积 60.8 万平方米，使用面积约 34.4 万平方米，当时造价 8 700 万美元，于 1943 年 4 月 15 日建成，同年 5 月启用，可供 2.3 万人办公。大楼南北两侧各有一大型停车场，可同时停放汽车 1 万辆。

图 1-50 里昂机场火车站

图 1-51 美国五角大楼

哈利法塔(Khalifa Tower)又称迪拜大厦或比斯迪拜塔(图 1-52)，由美国芝加哥公司的美国建筑师阿德里安·史密斯(Adrian.Smith)设计，韩国三星公司负责营造，2004 年 9 月 21 日开始动工，2010 年 1 月 4 日竣工启用，同时正式更名为哈利法塔(原名迪拜塔)。2010 年 1 月 4 日晚，历时 5 年、耗资 15 亿美元的全球最高大楼迪拜塔举行盛大落成典礼。这座高楼耗材大约 33 万立方米混凝土和大约 3.14 万吨钢材。这座 160 层的摩天大楼高达 828 m，可容纳 1.2 万人，内设 57 部世界最快的电梯。据台湾《联合晚报》报道，世界最高的迪拜塔除了高度挑战极限外，拥有世界最高、最快的“智能型”电梯，一分钟内就可达到第 124 层的世界最高室外观景台。

西尔斯大厦(图 1-53)是美国芝加哥伊利诺伊州的一幢办公楼，由 SOM 建筑设计事务所设计，于 1974 年建成，工期 30 个月，高 527 m(含天线)，总建筑面积 418 000 m^2，地上 110 层，地下 3 层。底部平面 68.7 m×68.7 m，由 9 个 22.9 m 见方的正方形组成。在这些正方形的范围内都不另设支柱，租用者可按需要分隔。整个大厦平面随层数增加而分段收缩。在西尔斯大厦开工建设前，大厦的场址被西昆西街(West Quincy Street)一分为二，西尔斯公司为此支付给芝加哥市 270 万美元实现了街道分割。大厦的造

世界第一幢高层建筑

位于美国芝加哥的家庭保险大楼(Home Insurance Building)建于 1885 年，楼高 10 层，42 m，由美国建筑师威廉·詹尼设计，是公认的世界第一幢高层建筑。1890 年这座大楼又加建 2 层，增高至 55 m。该建筑下面 6 层使用生铁柱、熟铁梁框架，上面 4 层是钢框架，最后拆毁于 1931 年。

型犹如9个高低不一的方形空心筒子集束在一起，挺拔利索、简洁稳定。不同方向的立面形态各不相同，突破了一般高层建筑呆板对称的造型手法。这种束筒结构体系是建筑设计与结构创新相结合的成果。在第103层有一个供观光者俯瞰全市用的观望台。它距地面412 m，天气晴朗时可以看到美国的4个州。

图1-52 哈利法塔

图1-53 西尔斯大厦

台北101大楼（图1-54）被称为“台北新地标”，于1998年1月动工，主体工程于2003年10月完工，由李祖原建筑师事务所设计。该建筑包括61部电梯；在顶层设一个直径18英尺、重882 t的球形阻尼器，用于抵消台风及地震引起的运动；还有两台世界最高速的电梯，从1楼到89楼，只要39秒的时间。在当时世界高楼协会颁发的证书里，台北101大楼拿下了“世界高楼”四项指标中的三项世界之最，即“最高建筑物”（508 m）、“最高使用楼层”（438 m）和“最高屋顶高度”（448 m）。台北101大楼的建造费用为17.6亿美元。

图1-54 台北101大楼

上海环球金融中心(图 1-55)高 492 m,101 层。2008 年 8 月底竣工,建筑总成本为 12 亿美元。上海环球金融中心是以日本的森大厦株式会社为中心,联合日本、美国等 40 多家企业投资兴建的项目,原设计高 460 m。1997 年年初开工后,因受亚洲金融危机影响,工程曾一度停工。2003 年 2 月工程复工。但由于当时中国台北和香港都已在建超过 480 m 高的摩天大厦,超过环球金融中心的原设计高度,且由于日本方面兴建世界第一高楼的初衷不变,于是对原设计方案进行了修改。修改后的环球金融中心比原来增加 7 层,即达到地上 101 层,地下 3 层,楼层总面积约 377 300 m^2,建筑主体高度达到 492 m。

双子塔(图 1-56)位于马来西亚吉隆坡,建于 1998 年。曾经是世界最高的摩天大楼,直到 2003 年 10 月 17 日被台北 101 大楼超越,但仍是目前世界最高的双塔楼。楼高452 m,地上 88 层,由美国建筑设计师西萨·佩里(Cesar Pelli)所设计。大楼表面大量使用了不锈钢与玻璃等材质,并辅以伊斯兰艺术风格的造型,反映出马来西亚的伊斯兰文化传统。该建筑由两个独立的塔楼并由裙房相连,独立塔楼外形像两个巨大的玉米,故又名双峰大厦。吉隆坡双子塔是马来西亚石油公司的综合办公大楼,也是游客从云端俯视吉隆坡的好地方。

图 1-55 上海环球金融中心

图 1-56 吉隆坡双子塔

绿地广场·紫峰大厦(图 1-57)高 450 m,89 层,2010 年竣工,30 万平方米,是绿地集团在南京投资开发建设的当时世界第六高楼、江苏第一高楼。该项目位于南京中心城区被誉为“心脏地段”的鼓楼广场,集高档办公、顶级酒店和商业等于一体,为南京档次最高、影响力最大的城市新地标和现代服务业集聚区。紫峰大厦地下 4 层,地上到灯塔高 381 m、89 层,而从灯塔底部到塔尖则有 69m。

帝国大厦(图 1-58)位于美国纽约市,高 448.7 m(含天线),共有 102 层,由 Shreeve, Lamb, and Harmon 建筑公司设计,1930 年 3 月动工,1931 年落成,只用了 410 天,它的名字来源于纽约州的别称帝国州(Empire State),所以英文原意实际上是“纽约州大厦”,而“帝国州大厦”是以英文字面意思直接翻译之译法,但因此帝国大厦的译法已广泛流传,故沿用至今。纽约帝国大厦是当时使用材料最轻的建筑,建成于西方经济危机时期,成为美国经济复苏的象征，曾为世界第一高大楼和纽约市的标志性建筑，如今仍然和自由女神一起成为纽约永远的标志，是世界七大工程奇迹之一，在世界贸易中心于911事件倒塌后，继续接任纽约第一大楼的头衔，直到自由塔建成。

图 1-57 紫峰大厦

图 1-58 帝国大厦

广州国际金融中心（简称广州西塔）（图 1-59），位于广州珠江新城核心商务区，建筑总高度 443.75 m，主塔楼地上 103 层，地下 4 层，是华南地区第一高楼，2010 年竣工。广州国际金融中心集办公、酒店、休闲娱乐为一体，矗立在广州新城中轴线上。广州国际金融中心的设计方案，是经由广州市城市规划局于 2004 年组织的国际邀请竞赛征集的 12 个方案中选出的，其设计意念为“通透水晶”。建筑结构采用钢管混凝土巨型斜交网格外筒与钢筋混凝土剪力墙内筒的结构体系，在世界超高层建筑中是唯一的一例。“西塔”是广州最新的地标，她修长而通透的水晶之身将为广州这座有 2 200 年历史的岭南老城嵌入更多时尚的元素。

金茂大厦（图 1-60）于 1992 年 12 月 17 日被批准立项，1994 年 5 月 10 日动工，1997 年 8 月 28 日结构封顶，至 1999 年 3 月 18 日开张营业，当年 8 月 28 日全面营业。金茂大厦占地 2.3 公顷，塔楼高 420.5 m，88 层，总建筑面积 29 万平方米。建筑成本估计为 5.3 亿美元。这幢集现代办公楼、豪华五星级酒店、商业会展、高档宴会、观光、娱乐、商场等综合设施于一体，深富中华民族文化内涵，融汇西方建筑艺术的智慧型摩天大楼，是沪上方便舒适、灵活安全的办公、金融、商贸、娱乐和餐饮的理想活动场所。金茂大厦是由美国最大的建筑师-工程师事务所之一的 SOM 建筑设计事务所建造的。

香港国际金融中心二期（简称“国金二期”）（图 1-61）是一项商业建设工程项目，是总投资共 30 亿美元的国际金融中心发展计划的重要工程项目之一。1996 年香港地铁公司将项目发展权授予由多家建设及项目投资单位所组成的建设联合体，并随即开展设计优化工作。项目的原设计是两座 46 层建筑物，经过设计优化后的国金二期是一座楼高 420 m，总层数 88 层，位列当时世界前 10 高的建筑物，另设 6 层地下室，埋深 38 m。国金二期的施工期仅三年半，2003 年下半年投入使用。国金二期已成为香港的新地标、新象征性建筑物。

图 1-59 广州国际金融中心

图 1-60 金茂大厦

上海中心大厦(图 1-62),是上海市的一座巨型高层地标式摩天大楼,其设计高度超过附近的上海环球金融中心。上海中心大厦项目面积 433 954 m^2,建筑主体为 119 层,总高为 632 m,结构高度为 580 m,机动车停车位布置在地下,可停放 2 000 辆,是目前世界第二高楼。

图 1-61 香港国际金融中心二期

图 1-62 上海中心大厦

2008 年 11 月 29 日上海中心大厦进行主楼桩基开工。2016 年 3 月 12 日,上海中心大厦建筑总体正式全部完工。2016 年 4 月 27 日,“上海中心”举行建设者荣誉墙揭幕仪式并宣布分步试运营。2017 年 4 月 26 日,位于大楼第 118 层的“上海之巅”观光厅正式向公众开放。

世界贸易中心一号楼(图 1-63),原称为自由塔(Freedom Tower),是兴建中的美国纽约新世界贸易中心的摩天大楼,坐落于 9·11 袭击事件中倒塌的原世界贸易中心的旧址附近。高度 541.3 m(1 776 英尺,为独立宣言发布年份),地上 82 层(不含天线),地下 4 层,建筑面积 241 540 m^2。设计师为犹太裔波兰人设计家丹尼尔·李布斯金(Daniel Libeskind)。

该建筑已在 2013 年 11 月 12 日竣工。当地时间 2014 年 11 月 3 日,于纽约著名的世贸双子塔在 9·11 恐怖袭击中被摧毁的 13 年之后,新建成的纽约世贸中心一号大楼正式重新开放。没有任何剪彩和庆祝仪式,该大楼首批租户的员工 4 日早晨进入大楼开始工作。

乐天世界大厦(图 1-64)于 2017 年竣工,成为首尔的地标性建筑,大厦由金融中心、医疗健康中心、画廊、高级酒店式商务区、六星级酒店、高档写字楼、办公区以及观景瞭望台等组成。

图 1-63 世界贸易中心一号楼

图 1-64 乐天世界大厦

乐天世界大厦总高度达 556 m,地下 6 层,地上 123 层,是目前世界第五高楼。大厦若隐若现的塔尖耸立在首尔的天际线之上,成为韩国第一高楼,也是韩国第一座超百层的大厦。

1.5 地下建筑

1.5.1 地下建筑的概念及特点

顾名思义,地下建筑[43]就是建造在岩体或土体中的建筑物和构筑物。其中,地下建筑物如地下住宅、商场等,地下构筑物如矿井、巷道、输油或输气管道、输水隧道、水库、油库、铁路和公路隧道、城市地铁、地下商业街、军事工程等,如图 1-65、图 1-66、图 1-67 所示。

与地上建筑相比,地下建筑具有以下优点:

(1) 恒温,且能较好地绝热和蓄热,有利于节约能源。

地下建筑的定义及分类

图 1-65 卢浮宫地下商场走廊

图 1-66 地下铁路

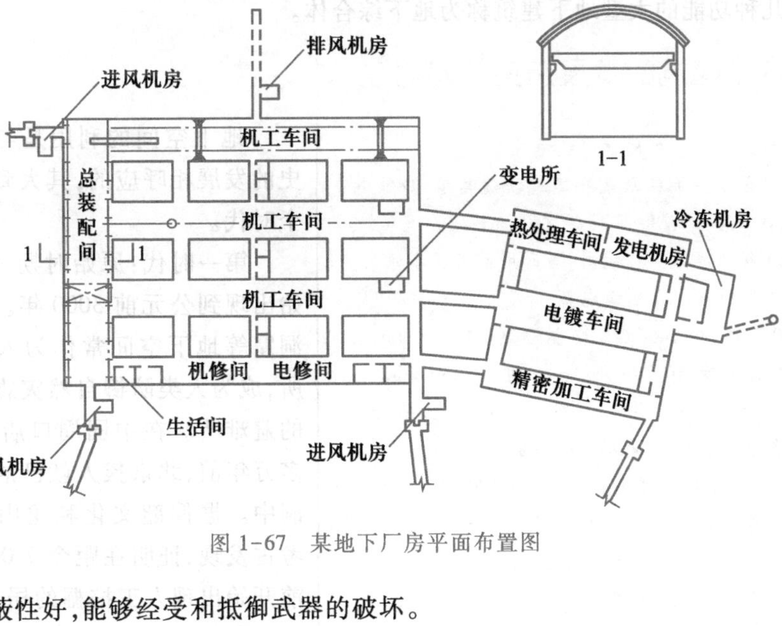

图 1-67 某地下厂房平面布置图

(2) 隐蔽性好,能够经受和抵御武器的破坏。

(3) 气密性、隔声性、隔振性好。

(4) 受自然灾害影响较小,具有良好的抗风和抗震性能。

(5) 具有良好的地下水保持性。

(6) 节约用地。由于地下空间一般仅出入口设在地上,因此对周边环境的影响较小,有利于古迹保护、城市绿化,同时也为城市的高密度开发提供了条件。

(7) 具有较好的空间灵活性,能够利用高效的运输手段。

但是,地下建筑为一封闭体,既受到围岩介质的物理、化学和生物性因素的作用和影响,也受到建筑物的功能、材料、经济和技术等人为因素的制约,不可避免地存在一些问题,主要是:地下建筑内部缺少阳光直接照射,光线暗淡;围岩和建筑材料可能放射出有害气体或射线,人们的生产和生活活动也会产生有毒物质、臭味和尘土,引起空气污染;室内潮湿,空气中负离子含量少;微生物繁衍快,生存期长;生产和生活活动会使环境噪声级增强,引起人们神经系统不舒适;人员进出不方便等。

1.5.2 地下建筑的分类

地下建筑的类型很多,按其使用功能大致可以分为以下几类:

(1) 军用建筑。包括各种永备的和野战工事、屯兵和作战坑道、指挥所、通信枢纽部、导弹发射井、军用仓库等。

(2) 民用建筑。包括居住建筑、公共建筑、民用防空建筑。

(3) 水工建筑。如输水道等。

(4) 工业建筑。包括仓库、油库、粮库、冷库、地下工厂、水电站、火电站、核电站等。

(5) 交通运输建筑。包括铁路和道路隧道、城市地下铁道、运河隧道和水底隧道等。

(6) 矿山建筑。包括各种矿井、水平巷道和作业坑道等。

(7) 市政建筑。包括给排水管道、热力和电力管道、输油输气管道、通信电缆管道以及综合性市政隧道等。

兼具几种功能的大型地下建筑称为地下综合体。

1.5.3 地下建筑的发展历史与趋势

地下空间的利用是与人类文明历史的发展相呼应的,其大致可以分为四个时代。

第一时代:原始时期——从人类开始出现到公元前3000年。这期间天然洞窟等地下空间常作为人类的原始居所,成为人类防御自然灾害和野兽侵袭的避难所。在中国周口店发现早在50多万年前,北京猿人就已居住在天然岩洞中。据仰韶文化和龙山文化遗址的考古发现,证明在距今7 000~5 000年前开始出现人工挖掘的居住洞穴,从简单的袋形竖穴到圆形或方形的半地穴,上面有简单屋顶。

世界上第一条客运地下铁道

1843年英国人皮尔逊提出了在伦敦修建地铁的建议,1860年开始修建,采用明挖法施工。隧道横断面高5.18 m、宽8.38 m,为单拱形砖砌结构。1863年该线路交付使用,当时用蒸汽机车牵引。

中国铁路隧道建设成就

据统计,截至2020年底,中国铁路营业里程达14.5万km,其中,投入运营的铁路隧道共有16 798座,总长约19 630 km。从1980年至2020年的40年间,中国共建成隧道12 412座,总长约17 621 km(占中国铁路隧道总长度的90%),特别是近15年来,中国铁路隧道发展极为迅速,共建成铁路隧道9 270座,总长约15 321 km(占中国铁路隧道总长度的78%)。其中,“十一五”期间建成铁路隧道2 262座,总长约2 686 km(占比14%),“十二五”期间建成铁路隧道3 611座,总长约6 038 km(占比31%),“十三五”期间建成铁路隧道3 387座,总长约6 592 km(占比33%)。

(据《隧道建设(中英文)》2021年2月)

第二时代:古代时期——从公元前3000年到公元5世纪。随着人类文明的发展和工程技术水平的提高,地下空间开始被人类用于城市生活设施。埃及金字塔的引水道、我国秦汉时期的陵墓和地下粮仓等工程均是这一时期的代表,许多古代地下工程至今还在利用。中国西北、华北的黄土高原地区的窑洞是独具特色的地下建筑,估计中国目前仍有众多的人口居住在窑洞中。

第三时代:中世纪时期——从公元5世纪到14世纪。这个时期工程建设技术发展缓慢,但由于对铁、铜等金属的需求,矿石开采技术得到了一定的发展。

第四时代:近代和现代时期——从15世纪开始至今。在这一时期,随着工业革命的开始,各种工程机械设备得以发明利用,尤其炸药的发明,成为开发地下空间的有力武器。采矿、隧道、地下铁道等地下工程发展迅速。1863年英国伦敦建成世界上第一条城市地下铁道。第二次世界大战期间,一些参战国把重要的军事设施和军火工厂、仓库等建在地下,并为居民修建防空洞。1950年以来,由于经济的发展和科学技术的进步,城市人口的迅速增加,环境污染日益严重,能源危机以及战争危险的存在等因素的影响,地下建筑在许多国家,有了高速度和大规模的发展。目前,世界上许多城市修建了地下铁道;日本、德国、法国等国家,大城市人口高度集中,因此大量修建地下高速交通网和地下街、地下商业中心;美国从20世纪70年代中期开始,致力于把地下建筑作为节约能源的措施,发展出一种半地下覆土建筑,除留出必要的朝阳面外,房屋的其他部分都用一定厚度的土掩埋或覆盖,并结合太阳能的利用,取得节能50%以上的效果;一些能源缺乏的国家,利用地下建筑大量贮存能源作为战略储备,如瑞典、芬兰等国建造的地下水封油(或气)库的单库容量超过100万立方米;一些水力资源丰富的国家将许多水电站建在地下,以增加水的落差;加拿大气候寒冷,因此在大城市发展地下商业中心,蒙特利尔市的几个地下商业中心已经连成一片,建筑面积达81万平方米,形成了地下城;一些工业发达国家还注意发挥地下建筑在保护城市传统风貌、改善城市环境、扩大城市空间等方面所起的积极作用,如日本名古屋市结合城市干道的改建,在地下布置了商业街和停车场,地面除留出必要的行人、行车道外,在中心部分建成一座大型街心公园;又如美国一些大学为了保存历史性建筑物的统一风格和缓解用地紧张,也建造了一些地下建筑,如图书馆、体育馆、教学馆等,取得了良好的效果。

地下空间作为一种新的资源进行开发和利用是当今一些国家的发展趋势,虽然还存在许多有待解决的问题,但其发展的前景十分广阔,其发展主要方向是:

(1) 城市地下交通、平时和战时两用的地下公共建筑、节约能源的中小型地下太阳能住宅、多功能地下室。

(2) 能源的地下储存。

(3) 高放射性核废料和工业垃圾的地下封存。

(4) 地下溶洞风景资源的开发。

(5) 防灾和供战争防护用的地下建筑。

1.5.4 隧道

一、隧道的分类

隧道[44]是修建在岩体或土体内的用于通过行人、车辆、水、煤气等的构筑物(图1-68),

可以从不同角度对其分类。

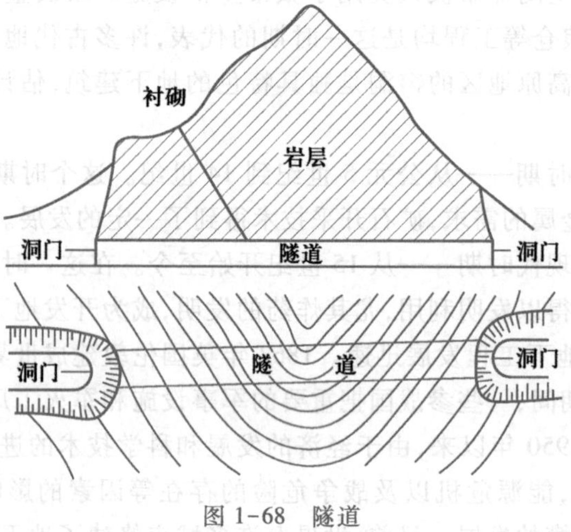

图 1-68 隧道

1. 按隧道的用途分类

按隧道的用途，主要可分为：交通隧道，主要包括铁路隧道、公路隧道、地下铁道、航运隧道，其中铁路隧道用得最多；水工隧道，主要用于防洪、发电、引水等；市政隧道；矿山隧道。

2. 按隧道通过的地区分类

按隧道通过的地区，可分为：山岭隧道，铁路通过横断山脉的一种措施；傍山隧道，隧道沿河谷傍山而行；越岭隧道，隧道穿过大的分水岭；城市隧道，如地铁；水底隧道，在河床、海峡或湖底以下的地层开挖的隧道，代替桥梁跨越河、海、湖。

3. 按隧道的长度分类

按隧道的长短，可分为：一般隧道，长度小于2 000 m；长隧道，长度在2 000~5 000 m；特长隧道，长度在5 000 m及以上。

二、隧道建筑物

隧道建筑物主要有衬砌、洞门、洞内避险洞等，大型隧道还有专门的通风、排水、照明灯等设施。

1. 隧道衬砌

隧道开挖后，其周围岩层的稳定性会遭受很大的破坏，为防止隧道周围岩层的风化和构造变形，需要修建隧道衬砌来承受围岩压力（坚硬岩层中的隧道除外）。衬砌必须有足够的强度，它的形式和尺寸与围岩的地质条件和水文

青函隧道

青函（青森至函馆）隧道是通过津轻海峡连接日本北海道和本州的海底隧道，全长 53.87 km，其中海底部分 23.3 km，隧道平均埋深 100 m，由一条双线隧道和一条辅助坑道组成，是全球最长的海底隧道。该工程 1964 年开始挖导坑，1971 年正式施工，1988 年 3 月正式运营通车。青函隧道建成后，青森到函馆间的运输时间节省了 1/2，约缩短 2 h。

英法海底隧道

英法海底隧道又称海峡隧道或欧洲隧道，是一条把英国英伦三岛连接往欧洲法国的铁路隧道，隧道横跨英伦海峡，长度为 50 km，其中海底部分 39 km，长度仅次于青函隧道。英法海底隧道由三条隧道和两个终点站组成。三条隧道由北向南平行排列，南北两隧道相距 30 km，是单线单向的铁路隧道，隧道直径为 7.6 m。隧道启用后，伦敦至巴黎的陆上旅行时间由 6 小时缩短为 3 小时。据英国铁路当局估算，每年通过隧道的旅客人数可达 1 800 万人，货运可达 800 万吨。隧道于 1987 年 12 月 1 日正式开工，1994 年 5 月通车，造价 150 亿美元。

地质条件有直接的关系。

衬砌使用的建筑材料过去多用砖石砌体和木材,以后逐步发展为混凝土、钢筋混凝土和钢材,也有采用预应力混凝土的。对不承力的围护结构还可以采用各种塑料、波纹钢板和其他金属制品作衬砌。

隧道的衬砌可与围岩密贴,也可以离壁。根据构造和施工方法不同,衬砌有现场灌注的整体式衬砌和预制的装配式衬砌两大类。整体式衬砌的构造主要有拱圈、边墙、托梁和仰拱(支撑)等几部分(图 1-69)。

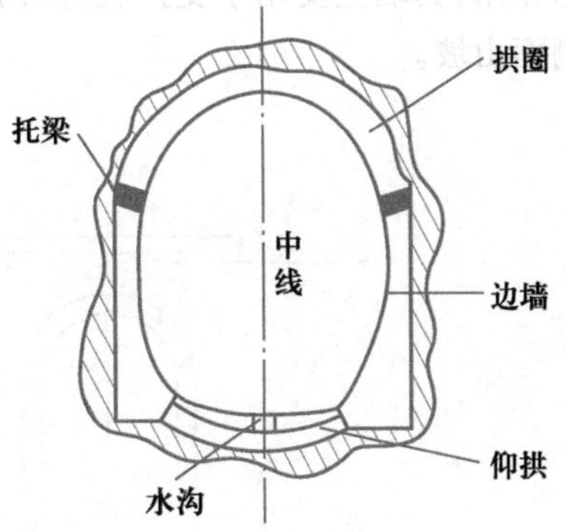

图 1-69 衬砌的组成

通常采用的衬砌形式有:

(1) 不衬砌。在坚硬、整体、不易风化且干燥的岩层中,可以不进行衬砌。

(2) 半衬砌。用于坚硬岩层隧道,为防止个别石块脱落而采用的措施(图 1-70a)。

(3) 大拱脚薄边墙衬砌。一般适用于仅有竖向压力的石质隧道(图 1-70b)。

(4) 直墙式衬砌。一般适用于以竖向压力为主,侧向压力较小的松石、软石和硬土质地层中的隧道(图 1-70c)。

(5) 围墙式衬砌。一般适用于竖向压力与侧向压力都较大的软土质地层的隧道(图 1-70d)。

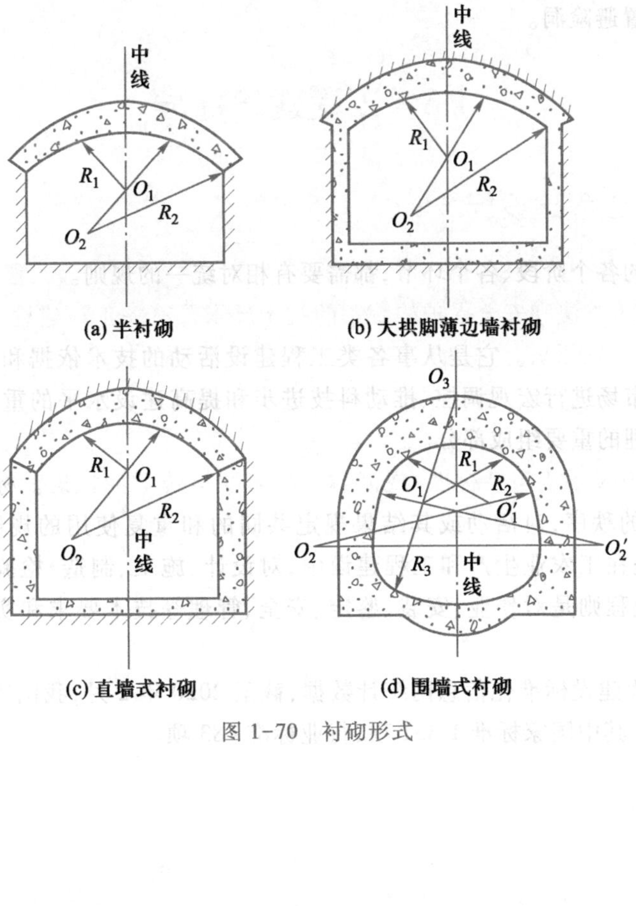

图 1-70 衬砌形式

2. 洞门

如图 1-71 所示，洞门是隧道两端和路堑连接的建筑物，其作用主要是支挡山体、稳定仰坡和边坡，并将由坡面流下的水排离隧道，防止洞口塌方堵塞，保证洞内施工安全和正常使用。洞门结构主要由端墙、翼墙、水沟及挡土墙部分等组成。端墙主要起支挡正面山体的作用，翼墙主要用于支护、稳固两侧坡面，水沟用于排走洞口地面水，挡土墙则用于支撑侧面山坡。

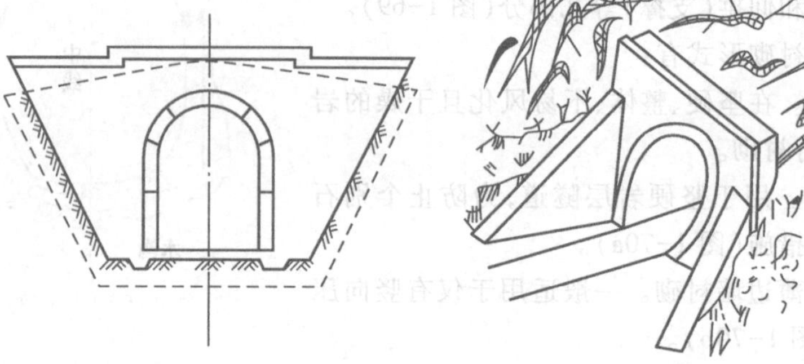

(a) (b)

图 1-71 洞门

3. 避险洞

为使洞内行人、养护维修人员躲避列车，确保人身及行车安全，在长度超过 300 m 隧道的两侧边墙应设置避险洞。

1.6 工程建设标准

1.6.1 什么是工程建设标准

在工程建设的各个阶段、各个环节，都需要有相对统一的规则。工程建设标准[45]，就是建设工程设计、施工方法和安全保护的统一的技术要求及有关工程建设的技术术语、符号、代号、制图方法的一般原则。它是从事各类工程建设活动的技术依据和准则，是政府运用技术手段对建筑市场进行宏观调控、推动科技进步和提高建设水平的重要途径，是对工程建设实行科学管理的重要组成部分。

标准的具体表现形式包括标准、规范、规程，习惯上统称为标准。标准是为在一定的范围内获得最佳的秩序，对活动或其结果规定共同的和重复使用的规则、导则或特性的文件；规范一般是在工农业生产和工程建设中，对设计、施工、制造、检验等技术事项所做的一系列规定；规程则是对作业、安装、鉴定、安全、管理等技术要求和实施程序所做的统一规定。

根据国家工程建设标准化信息网统计数据，截至 2020 年 2 月，我国工程建设现行标准达到 3 000 余项。其中国家标准 1 331 项，行业标准 683 项。

1.6.2 工程建设标准分类

一、根据标准的约束性分类

1. 强制性标准

保障人体健康、人身财产安全的标准和法律、行政性法规规定强制性执行的国家和行业标准是强制性标准[46]；省、自治区、直辖市标准化行政主管部门制定的工业产品的安全、卫生要求的地方标准在本行政区域内也是强制性标准。

对工程建设业来说，下列标准属于强制性标准：

(1) 工程建设勘察、规划、设计、施工(包括安装)及验收等通用的综合标准和重要的通用的质量标准。

(2) 工程建设通用的有关安全、卫生和环境保护的标准。

(3) 工程建设重要的术语、符号、代号、计量与单位、建筑模数和制图方法标准。

(4) 工程建设重要的通用的试验、检验和评定等标准。

(5) 工程建设重要的通用的信息技术标准。

(6) 国家需要控制的其他工程建设通用的标准。

2. 推荐性标准

其他非强制性的国家和行业标准是推荐性标准[47]。推荐性标准国家鼓励企业自愿采用。

二、根据内容分类

(1) 设计标准。设计标准是指从事工程设计所依据的技术文件。

(2) 施工及验收标准。施工标准是指施工操作程序及其技术要求的标准。验收标准是指检验、接收竣工工程项目的规程、办法与标准。

(3) 建设定额。建设定额是指国家规定的消耗在单位建筑产品上的劳动和物化劳动的数量标准，以及用货币表现的某些必要费用的额度。

三、按属性分类

(1) 技术标准。技术标准是指对标准化领域中需要协调统一的技术事项所制定的标准。

(2) 管理标准。管理标准是指对标准化领域中需要协调统一的管理事项所制定的标准。

(3) 工作标准。工作标准是指对标准化领域中需要协调统一的工作事项所制定的标准。

四、我国标准的分级

(1) 国家标准。对需要在全国范围内统一的技术要求所制定的标准。如《混凝土结构设计规范》(GB 50010—2010)、《公共建筑节能设计标准》(GB 50189—2015)等。国家标准由国家标准化主管机构批准发布。

(2) 行业标准。对没有国家标准而又需要在全国某个行业范围内统一的技术要求所制定的标准，如《外墙外保温工程技术标准》(JGJ 144—2019)等。行业标准由我国各主管部、委(局)批准发布。当同一内容的国家标准公布后，则该内容的行业标准即行废止。

(3) 地方标准。对没有国家标准和行业标准而又需要在该地区范围内统一的技术要求所制定的标准。地方标准由省、自治区、直辖市标准化行政主管部门制定，并报国务院标准化行政主管部门和国务院有关行政主管部门备案。在公布国家标准或者行业标准之后，该地方标准即应废止。

（4）企业标准。对企业范围内需要协调、统一的技术要求、管理事项和工作事项所制定的标准。企业标准由企业制定，由企业法人代表或法人代表授权的主管领导批准、发布。

1.6.3 标准的编号

我国标准的编号由标准代号、标准发布顺序和标准发布年代号构成，形式为：

××××××—××××

国家标准的代号由大写汉字拼音字母构成，强制性国家标准代号为 GB，推荐性国家标准的代号为 GB/T。

行业标准代号由汉语拼音大写字母组成，再加上“/T”组成推荐性行业标准，如××/T；不加“/T”为强制性行业标准。部分行业标准代号见表 1-3。

表 1-3 部分行业标准代号

序号	标准类别	标准代号	批准发布部门
1	建筑行业标准	JG	住房和城乡建设部
2	建筑行业工程建设规程	JGJ	住房和城乡建设部
3	城镇建设行业标准	CJ	住房和城乡建设部
4	城建行业工程建设规程	CJJ	住房和城乡建设部
5	安全生产行业标准	AQ	国家安全生产管理局
6	测绘行业标准	CH	国家测绘局
7	电力行业标准	DL	国家发改委
8	环境保护行业标准	HJ	生态环境部
9	建材行业标准	JC	国家发改委
10	交通行业标准	JT	交通部
11	石油化工行业标准	SH	国家发改委
12	水利行业标准	SL	水利部
13	铁道行业标准	TB	铁道部
14	铁道交通行业标准	TJ	铁道部标准所
15	通信行业标准	YD	信息产业部

地方标准代号由大写汉语拼音 DB 加上省、自治区、直辖市行政区划代码的前面两位数字（如北京市 11、天津市 12、上海市 13 等），再加上“/T”组成推荐性地方标准（DB××/T），不加“/T”为强制性地方标准（DB××）。

企业标准的代号由大写汉语拼音字母 Q 加斜线再加企业代号组成（Q/×××），企业代号可用大写拼音字母或阿拉伯数字或者两者兼用所组成。

例如：

《混凝土结构设计规范》(GB 50010—2010)，为强制性国家标准，发布标准的顺序号为50010，发布标准的年号为2010(即发布时间为2010年)；

《建筑结构制图标准》(GB/T 50105—2010)，为推荐性国家标准，发布标准的顺序号为50105，发布标准的年号为2010；

《高层建筑混凝土结构技术规程》(JGJ 3—2010)，为建筑行业强制性工程建设标准，发布标准的顺序号为3，发布标准的年号为2010；

《建筑与市政工程施工现场专业人员职业标准》(JGJ/T 250—2011)，为建筑行业推荐性工程建设标准，发布标准的顺序号为250，发布标准的年号为2011。

此外，我国还有“中国工程建设标准化协会”(简称CECS)标准，其编号形式为：

CECS ××:××××

其中××为标准发布顺序，××××为标准发布年代号。例如《超声法检测混凝土缺陷技术规程》(CECS 21:2000)。

1.6.4 工程建设标准强制性条文

工程建设强制性条文是工程建设过程中的强制性技术规定，是保证建设工程质量安全的必要技术条件，是为保证国家及公众利益、针对建设工程提出的最基本的技术要求，体现的是政府宏观调控的意志，参与建设活动各方都必须严格执行。在政府部门组织的各项检查、审查中，对违反强制性条文者，不论其是否一定导致事故的发生，都将进行查处。

目前，我国工程建设标准强制性条文有两种形式。一是原建设部自2000年以来相继批准的《工程建设标准强制性条文》共十五部分，包括城乡规划、城市建设、房屋建筑、工业建筑、水利工程、电力工程、信息工程、水运工程、公路工程、铁道工程、石油和化工建设工程、矿山工程、人防工程、广播电影电视工程和民航机场工程，覆盖了工程建设的各主要领域；二是强制性标准中标明的强制性条文。强制性标准中的强制性条文均采用黑体字标明。《工程建设标准强制性条文》来自相关强制性标准。也就是说，《工程建设标准强制性条文》中的条文同相关强制性标准中的强制性条文是相同的。

强制性条文约占相应标准条文总数的5%。

1.6.5 标准中的用词

工程建设标准中，不同条文在执行中要求的严格程度可能是不同的。为了区别，采用不同的词表达。

表示很严格，非这样做不可的用词：正面词采用“必须”，反面词采用“严禁”；

表示严格，在正常情况均应这样做的用词：正面词采用“应”，反面词采用“不应”或“不得”；

表示允许稍有选择，在条件许可时首先应这样做的用词：正面词采用“宜”，反面词采用“不宜”；

表示有选择，在一定条件下可以这样做的用词，采用“可”。

扩展资料

现代建筑技术的未来趋势

当前,中国的建筑业已经进入了健康、快速发展的轨道。国内良好的宏观环境拉动了建筑业的迅速增长,尤其是现在推行的"新农村保障住房"政策又给建筑行业的发展注入了新的活力。那未来建筑技术的发展趋势有哪些呢?

1. 生态建筑

所谓生态建筑是相对现代建筑而言的,也是对现代建筑反思的结果。现代建筑的设计思想强调以人为本,强调科技为人服务。生态建筑的设计思想则是从环境污染和全球性生态环境恶化的角度,对现代工业文明进行的深刻反思,用生态学的理论证明人对自然的依存关系,批判以人为中心的思想,强调现代的城市建筑应该适应自然规律,提倡城市建设和建筑设计要结合自然环境。

恩格斯在《自然辩证法》一书中说过一段话:我们不要过分陶醉于我们对自然的胜利,因为每一次大自然都进行了报复。人类热衷于征服自然,而征服也的确有成绩,科学技术飞速发展,人民生活迅速改善。但是,大自然的报复也随之而来。比如物种灭绝、生态失衡、人口爆炸、地球变暖、淡水匮乏、新疾病产生、臭氧空洞等。这些弊端发展下去,将会影响人类发展的前途,这是十分明显的。

1998年7月18日联合国环境规划署负责人指出:"十大环境祸患威胁人类"。其中土壤遭到破坏、能源浪费、森林面积减少、淡水资源受到威胁、沿海地带被污染五个方面主要是与建筑环境直接相关的问题,也是关系建筑业发展方向的重大问题。现代建筑的设计要与环境紧密结合起来,所以我们这一代大学生应该学会充分利用环境,创造环境,使建筑恰如其分地成为环境的一部分,最好能够实现"建筑是凝固的音乐"的理想境界。为了保护我们现有的环境,我们当代大学生应该尽可能做到建筑节能。

建筑节能是指在建筑材料生产、房屋建筑和构筑物施工及使用过程中,满足同等需要或达到相同目的的条件下,尽可能降低能耗。建筑节能,在发达国家最初目的是减少建筑中能量的散失,现在则普遍称为"提高建筑中的能源利用率",在保证提高建筑舒适性的条件下,合理使用能源,不断提高能源利用效率。建筑节能具体指在建筑物的规划、设计、新建(改建、扩建)、改造和使用过程中,执行节能标准,采用节能型的技术、工艺、设备、材料和产品,提高保温隔热性能和采暖供热、空调制冷制热系统效率,加强建筑物用能系统的运行管理,利用可再生能源,在保证室内热环境质量的前提下,减少供热、空调制冷制热、照明、热水供应的能耗。

2. 智能建筑

建筑智能化即具有高功能性的建筑室内环境,是人工环境技术与建筑功能的拓展。智能建筑标准通常包括楼宇自动化(BA)、办公自动化(OA)、通信网络(COM)3个方面。各个城市的智能化发展也根据各自的特点而不同。

每一座城市都有其特有的历史和文化。其丰富多彩的文化内涵,最具象的表象就是城市中形形色色的建筑。城市依托建筑而成,建筑有赖城市而造。没有建筑规划就没有城市的布局，城市要建设、要发展、要创新，建筑就可大显身手了。看一个城市，主要是高楼大厦和构筑物，其次才是道路、交通、绿化和排水设施等，而这些又受建筑的拉动和制约。由此看来，建筑是城市的主体、是城市的象征、是城市的模样。但是，建筑必须根据所处地形地貌和环境保护来开发，它受城市总体规划的制约而不能"擅自行动"。

没有众多高楼的耸立就没有城市的模样，在一定条件下建筑决定其他基础设施，但也有时是基础设施走在前面。不管怎样，城市的各行各业都离不开建筑。从居民住宅到商业大厦，从办公大楼到宾馆饭店，从亭台楼阁到绿化广场，从古建筑到公用设施，无一没有建筑的支撑和配合。因此，建筑是城市之魂、是城市的骨架、是城市的脊梁更是城市的标志和丰碑。

未来中国城市化率将提高到 76% 以上，城市对整个国民经济的贡献率将达到 95% 以上。都市圈、城市群、城市带和中心城市的发展预示了我国城市化进程的高速起飞，也为建筑业带来更广阔的市场。随着城市化的急剧发展，已经不能就建筑论建筑，这就迫切需要我们用城市的观念来从事建筑活动，也就是强调城市规划和建筑综合。因此，21 世纪最引人注目的课题将是从单个建筑到建筑群的规划建设，到城市与乡村规划的结合、融合，以至区域的协调发展。

3. 高技派建筑

早期高技派建筑是机器美学在建筑方面的极端发展，其特点是夸张地强调力学特征，把技术因素变为刻意追求的装饰因素。但是，人们借助高技术的力量对未来建筑进行设想却是无可异议的正确方向。高技派的建筑理论和设计方法强调工业时代的机器美学和新技术的美感，其要表现在三个方面：提倡采用最新的材料；认为功能可变，结构不变，在设计中表现技术的合理性和空间的灵活性；强调新时代的审美应该考虑技术的决定因素，力求利用高科技改变人们习惯的生活方式和传统的美学观。

在高技派建筑中，最流行的是采用玻璃幕墙的建筑。这些玻璃幕墙建筑不同于简单的"玻璃盒子"，需要材料、设备、造价等技术经济支持。

科学技术进步是建筑发展的动力，同时它也是达到建筑实用目的的主要手段。随着建筑技术的提高，人类的建筑由树枝棚一步步发展为现代的各类建筑。当今以计算机为代表的新兴技术直接、间接地对建筑发展产生影响，人类正在向信息社会、生物遗传、外太空探索等诸多新领域发展，这些科学技术上的变革，都将深刻地影响到人类的生活方式、社会组织结构和思想价值观念，同时也必将带来建筑技术和艺术形式上的深刻变革。作为一名合格的大学生，我们应该逐渐地适应并利用这些先进的科学技术为我们以后的工作服务，并应逐渐了解建筑科技的主要发展方向。

现在，世界各国都在改善居住条件，发展完善住宅建筑工业化，研究与开发新型建筑材料，开发建筑节能和新能，研究环境治理的技术等。建筑科技的主要发展方向为：第一，注重利用高新技术更新改造房地产并引进、利用高新技术，将其作为住宅产业科技进步的先导和技术革新的动力。第二，把建筑科技研究扩展到居住环境与城市建设发展，注重住宅质量功能与环境协调，研究城市规划、土地有效利用、交通水电等设施的发展对住宅科技的相互影响，为进一步提高居住水平，促进社会经济发展创造条件。第三，注重技术进步与研究成果转化 技术进步和技术转移可以促进研究开发成果的实际应用，以较少的投入，提高整个行业的水平。

4. 节能建筑

能源危机已是当今世界无法回避的严峻现实问题，因此建筑节能在全球范围内得到了普遍重视。我国于2010年颁布了《夏热冬冷地区居住建筑节能设计标准》(JGJ 134—2010)，2015年颁布了《公共建筑节能设计标准》(GB 50189—2015)，是建筑节能工作在民用建筑领域全面铺开的标志。《公共建筑节能设计标准》适用于新建、扩建和改建的公共建筑节能设计，其节能目标和途径是通过建筑技术改善建筑围护结构保温、隔热性能，提高供暖、通风和空调设备、系统的能效比，采取增进照明设备效率等措施，在保证相同的室内热环境舒适参数条件下，与20世纪80年代初设计建成的公共建筑相比，全年供暖、通风、空调和照明的总能耗可减少50%左右。建筑节能的另一措施是开发利用可再生能源，降低利用成本，完善相关技术，使之能够更方便地推广运用。

5. 地下建筑

地下建筑是地下隧道技术与地下空间开发利用相结合的结果。有研究指出：19世纪是桥梁的世纪，20世纪是高层建筑的世纪，21世纪则是地下空间开发的世纪。高楼林立、桥梁纵横的景象会和20世纪初那种以滚滚浓烟为自豪的工业文明一样，为人们所畏惧，人们期望还更多的绿地给自然。从城市建设的角度而言，实现同样的功能，地下的选择往往比地面与地上给人类带来更大的环境收益。随着环境与发展的问题日益突出，建设投资的内涵使人们得出了一个深刻的认识，即不论是地上方案还是地下方案，除了直接建筑安装工程费用外，建设投资还包括社会利益损失费用和环境资源，其中环境资源就是以未来的自然生态作为成本投资。仅从理论上而言，以可持续发展角度来估算一个工程项目的投入，地下方案所需的环境投入比地上方案要少得多。

6. 绿色建筑

绿色建筑是现代建筑的一种发展趋势。绿色建筑与保护概念紧密相连，因此能够得到大家的青睐。绿色建筑意在构建环保的、节能的、健康的、高效的居住环境。绿色建筑能够极大地满足人类的生存需求和发展基础。绿色建筑强调人与自然的协调共生，在建筑设计的阶段，充分考虑建筑与周围环境的共存，把重心放在环境保护、生态尊重上，完成理想的建筑构图。

绿色建筑主要有三个出发点：一是保护环境。绿色建筑强调与环境和谐共处，减少对环境的污染，包括减少二氧化碳气体的排放。二是节约能源。绿色建筑重视建筑材料的使用，在最大程度上减少各种资源的浪费。三是满足人的使用功能。建筑的基本功能就是为人提供居住、工作的环境和空间，绿色建筑应该为人提供高效、健康的使用空间。

学习单元2

走进建筑业

学习导引

建筑业是国民经济的重要物质生产部门，与整个国家经济的发展、人民生活的改善有着密切的关系。那么什么是建筑业？按照我国国民经济产业划分标准，建筑业属于第几产业？目前，我国建筑业处于什么样的发展状况？本单元将介绍这些内容，以利大家对我国建筑业整体状况能有比较全面的认识。

学习目标

通过本单元的学习，了解建筑业的范围及我国建筑业的发展概况，熟悉我国建筑活动的相关机构，掌握建筑企业的资质划分标准和经营管理制度，掌握施工项目组织形式及项目部岗位设置，了解我国建设行业职业资格制度，熟悉我国建筑业未来的发展热点。

2.1 什么是建筑业

2.1.1 建筑业的概念

建筑业是国民经济的重要物质生产部门，是国民经济体系中专门从事建筑活动的一个行业。因此，为了定义建筑业，我们先讨论建筑活动的概念。

建筑活动是人类活动的重要组成部分。进入现代社会，建筑活动的内容越来越庞杂，涉及的范围越来越宽，对经济社会的影响也越来越大。对于现代建筑活动的内涵，存在着两种观点。

建筑业的概念

一种是"广义"的观点，认为建筑活动应当包括一切土木工程以及附属设施的建造，线路、管道和设备的安装以及装饰装修活动。"广义"体现在两个方面：一是工程类型的范围，为全部土木工程、安装工程和装饰装修工程，包括房屋建筑工程、交通工程、水利工程、电力工程、矿山工程、冶炼工程、化工工程、市政工程、通信工程等专业工程的土建、安装和装饰装修活动。二是工程实施过程的范围，包括围绕上述各类工程开展的勘察、设计、施工、监理、采购以及有关的招标投标等活动。

另一种是"狭义"的观点，认为建筑活动只应该包括房屋建筑和附属设施的建造活动，以及与房屋建造相关的设施、设备的安装活动。这里的"狭义"是对建筑活动进行了一些条件限制。就工程本身而言，将其范围限制在房屋建筑工程和附属设施工程以及相关的安装工程，不含其他专业建筑工程。房屋建筑工程，一般是指具有顶盖、梁柱、墙壁、基础以及能够形成内部空间，满足人们生产、生活等所需的工程实体，包括民用建筑、工业建筑；房屋建筑的附属设施工程，包括水塔、烟囱、锅炉房、配电房；房屋建筑相关的安装工程，包括线路、管道、设备（含电梯）等。对于工程实施环节来讲，限制在土建活动和安装活动，通常又称为"建安活动"，不包含勘察、设计、监理、招标投标等活动。

显然，上述两种观点站在不同的角度定义建筑活动，其差异集中反映在对建筑活动所包含的内容和涉及的范围的认识上。

> 什么是建筑业？
> 建筑业的范围包括哪些？

由于对建筑活动存在不同观点，因此对建筑业的定义也存在不同观点，但比较多使用的定义是：建筑业[48]是国民经济的重要物质生产部门，是专门从事土木工程以及附属设施的建造，线路、管道和设备的安装以及装饰装修活动的行业，其产品是各种工厂、矿井、铁路、桥梁、港口、道路、管线、住宅以及公共设施的建筑物、构筑物和设施。

2.1.2 建筑业的范围

一、国民经济产业的划分

建筑业的范围

国民经济[49]是一个国家或一个地区全部经济活动的总和。其包括两种含义：一是指国民经济各个部门的总和，即横向联系；二是指社会产品再生产各环节——生产、分配、流通和使用的总过程，即纵向联系。

从国民经济主体看，由许多的企业、事业、行政单位组成，统称为经济部门；从国民经济客体来看，由这些部门所从事的各种各样的经济活动及这些经济活动的成果构成，简称为经济活动。因此，国民经济分类就是对经济部门和经济活动进行分类，既包括对国民经济主体——国民经济部门的分类，也包括对国民经济客体——国民经济活动及其成果的分类。

产业分类即为国民经济部门分类，是按照一定的原则对经济活动进行分解和组合而形成的多层次的产业概念。由于研究问题的角度不同，产业分类也不一样，目前常见的分类有：联合国产业分类法、资源密集产业分类法、三次产业分类法、按产业是处于增长或衰退状态的产业分类法。

1. 联合国产业分类法

联合国产业分类法又称联合国标准产业分类法，是联合国为了统一世界各国产业分类而制定的标准产业分类法。它把国民经济分为十个部门：农林牧渔业，矿业，制造业，电力、煤气、供水，建筑业，批发、零售、旅馆、饭店，运输、储运、通信，金融、保险、不动产，政府、社会与个人服务，其他经济活动。每个部门下面分成若干小项，再将小项分解为若干细项，大、中、小、细共四级，并对各项都规定了统计编码。联合国产业分类法的显著特点是和三次产业分类法保持着稳定的联系，其分类的大项，可以很容易地组合为三部分，从而同三次分类法相一致。

2. 资源密集产业分类法

资源密集产业分类法亦称资源集约度产业分类法，是指在产业结构分析中，根据不同

的产业在生产过程中对资源依赖程度的差异,划分产业的一种分类方法,这种分类法把产业大致分为:

(1) 资源密集型产业。亦称土地密集型产业,在生产要素的投入中需要使用较多的土地等自然资源才能进行生产的产业。土地资源作为一种生产要素泛指各种自然资源,包括土地、原始森林、江河湖海和各种矿产资源。与土地资源关系最为密切的是农矿业,包括种植业、林牧渔业、采掘业等。

(2) 劳动密集型产业。在生产要素的配合比例中,劳动力投入比重较高的产业。

(3) 资本密集型产业。在生产要素的配合比例中,资本(资金)投入比重较高的产业。

(4) 技术密集型产业。又称知识密集型产业,在生产要素的投入中需要使用复杂、先进而又尖端的科学技术才能进行生产的产业,或者在作为生产要素的劳动中知识密集程度高的产业。

3. 三次产业分类法

三次产业分类法是以产业形成的时序和劳动对象的特点加以划分。以自然资源为劳动对象的行业为第一产业,如农业、畜牧业、渔业、林业和矿业;以农产品和采掘品作为劳动对象,对其进行加工或再加工的产业部门为第二产业,包括制造业、建筑业;第三产业指广义服务业,包括一切不提供有“形”产品,而是为生产和生活提供服务的部门。

我国对三次产业的划分始于 1985 年。为了及时准确地反映我国三次产业的发展状况,同时更好地进行国际比较,国家统计局在 2017 年修订的《国民经济行业分类与代码》(GB/T 4754—2017)国家标准的基础上,对原三次产业的划分范围进行了调整,制定了新的《三次产业划分规定》。具体划分如下:

第一产业:农、林、牧、渔业;

第二产业:采矿业,制造业,电力、燃气及水的生产和供应业,建筑业;

第三产业:第一、二产业以外的其他行业,包括:交通运输、仓储和邮政业,信息传输、计算机服务和软件业,批发和零售业,住宿和餐饮业,金融业,房地产业,租赁和商务服务业,科学研究、技术服务和地质勘察业,水利、环境和公共设施管理业,居民服务和其他服务业,教育,卫生、社会保障和社会福利业,文化、体育和娱乐业,公共管理和社会组织,国际组织。

4. 按产业是处于增长或衰退状态的产业分类法

(1) 朝阳产业。随着新技术革命的进展和社会需求的变化,在开发新产品、开辟新市场的竞争中处于兴盛状态的产业部门。主要指目前正在迅速发展的新兴技术、知识密集型产业,如微电子、激光、新材料、新能源、空间开发、海洋开发、卫星通信、生物工程等产业部门。其特点是技术先进、知识密集、低能耗、高经济效益。由于这些产业的发展有如早上初升的太阳,蒸蒸日上,故形象地称为“朝阳产业”。

(2) 夕阳产业。随着新技术革命的进展和社会需求变化,在开发创造新产品、开辟新市场的竞争中处于衰亡状态的产业部门。它主要指发达国家的传统基础产业,如煤炭、纺织、钢铁、汽车、铁路等。其特点:主要以简单的电力机械原理为基础、消耗大量能源,产生大量废弃物和污染物,生产周期长,技术要求低,劳动作业重复,产品标准化,以及高度的集中控制。就世界范围来看,由于新技术革命浪潮的冲击,一些工业发达国家传统产业正在明显衰退,设备利用率低、生产能力过剩、就业人员减少。因此,人们形象地称其为“夕阳产业”。

二、建筑业的范围

国家统计局于2018年3月颁布了新制订的《三次产业划分规定》。此次划分规定是在《国民经济行业分类与代码》(GB/T 4754—2017)国家标准的基础上制定的,见表2-1。经过调整后,共有行业门类20个,行业大类98个。该标准把建筑业划为第二产业,同时把与建筑活动有关联的工程管理服务、工程勘察设计、规划管理等相关服务列在“科学研究、技术服务和地质勘察业”门类的“专门技术服务业”大类中,是“狭义的建筑业”。显然,这样划分的目的是为了进行统计,而不是为了行业管理。

表2-1 国民经济行业分类国家标准(GB/T 4754—2017)中有关建筑业的内容

三次产业分类类别	门类	大类
第一产业	A 农、林、牧、渔业	
第二产业	B 采矿业	
	C 制造业	
	D 电力、热力、燃气及水生产和供应业	
	E 建筑业	47 房屋建筑业 48 土木工程建筑业 49 建筑安装业 50 建筑装饰、装修和其他建筑业
第三产业	A 农、林、牧、渔专业及辅助性活动	
	B 开采专业及辅助性活动	
	C 金属制品、机械和设备修理业	
	F 批发和零售业	
	G 交通运输、仓储和邮政业	
	H 住宿和餐饮业	
	I 信息传输、软件和信息技术服务业	
	J 金融业	
	K 房地产业	
	L 租赁和商务服务业	
	M 科学研究和技术服务业	
	N 水利、环境和公共设施管理业	
	O 居民服务、修理和其他服务业	
	P 教育	
	Q 卫生和社会工作	
	R 文化、体育和娱乐业	
	S 公共管理、社会保障和社会组织	
	T 国际组织	

从管理角度,较为合理的方法,应当以广义的建筑活动概念来界定建筑业的范围,即从

工程范围、活动范围、主体范围三个维度界定建筑业范围。

1. 工程范围

(1) 房屋工程建筑。

(2) 土木工程建筑:

① 铁路、道路、隧道和桥梁工程建筑;

② 水利和港口工程建筑;

③ 工矿工程建筑;

④ 架线和管道工程建筑;

⑤ 其他土木工程建筑。

(3) 安装工程:

① 线路安装工程;

② 管道安装工程;

③ 设备安装工程。

(4) 装饰装修工程:

① 房屋建筑的装饰工程;

② 房屋建筑的修缮工程。

2. 活动范围

(1) 勘察设计活动。包括工程地质勘察,规划设计,建筑设计,结构设计,管、线及设备设计,装饰装修设计等。

(2) 施工活动。包括土建工程施工、安装工程施工、装饰装修工程施工等。

(3) 监理活动。对设计和施工活动进行监理。

(4) 咨询服务活动。对工程建设的各环节提供咨询服务,例如工程造价咨询,招标投标咨询或代理,工程管理代理等。

(5) 管理活动。政府有关机关和行业管理机构对建筑活动实施的管理。

3. 主体范围

(1) 勘察设计单位。勘察设计单位开展勘察设计活动,承担相应的业务。这类单位可以是综合的,即承担勘察和设计的综合业务;也可以是单项的,即只承担勘察业务或者设计业务。

(2) 施工单位。

(3) 监理单位。

(4) 咨询服务机构。目前我国这类机构主要有工程造价咨询机构、工程招投标代理机构、工程管理代理机构。

(5) 政府管理机构。即政府住房和城乡建设主管部门。

(6) 行业管理机构。如工程造价管理机构、工程质量管理机构、招标投标管理机构等。

扩展资料

新中国产业结构发展演变历程

新中国成立70年,伴随着产业规模不断壮大、产业体系不断完善、产业门类不断丰富,我国产业结构也逐步调整优化，其演变历程可大体分为四个阶段。

（一）1949—1978年：以重工业为主的产业结构

新中国刚成立时，现代工业基础薄弱，尤其是重工业极为稀缺，为尽快建立独立完整的工业体系，迅速摆脱落后面貌，我国选择了优先发展重工业的工业化道路。从“一五”计划到“四五”时期，集中优势资源，建立了比较完整的工业体系，使我国从一个落后的农业国较快地步入了工业化国家行列。从1949年到1978年，工农业总产值平均年增长8.2%，第一、二、三次产业占国民经济的比重由68∶13∶19调整为28∶48∶24，工业超过农业成为国民经济的主导产业。不过，重工业优先发展战略也导致了产业结构明显偏“重”（1952年工业内部轻工业和重工业的比值关系为67.5∶32.5，1978年调整为57.3∶42.7）。

（二）1979—2000年：以轻工业为主的产业结构“纠偏”

1978年，中国拉开了改革开放大幕，随着经济建设“拨乱反正”全面展开，对失衡的产业结构进行“纠偏”成为这个时期经济发展的重点任务。一是调整积累和消费的关系：着力解决温饱、提高城乡居民收入、增强消费对经济增长的拉动。1979—2000年，消费对经济增长的贡献一直保持在60%以上。二是调整工农关系：实行了联产承包责任制，大力解放了农业生产力，乡村企业异军突起，有力推动产业结构优化升级。三是调整工业内部重轻关系：针对工业内部结构“偏重”问题，实行了以“五优先”为主要内容的向轻工业倾斜发展战略，轻工业增长速度明显加快。1979—2000年，轻工业产值占全部工业的比重由42.7%上升到2000年的50.3%。这个时期的产业结构呈现明显的优化升级特征，轻重工业结构失衡状况得到矫正。

（三）2001—2012年：重工业重回主导地位的产业结构

进入新世纪，在轻工业得到一定程度发展后，我国产业结构演变又回归到正常轨道上来，即再补重工业发展不足的课。2001年到2010年，我国重工业占工业总产值的比重由51.3%提高到71.4%。在占比持续提高的同时，重工业内部结构也得到优化升级，表现为以原材料工业、电子信息制造业、汽车工业为代表的装备制造业发展明显加快。2003—2009年，原材料工业产值占工业总产值的比重由25.2%提高到31.2%，机械设备制造业比重由14.6%提高到14.8%。至2010年，我国制造业增加值占比位居世界第一，造就了我国全球第一制造业大国的地位。

（四）2013年以来：服务业领跑的产业结构

2013年前后，根据新形势、新变化，中央提出了创新、协调、绿色、开放、共享新发展理念，以供给侧结构性改革为主线，加快推动新旧动能转换，着力构建现代化经济体系，促进经济高质量发展。我国产业结构升级取得明显进展，创新驱动、服务引领、制造升级的产业结构正在形成。一是从三次产业结构看：第三产业成为各产业增速的领跑者，2013—2018年我国三次产业结构由10.0∶43.9∶46.1调整为7.2∶40.7∶52.2，呈继续优化升级态势。二是从工业内部结构看：传统工业特别是以能源原材料为主的高耗能行业和采矿业比重下降，装备制造业和高技术制造业比重上升。三是产业新旧动能转换加快：顺应消费升级的新产业、新产品和新业态保持高速增长。近年来，我国工业机器人、光电子器件、新能源汽车、运动型多用途乘用车（SUV）等新兴产业均保持高增长。

——摘录自《金融时报》

2.2 我国建筑业发展概况

2.2.1 我国建筑业的形成与发展

建筑业的形成是以建筑活动的发展为基本条件的。建筑活动是人类社会最基本的物质生产活动之一，是人类社会摆脱蒙昧时代的重要标志之一。人类社会的发展史，也是建筑活动的发展史。

我国封建社会以前的建筑活动，虽然已经具备了相当的规模并达到了一定水平，但并没有脱离农业，没有摆脱对农业的依附，因此并未形成真正意义上的建筑业。随着社会生产活动的不断发展，建筑活动从农业中分离出来，才逐渐形成专门从事建筑活动的建筑业。

从世界范围上看，建筑业的形成是近一二百年的事。而我国的建筑业，是在进入 20 世纪后逐渐形成的。20 世纪初，上海、天津等沿海大城市的工商业、金融业有了一定发展，建筑规模逐渐扩大，建造了一大批大型建筑，如上海汇丰银行大楼、先施公司大楼等，高层建筑、花园洋房、大型公寓、影剧院等也相继出现。由于建筑规模不断扩大，客观上要求建筑活动有规范的运作方式，有专门的人和组织来从事这项工作。1880 年，上海出现了第一家营造厂——“杨瑞记”营造厂。营造厂是专门从事建筑活动的组织。营造厂的出现，标志着中国有了近代建筑业的雏形。随着建筑活动的不断扩张，营造厂迅速发展。至 1933 年，上海的营造厂已达到 2 000 家。同时，出现了设计事务所、土木工程事务所、材料供应商以及油漆、石作、脚手架、水电安装等专业队伍，招标投标制、承包制也已出现，中国的建筑业开始形成。

中华人民共和国成立以后，中国建筑业迅速发展。建筑业的从业人数，1952 年国有建筑企业的职工总数为 104.8 万人，到 1957 年已达到 271.4 万人；从建筑业的产值来看，1952 年建筑业的产值为 57 亿元，到 1957 年达到 118 亿元，增长 107%。但是，20 世纪 50 年代以后到改革开放以前的近 30 年时间里，由于长期处于计划经济的条件下，我国的建筑业基本上依附于基本建设，被看成是固定资产投资的消费部门，其物质生产地位没有得到充分体现，其发展受到一定阻碍。

改革开放以来，我国建筑业同国民经济领域所有其他行业一样，经历了一个高速发展的过程。新中国成立初期（以 1952 年为例）、改革开放前（以 1978 年为例）与改革开放 30 年时（2009 年）及 2018 年建筑业有关指标对比见表 2-2。这一时期，建筑业的各种法律、法规逐步完善，有了系统的管理制度；建筑规模迅速扩大，设计、施工技术不断更新，新型材料层出不穷，大跨度、超高层建筑不断涌现，出现了中国历史上的建筑高峰；对国民经济的贡献越来越大，已经成为国民经济名副其实的支柱产业。主要体现在以下几方面。

表 2-2 1952 年、1978 年、2009 年及 2018 年建筑业有关指标对比

年度	建筑业从业人数/万人	建筑业从业人数占全社会就业人数的比重/%	建筑业* 总产值/亿元	建筑业增加值占国内生产总值的比重/%
1952	182.5	0.88	57	3.24
1978	854	2.13	645	3.81

续表

年度	建筑业从业人数/万人	建筑业从业人数占全社会就业人数的比重/%	建筑业*总产值/亿元	建筑业增加值占国内生产总值的比重/%
2009	3 597.35	4.61	75 864	6.66
2018	5 563.3	7.24	235 086	6.9

* 指具有资质等级的总承包和专业承包建筑业企业,不含劳务分包建筑业企业。

1. 建筑业对我国国民经济的贡献

作为国民经济重要的支柱产业,改革开放40余年来,建筑业产值占国内生产总值(GDP)的比重一直呈现出稳定发展的趋势。"十五"和"十一五"期间,我国建筑业总产值保持快速增长态势,年平均增长率为22.5%。2010年全国建筑业企业完成建筑业总产值95 206亿元,是2000年建筑业总产值的7.6倍。2010年全社会建筑业实现增加值26 451亿元,是2000年全社会建筑业增加值的4.8倍。2011年完成总产值11.6万亿元,突破十万亿大关;2017年完成总产值21.4万亿元,突破二十万亿大关。至2019年,全国建筑业总产值达248 446亿元,是2010年全社会建筑业总产值的2.43倍;按建筑业总产值计算的劳动生产率为221 424元/人,是2010年的7.78倍。在"十二五""十三五"期间,建筑业产业规模持续扩大,效益水平稳步提高,建筑行业总体运行质量不断提升。

建筑业本身是一个庞大的产业系统,它与国民经济系统中多个部门相关。随着建筑业的发展,也带动了建材工业的发展。改革开放以来,建筑业为全社会各个物质与非物质生产部门提供重要物质技术基础,消耗钢材、木材、水泥、玻璃、五金等50多个行业、2 000多个品种、30 000多种规格的产品,对国民经济许多部门具有强大的波及效应和产业关联效应,为其他产业部门的发展提供更广阔的市场,促进其他产业部门更大的发展,对整个国民经济起到很强的带动作用。

> 我国的建筑业对国民经济的贡献表现在哪几个方面?

目前,我国建筑业建造能力和技术水平已步入世界先进行列,建造了大量高、大、精、尖的工程项目。如举世瞩目的长江三峡水利枢纽、西气东输、南水北调等能源和水利工程,青藏铁路、东海大桥等交通工程,上海中心大厦等超高层房屋建筑,国家体育场、国家游泳中心等大型公共设施。这些大型、超大型项目的成功建设,反映了我国建筑业已经具有卓越的设计能力和施工建造能力,可以自豪地屹立于世界建筑强国之列。

2. 建筑业提供了大量就业机会

建筑业属于劳动密集型行业,投资规模的扩大会增加就业岗位设置,吸纳大量劳动力,为缓解我国就业压力作出了巨大贡献。

新中国成立初期,中国建筑业有组织的建筑职工不到20万人,经过近30年的发展,1978年,建筑业从业人员增加到854万人。随着改革开放的全面深入推进,建筑业从业人员加速增长。

建筑业在解决农村剩余劳动力转移问题和应届毕业生就业方面作出了巨大贡献。2008年,我国建筑业吸纳农村富余劳动力近3 000万人,占全行业职工总数的76%;全国进城务工的农村富余劳动力,1/3集中在建筑行业。在解决应届毕业生就业方面,《2008年中国十行业就业指数》的调查显示,建筑行业的就业率为所有行业最高,达到28.9%,是平均水平的一倍以上。据《中国经济报》2009 年的报道，我国应对金融危机的 4 万亿元投资约创造 5 600 万个直接就业岗位，其中项目建成后的长期性就业岗位约为 560 万个。

2018 年底，全社会就业人员总数 7.8 亿人，其中，建筑业从业人数 5 563 万人，建筑业从业人数占全社会就业人员总数的 7.2%，比上年提高 0.04 个百分点；2019 年 6 月底，建筑业从业人数 4 309.8 万人，比上年同期出现下降，约占全社会就业人员总数的 7.3%，占比再创新高。建筑业在吸纳农村转移人口就业、推进新型城镇化建设和维护社会稳定等方面继续发挥显著作用。

3. 建筑业推动了城镇化和新农村建设

(1) 建筑业推动了城镇化。建筑业在城镇化进程中起到了至关重要的作用。改革开放以来，我国城镇化持续快速发展，目前，我国已初步形成以大城市为中心，中小城市为骨干，小城镇为基础的多层次的大中小城市和小城镇协调发展的城镇体系。城市数量由 1949 年的 132 个增加到 2018 年的 672 个，城镇化率由 10.6% 提高到 59.6%；城市基础设施建设步伐加快，道路长度增加了 15 倍，建成区的绿地面积增加了 19 倍，污水和生活垃圾处理能力分别提高 263 倍、395 倍，燃气、自来水普及率分别达到 96.7% 和 98.4%，城市承载能力不断增强，人居环境更加生态宜居。

(2) 建筑业促进了新农村建设。自 2008 年启动农村困难家庭危房改造试点工作以来，建筑业还着力解决了农村居民最迫切的“走平坦路，喝干净水，上卫生厕、用洁净能源”问题。同时，推进了新农村“三绿化一处理”工作，即庭院绿化、道路绿化、村旁绿化和垃圾无害化处理。建筑业还提高了新农村社区服务功能水平，依托原有基础，对医疗、教育、养老、文体设施进行升级改造，将新农村社区基础设施水平与城市社区基础设施水平相接轨，着力提升农垦社区居民生活质量。

特别是党的十八大以来，围绕打赢脱贫攻坚战，大力推进农村危房改造，支持 1794 万农户改造了危房，700 多万户建档立卡贫困户实现了住房安全有保障。加快推进美丽宜居乡村建设，加强村庄规划建设管理，村容村貌明显提升，推进农村垃圾、污水治理，农村人居环境持续改善。加强传统村落保护，6 819 个村落列入中国传统村落保护名录，形成了世界上规模最大的农耕文明遗产保护群。

2.2.2 我国建筑业的特征

建筑业和国民经济其他行业相比较，具有以下特征。

一、建筑业属于劳动密集型行业

目前，建筑产品的生产在很大程度上依靠手工操作，主要生产过程由手工劳动完成，需要大量的劳动力。而且从业人员的技术构成较低，文化素质不高。因此从总体上讲，建筑业属于劳动密集型行业。

但应当看到的是，随着建筑工程、建筑材料、施工工艺的发展，尤其是现代科学技术在建筑领域中的应用，建筑生产的技术含量越来越高，对从业人员的素质要求也越来越高。也就是说，建筑行业属于劳动密集型的同时，在不断向技术密集型发展。

二、建筑业的物质资源消耗量大

一方面，建筑产品体形庞大，生产中将消耗大量的物质资源。建筑产品的价值构成中，70%左右属于材料的价值，生产建筑产品，就意味着这些物质资源被消耗掉了。除材料消耗外，还有能源、水资源等方面的消耗。国民经济各个部门的固定资产投资，有相当一部分属于基本建设投资，需要建筑业完成，加上房地产投资主要也是依靠建筑业完成，这些方面的物质资源消耗，多数反映在建筑业的消耗上。

另一方面，建筑产品固定不动，又将占用大量的土地资源。各行各业对土地资源的占用，主要用于建造土木工程，建筑业在其中充当了重要角色。

因此，建筑业在发展过程中如何合理、有效地利用资源，尤其是土地资源，显得格外重要。

三、建筑业受国家经济政策影响大

建筑业的发展不仅取决于建筑市场对建筑产品的需求程度，还受到国家经济政策的影响。当国家为了启动经济复苏时，往往增加固定资产投资，通过建筑业拉动相关行业的发展；当国家为了抑制通货膨胀时，往往紧缩信贷，减少投资，自然就限制了建筑业的发展。国家遇到非正常情况，如战争、政治动荡等，对建筑业的影响则更大。因此，建筑行业存在“发展不均衡，业务不稳定”的现象。

四、建筑业与环境密切相关

建筑产品是人类留在地球上的产物，它本身就是对环境的改造，甚至成为构成环境的一部分。建筑活动是人类改造自然环境和社会环境的一项重要工作，建筑业的发展将对环境产生巨大影响。因此，建筑活动必须在城市建设的统一规划下进行，在满足国民经济各部门对建筑产品的需要，满足人们生活对建筑产品的需要的同时，保证环境的和谐。

建筑业和环境的关系，还体现在建造过程对环境的影响上。例如，建筑生产多数情况下要动土，容易造成粉尘污染；山区施工还可能破坏植被、树木，引起水土流失；城市施工的噪声污染，对居住环境也将产生极大的破坏。所以，在建筑生产中必须认真处理好施工和环境保护的关系，尽量减少环境污染。

2.2.3 我国建筑业发展特点

一、建筑行业呈现出行业整体过度竞争与局部有效竞争不足并存的局面

我国建筑业发展状况

近几年我国的建筑行业集中度呈现上涨的趋势，但上涨的幅度比较小，建筑行业的产业集中度水平处于较低的水平，属于典型的分散竞争型。

我国大、中、小企业基本都处于同一个平台上竞争，以相近的组织形式、相似的管理方式、相当的生产水平开展业务。

二、建筑市场分布集中，发达地区依然保持较强的发展

大规模投资对工程建设产生强劲支持，受固定资产投资地区分布影响，建筑市场分布也相对集中。

2020年，江苏建筑业总产值超过3.5万亿元，达到35 251.64亿元，以绝对优势继续领跑全国。浙江建筑业总产值仍位居第二，为20 938.61亿元，比上年微增，但增幅仍低于江苏，与江苏的差距进一步拉大。两省建筑业总产值共占全国建筑业总产值的21.29%。除苏、浙两省外，总产值超过1万亿元的还有广东、湖北、四川、山东、福建、河南、北京和湖南8个省市，上述10个地区完成的建筑业总产值占全国（数据未包括港澳台地区）建筑业总产值的65.67%（图2-1）。

我国建筑业的发展特点是什么？

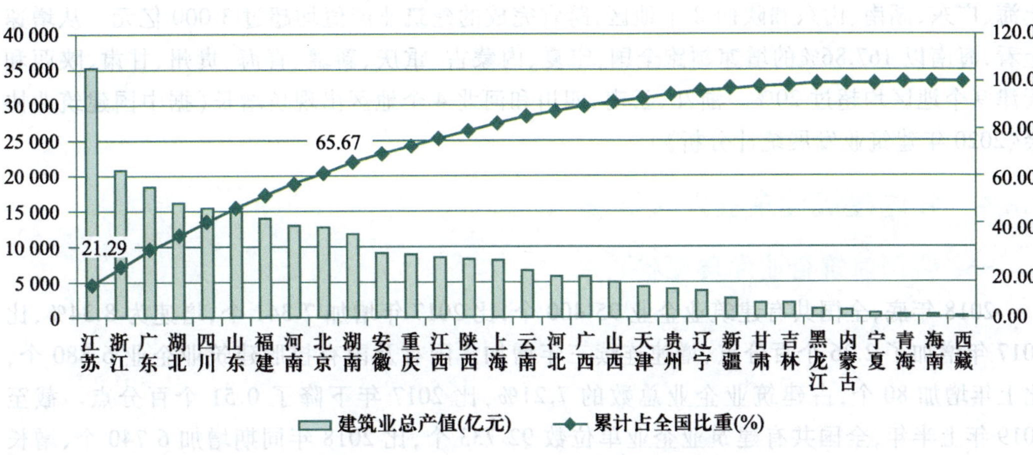

图 2-1　2020 年各地区建筑业总产值排序

三、建筑行业从业人数多的地区，建筑业劳动生产率普遍偏低

2020 年上半年，建筑业从业人员超过百万人的 15 个省份中，仅有北京、上海、河北、湖北四个省的建筑业劳动生产率超过 32 万元/人（图 2-2），多数建筑业从业人员数量较多的地区建筑业劳动生产率低于全国平均值。因此，建筑业仍是传统劳动密集型产业，依然存在着效率低下、发展质量不高的问题，迫切需要转变发展方式，提高发展质量。

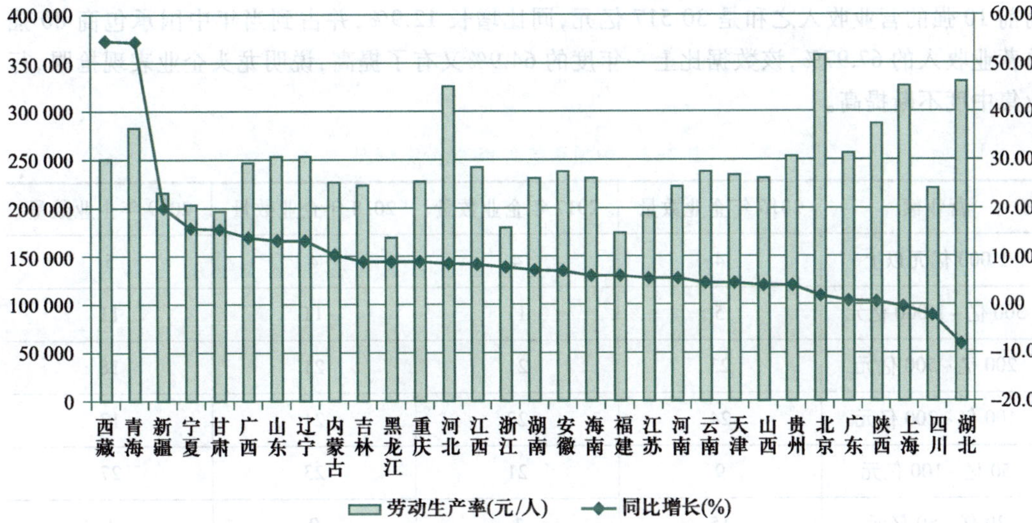

图 2-2　2020 年上半年各地区建筑业劳动生产率及其增长情况

四、建筑市场更为开放，跨省施工强者更强

2020 年，各地区跨省完成的建筑业产值 91 070.71 亿元，比上年增长 9.15%，增速同比增加 7.59 个百分点。跨省完成建筑业产值占全国建筑业总产值的 34.50%，比上年增加0.92 个百分点。

跨省完成的建筑业产值排名前两位的仍然是江苏和北京，分别为 16 538.26 亿元、9 771.73亿元。两地区跨省产值之和占全部跨省产值的比重为 28.89%。湖北、浙江、福建、上海、广东、湖南、山东和陕西8个地区，跨省完成的建筑业产值均超过3 000亿元。从增速上看，海南以167.86%的增速领跑全国，宁夏、内蒙古、重庆、新疆、青海、贵州、甘肃、陕西和天津9个地区均超过20%。浙江、云南、四川和河北4个地区出现负增长（据中国建筑业协会《2020年建筑业发展统计分析》）。

2.2.4 我国建筑业企业发展概况

一、我国建筑企业发展现状

2018年底，全国共有建筑业企业95 400个，比2017年增加7 341个，增速为8.34%，比2017年增加了2.26个百分点，增速连续三年增加。国有及国有控股建筑业企业6 880个，比上年增加80个，占建筑业企业总数的7.21%，比2017年下降了0.51个百分点。截至2019年上半年，全国共有建筑业企业单位数92 733个，比2018年同期增加6 740个，增长7.84%。其中，国有及国有控股建筑业企业6 490个，比2018年同期减少12个，占建筑业企业总数的7.00%。2019年上半年，按建筑业总产值计算的劳动生产率为221 424元/人，比2018年同期增长8.61%。

我国建筑企业总体上仍呈现“中间大，两头小”的分布情况，从中国承包商80强数量分布来看，主要集中在50亿~100亿元、100亿~200亿元、200亿~500亿元这三个区间（表2-3），其他三个区间的企业数量较少。根据由美国《工程新闻记录》（ENR）和中国《建筑时报》共同发布的2019年度“中国承包商80强和工程设计企业60强”的统计情况分析，我国承包商前10强的营业收入之和是30 517亿元，同比增长12.9%，并占到当年中国承包商80强总营业收入的67.97%，该数据比上一年度的64.9%又有了提高，说明龙头企业表现抢眼，行业集中度不断提高。

表2-3 中国承包商80强分布情况

营业额	2016年企业数量	2017年企业数量	2018年企业数量	2019年企业数量
1 000亿元以上	4	4	4	5
500亿~1 000亿元	5	11	11	11
200亿~500亿元	23	21	21	18
100亿~200亿元	24	22	21	17
50亿~100亿元	9	21	23	27
30亿~50亿元	15	1	0	1

我国建筑企业综合实力有了长足进步，近年来涌现出来一大批知名企业，2019年我国有中国建筑集团有限公司、中国铁路工程集团有限公司、中国交通建设集团有限公司、中国铁道建筑集团有限公司、太平洋建设集团、中国电力建设集团有限公司6家著名建筑企业上榜世界500强。

二、我国著名建筑业企业简介

1. 中国铁路工程集团有限公司

中国铁路工程集团有限公司（简称中铁）具有铁路工程施工总承包特级资质、公路工程施工总承包一级资质、市政公用工程施工总承包一级资质以及桥梁工程、隧道工程、公路路基工程专业承包一级资质。2019 年，中国铁路工程集团有限公司在“世界 500 强”中排名第 55 位，在“中国企业 500 强”中排名第 9 位；在全球最大承包商中排名第 2 位，在全球最大的 250 家国际承包商中名列第 14 位。“中国中铁”品牌在“世界 500 强”中排名第 370 位。

中国铁路工程集团有限公司现有 46 家成员企业，市场延伸到铁路、公路、市政、房建、城市轨道交通、水利、电力等建筑业的各个领域，先后承建了我国桥梁建设史上具有里程碑意义的武汉长江大桥、南京长江大桥、东海大桥（图 2-3），建成了国内目前最长的双线铁路隧道——大瑶山隧道（14.2 km）和单线铁路隧道——秦岭隧道（18.4 km），中国第一条准高速电气化铁路广深线、第一条客运专线铁路秦沈线，我国海拔最高的铁路——青藏铁路（图 2-4），以及北京火车站、深圳火车站，北京、上海、广州、深圳、南京、天津、重庆地铁及城市轨道工程，深圳南海大酒店、国家图书馆、上海 F1 国际赛车场（图 2-5），深圳、西安、桂林国际机场等一大批标志性工程。

图 2-3 东海大桥

图 2-4 青藏铁路

图 2-5 上海 F1 国际赛车场

2. 中国建筑集团有限公司

中国建筑集团有限公司（简称中国建筑或中建）组建于 1982 年，是中国建筑业唯一具有房屋建筑工程施工总承包、公路工程施工总承包、市政公用工程施工总承包三个特级资质的企业。

中国建筑集团有限公司是中国最大的建筑企业集团和最大的国际承包商，稳居世界住宅工程建造商第 1 名，同时也是世界上物化劳动量最大的企业之一。中建总公司从 1984 年起连年跻身于世界 225 家最大承包商行列，2019 年度，中国建筑集团有限公司在“世界 500

强”中排名第21位(2020年排名第18位),在国际承包商和环球承包商中排名第9位,海外市场收入达128.13美元。2019年营业收入首次突破万亿元大关,达到10 009亿元,年度增长率为16.9%,超过了中国承包商80强年度增长率的2倍,呈现出一家独大的现象,稳居中国承包商80强“头把交椅”。

中建总公司以承建“高、大、新、特、重”工程著称于世,中建总公司与世界一流承建商合作的香港新机场客运大楼(图2-6)被国际权威组织评为20世纪全球十大建筑。本世纪初连夺世人瞩目的上海环球金融中心(图1-55)和中央电视台新址工程(图2-7)。

图2-6 香港新机场客运大楼

图2-7 中央电视台新址

3. 中国交通建设集团有限公司

中国交通建设集团有限公司主要从事港口、码头、航道、公路、桥梁、铁路、隧道、市政等基础设施建设和房地产开发业务,业务足迹遍及世界100多个国家和地区。公司是中国最大的港口设计及建设企业,设计承建了新中国成立以来绝大多数沿海大中型港口码头;是世界领先的公路、桥梁建设企业,参与了国内众多高等级主干线公路建设;是世界第一疏浚企业,拥有中国最大的疏浚船队,耙吸船总仓容量和绞吸船总装机功率均排名世界第一;是全球最大的集装箱起重机制造商,集装箱起重机业务占世界市场份额的75%以上,产品出口78个国家和地区的近130个港口;是中国最大的国际工程承包商,连年入选美国ENR世界最大225家国际承包商;是中国最大的设计公司,拥有13家大型设计院、7个国家级技术中心、14个省级技术中心、6个交通行业重点实验室、7个博士后科研工作站;是中国铁路建设的主力军,先后参与了武合铁路、太中银铁路、哈大客专、京沪高铁、沪宁城际、石武客专、兰渝铁路、湘桂铁路、宁安铁路等多个国家重点铁路项目的设计和施工;创造了诸多世界“之最”工程,如苏通长江大桥、杭州湾跨海大桥(图2-8)、上海洋山深水港,以及港珠澳大桥等工程,不仅代表了中国最高水平,也反映了世界最高水平。

2019年,公司名列“世界500强”第93位(2020年排名第86位),位居美国《工程新闻记录》(ENR)全球最大225家国际承包商第3位,连续12年位居中国上榜企业第1名;位居中国企业500强第15位。2010年,公司入选“福布斯全球2 000强企业”榜单,排名位列第245位。

三、我国建筑业存在的问题

1. 产业结构不尽合理

在建筑业中,中、小企业占多数是世界各国尤其是市场经济发达国家的普遍现象,这一

图 2-8 杭州湾跨海大桥

特性是由建筑业多层次、专业化分工承包生产的需求所决定的。发达国家和地区的建筑业产业结构基本上呈明显的金字塔形。小型企业最多，一般在 60%～95%；中型企业数量较少，一般在 5%～40%；大型企业数量很少，一般在 0.1%～0.5%。而我国建筑业产业结构与发达国家和地区建筑业产业结构相比存在较大差异，主要是中型或中型偏大企业较多，小企业数量过少。以绝对集中度和相对集中度来分析建筑产业结构，我国建筑市场结构的集中度虽有所提高，但与美国、日本和英国相比，仍然较低。

由于产业结构不合理，直接导致行业内大、小企业没有形成合理的分工协作关系，企业规模和实力相似，致使大量企业经营领域趋同，过度集中于相同的综合承包目标市场。一方面，缺乏具有国际竞争力的龙头企业，另一方面，中、小、精、专企业发展不充分，缺乏具有核心竞争力的“小巨人”企业。

2. 市场交易行为有待规范

(1) 不规范的市场交易大量存在。虚假招投标、肢解工程、低价发包、违规分包等问题依然突出，部分地方政府或行业主管部门出于地方保护或者行业保护目的，通过资质门槛限制本地区、本行业外的建筑企业参与公平竞争。此外，承包企业的违法转包与资质挂靠等问题，在一些地方时有发生。不规范承包经营不但扰乱了建筑市场的正常秩序，使得工程质量、安全得不到保证，而且容易导致钱权交易，滋生腐败，造成不良的社会影响。

(2) 建筑市场法规制度不够完善。现行法律法规对市场主体违法行为界定不清、定性不准、执法效力弱，缺乏有效的制约和处罚机制，不适应监管和执法的需要，不规范的市场环境在一定程度上制约了企业的发展壮大、竞争实力的增强，造成优不胜、劣难汰，企业利润下滑，制约了行业的健康发展。从业人员素质亟须提高。

3. 国际竞争力存在差距

2019 年美国《工程新闻记录》(ENR) 进行的全球 250 家最大国际承包商排名中，我国内地共有 75 家企业榜上有名。但是，与国际领先承包商相比，我国企业实力仍存在一定的差距。比如，我国入选企业大都集中在 250 家名单的后半部分，排在 100 名以外的达到 49 家。与顶级的企业对比还存在差距：全球 250 强排名首位的西班牙企业 ACS 公司在 2018 年的海外营业额为 380.41 亿美元，而排名我国建筑企业首位的中国交通建设股份有限公司在 2019 年的海外营业额为 227.27 亿美元。2019 年度上榜 75 家中国企业的平均国际营业额为 15.86 亿美元，平均国际业务占比(国际营业额/全球营业额)为 15.17%。上榜的前 10 家中国企业平均国际营业额为 82.67 亿美元，平均国际业务占比为 15%；榜单前 10 家外国企业平均国际营业额为172.13亿美元，平均国际业务占比为68.13%，中国上榜企业距离国外顶尖企业差距较大。同时，我国建筑企业在海外市场占有的还是以施工承包或劳务承包的中低端市场为主。

2.3 建筑活动的相关机构

建筑活动的相关机构有业主、勘察设计单位、施工单位、监理单位、咨询单位、管理机构等。这些机构工作的对象都是建筑产品，但是在建筑活动中的身份、地位、角度、作用各不相同。本节介绍业主、勘察设计单位、监理单位、管理机构，施工单位将在2.4节介绍。

建筑活动的相关机构：业主

2.3.1 业主

一、业主的概念

业主[50]是建设项目投资者（即建筑产品购买者）、工程建设项目建设组织者的统称。在我国，业主又习惯地被称为建设单位。

业主并不需要直接从事建设过程的全部工作，而是将勘察设计、施工等建造任务发包给专门的设计、施工单位，自己主要从事组织管理工作。

显然，业主投资建设项目，购买建筑产品的行为是一项非常复杂的工作。所以，在现代市场经济条件下，业主可以将建筑活动的监督管理工作委托给监理单位，也可以把整个工程项目建设的组织工作全部或部分委托给专门从事工程建设代理的咨询机构。

二、业主的类别

业主的范围很广泛，政府机构、事业单位、企业单位、社会团体乃至自然人，都有可能成为业主。

1. 政府业主

政府投资的建设项目大多为公共性、公益性或对国有资源（土地、矿产、森林、江、河、湖、海等）开发和利用的工程项目。这些建设项目可进一步分为非经营性项目和经营性项目。对于非经营性项目，多数由政府机关直接管理，此时政府机关就成为该项目的业主，是项目的管理者和使用者。对于经营性的大中型建设项目，按国家有关规定，在建设阶段必须组建项目法人，项目法人可按《中华人民共和国公司法》的规定设立为有限责任公司或股份有限公司。此时项目的业主就是项目法人，要求按企业的模式运行。

2. 事业单位业主

事业单位是由政府投资兴建的，从事某一领域事业活动的单位，例如学校、医院、公益事业机构、某些行业管理机构等。事业单位建设项目投资的资金来源有两个渠道，一是政府投资，二是自筹资金。无论哪个渠道的资金来源，事业单位都要作为业主，对建设项目负责。

3. 企业单位业主

企业是指依法自主经营、自负盈亏、独立核算、从事商品生产和经营，具有法人资格的经济实体。企业按不同的行业可以分为工业企业、农业企业、交通运输企业、邮电通信企业、商业企业、物资企业、金融企业、建筑业企业等；企业按资产的构成，可以分成不同所有制的企业，如国有、私有、混合所有等。因此企业投资有不同的性质。但无论何种性质的投资，企业作为投资主体都必须对投资负责，企业必然是所投资建设项目的业主。

4. 自然人业主

自然人作为业主，在大多数情况下是出于个人消费的需要，在少数情况下也可能出于投资的考虑。自然人投资兴建的建筑产品主要是住宅。目前，在我国城镇住宅建设中，由于土地利用等原因，自然人作为业主直接在城市投资兴建住宅的情况很少。我国个人投资建房主要集中在农村，但农村建房现阶段大多仍采用传统的自建方式，并没有进入建筑市场，所以无法形成真正意义上的业主。

2.3.2 勘察设计单位

建筑活动的相关机构：勘察设计单位

一、勘察设计单位的概念

勘察设计单位是建筑市场的重要主体之一。

在前文中我们曾经谈到，建筑活动的发展过程是一个不断分工的过程，正是因为建筑活动发展到一定规模并适当分工，才形成了建筑业。建筑业形成以后，其内部各项业务继续不断地分工和分立。随着建设工程的发展，技术要求越来越高，管理工作越来越复杂，业主不可能完成全部工作，客观上需要由专业人员、专业单位来完成这些技术含量高、专业化程度高的业务。于是，勘察设计业务分立出来，勘察设计单位出现了，专门负责工程的勘察设计工作；施工业务分立出来，施工单位出现了，专门负责工程的施工工作；工程监督管理业务分立出来，监理单位出现了，专门负责工程的监督管理工作。

在现代建筑活动中，业主组织建设工程项目的建设，首先要把勘察任务委托给建设工程勘察企业，由勘察企业完成勘察业务，并提供勘察文件；然后把设计任务委托给建设工程设计企业，设计企业根据业主的要求和勘察资料设计出施工图纸；最后根据设计文件的要求选择符合要求的建筑业企业，由建筑业企业完成施工任务。

二、勘察设计单位的类别

勘察设计单位可以分为建设工程勘察企业和建设工程设计企业两个大的类别，在两大类中又可按工程类别和资质等级分为若干小类。当然，某个单位同时具备勘察和设计能力时，可以组建成综合性的建设工程勘察设计企业。

1. 建设工程勘察企业的类别

建设工程勘察企业，是指专门从事建设工程勘察业务的企业。按照勘察业务的范围和性质，又可进一步分成建设工程勘察综合企业、建设工程勘察专业企业和建设工程勘察劳务企业。

（1）工程勘察综合企业。工程勘察综合企业[51]，是指能够从事工程勘察综合业务的企业。工程勘察业务，按专业分为岩土工程、水文地质勘察和工程测量三个专业。其中岩土工程包括：岩土工程勘察，岩土工程设计，岩土工程测试、监测、检测，岩土工程咨询、监理，岩土工程治理等。工程勘察综合企业的业务范围，包括上述所有专业。

（2）工程勘察专业企业。工程勘察专业企业[52]，是指专门从事某一项工程勘察专业业务的企业。工程勘察专业企业的业务范围指岩土工程、水文地质勘察、工程测量等专业中的某一项。其中岩土工程可以是岩土工程勘察、设计、测试、监测、检测、咨询、监理中的一项或全部。

（3）工程勘察劳务企业。工程勘察劳务企业[53]，是指专门为工程勘察提供劳务的企业。它的业务范围主要指岩土工程治理、工程钻探、凿井等工程勘察的劳务工作。

2. 建设工程设计企业的类别

建设工程设计企业[54]，是指专门从事建设工程设计业务的企业。根据工程性质和技术特点，可分为以下几种类别。

(1) 工程设计综合企业。工程设计综合企业[55]，是指能够从事工程设计综合业务的企业。工程设计按行业划分了21个类别，包括煤炭、化工石化、医药、石油天然气、电力、冶金、军工、机械、核工业、电子通信广电、轻纺、建材、铁道、公路、水运、民航、市政公用、海洋、水利、农林、建筑等。工程设计综合企业的业务范围不受限制，包括上述各行业、各等级的建设工程设计业务。

(2) 工程设计行业企业。工程设计行业企业[56]，是指专门从事某一行业工程设计业务的企业。工程设计范围包括本行业建设工程项目的主体工程和必要的配套工程（含厂区内的自备电站、道路、铁路专用线、各种管网和配套的建筑物等全部配套工程）以及与主体工程、配套工程相关的工艺、土木、建筑、环境保护、消防、安全、卫生、节能等。

(3) 工程设计专业企业。工程设计专业企业[57]，是指专门从事某一专业工程设计业务的企业。可以承接本专业相应等级的专业工程设计业务及同级别的相应专项工程设计业务（设计施工一体化资质除外）。

(4) 工程设计专项企业。工程设计专项企业[58]，是指专门从事某些专项工程设计业务的企业。专项工程设计业务的范围和等级，由相关行业主管部门确定。

三、勘察设计单位的资质

1. 建筑业企业资质管理的概念

对建筑企业实行资质管理，是建筑市场管理的重要组成部分，是保障建筑企业依法承包工程，维护建筑市场正常经济秩序的有力措施，具有十分重要的意义。在资质管理中，国务院行政主管部门根据各类建筑工程的技术经济特点，对承包企业的资质条件作了详细规定，划分了等级标准，明确承包范围，形成了一套完善的申请、审批、年检等制度。资质管理，实质上是一种资格认证制度。建筑企业必须经过有关部门认证，并取得相应的资质等级证书，才有资格在规定的营业范围内承包工程。

国务院建设主管部门负责全国建筑业企业资质的统一监督管理。国务院铁路、交通、水利、信息产业、民航等有关部门配合国务院建设主管部门实施相关资质类别建筑业企业资质的管理工作。省、自治区、直辖市人民政府建设主管部门负责本行政区域内建筑业企业资质的统一监督管理。省、自治区、直辖市人民政府交通、水利、信息产业等有关部门配合同级建设主管部门实施本行政区域内相关资质类别建筑业企业资质的管理工作。

(1) 资质许可规定。下列建筑业企业资质的许可，由国务院建设主管部门实施：

① 施工总承包序列特级资质、一级资质。

② 国务院国有资产管理部门直接监管的企业及其下属一层级的企业的施工总承包二级资质、三级资质。

③ 水利、交通、信息产业方面的专业承包序列一级资质。

④ 铁路、民航方面的专业承包序列一级、二级资质。

⑤ 公路交通工程专业承包不分等级资质、城市轨道交通专业承包不分等级资质。

下列建筑业企业资质许可，由企业工商注册所在地省、自治区、直辖市人民政府建设主管部门实施：

① 施工总承包序列二级资质（不含国务院国有资产管理部门直接监管的企业及其下属一层级的企业的施工总承包序列二级资质）。

② 专业承包序列一级资质（不含铁路、交通、水利、信息产业、民航方面的专业承包序列一级资质）。

③ 专业承包序列二级资质（不含民航、铁路方面的专业承包序列二级资质）。

④ 专业承包序列不分等级资质（不含公路交通工程专业承包序列和城市轨道交通专业承包序列的不分等级资质）。

下列建筑业企业资质许可，由企业工商注册所在地设区的市人民政府建设主管部门实施：

① 施工总承包序列三级资质（不含国务院国有资产管理部门直接监管的企业及其下属一层级的企业的施工总承包三级资质）。

② 专业承包序列三级资质。

③ 劳务分包序列资质。

④ 燃气燃烧器具安装、维修企业资质。

（2）监督管理规定。县级以上人民政府建设主管部门和其他有关部门应当依照有关法律、法规和规定，加强对建筑业企业资质的监督管理。上级建设主管部门应当加强对下级建设主管部门资质管理工作的监督检查，及时纠正资质管理中的违法行为。

建设主管部门、其他有关部门履行监督检查职责时，有权采取下列措施：

① 要求被检查单位提供建筑业企业资质证书、注册执业人员的注册执业证书，有关施工业务的文档，有关质量管理、安全生产管理、档案管理、财务管理等企业内部管理制度的文件。

② 进入被检查单位进行检查，查阅相关资料。

③ 纠正违反有关法律、法规和本规定及有关规范和标准的行为。

建设主管部门、其他有关部门依法对企业从事行政许可事项的活动进行监督检查时，应当将监督检查情况和处理结果予以记录，由监督检查人员签字后归档。

2. 勘察设计单位的资质及资质等级

勘察设计单位的资质，是指勘察设计单位从事勘察设计工作应当具备的注册资本、专业技术人员、技术装备和勘察设计业绩等条件的总称。勘察设计单位的资质，反映了勘察设计单位的勘察设计能力和拥有的业绩，是勘察设计单位进入建筑市场，从事勘察设计业务的基本条件。

勘察设计单位的资质等级，是政府建设行政主管部门根据勘察设计单位的资质条件和工程勘察资质分级标准、工程设计资质分级标准，给勘察设计单位核定的在资质方面拥有的等级。

（1）工程勘察资质分级：

工程勘察综合类资质只设甲级。

工程勘察专业类资质设甲、乙级，部分专业可设丙级。

工程勘察劳务类资质不分等级。

(2) 工程设计资质分级：

工程设计综合资质只设甲级。

工程设计行业资质、工程设计专业资质设甲、乙两个级别；根据行业需要，建筑、市政公用、水利、电力(限送变电)、农林和公路行业设工程设计丙级资质，建筑工程设计专业资质设丁级。

工程设计专项资质根据需要设置等级。

2.3.3 监理单位

建筑活动的相关机构：监理单位

一、监理单位的概念

监理单位[59]是依法取得监理资质证书，具有法人资格的工程监理企业的总称。包括独立设立的监理公司、监理事务所和兼承监理业务的工程设计、科学研究及工程建设咨询的单位。

二、监理单位的类别

监理单位有很多种类型，可以按不同的标志分为各种类型的工程监理企业。其中最重要的分类，是与建筑活动相关的两种分类方法，即按资质条件分类和按工程类别分类。

1. 按资质条件分类

按照资质条件可以把监理单位分为以下几种类型。

(1) 工程监理综合企业。工程监理综合企业，是指达到工程监理综合资质条件，经相关部门审查合格，取得了工程监理综合资质证书的工程监理企业。

(2) 工程监理专业企业。工程监理专业企业，是指达到工程监理专业资质条件，经相关部门审查合格，取得了工程监理专业资质证书的工程监理企业。工程监理专业企业按照工程性质和技术特点又划分为若干工程类别。

(3) 工程监理事务所。工程监理事务所，是指达到工程监理事务所资质条件，经相关部门审查合格，取得了工程监理事务所资质证书的工程监理企业。

2. 按工程类别分类

建设工程涉及国民经济的各个行业，按照工程性质和技术特点可以分为若干类别。我国对于工程的类别，按照不同行业分成十几个大类，每一大类又分成若干小类。大的分类有：房屋建筑工程、冶炼工程、矿山工程、化工石油工程、水利水电工程、电力工程、林业及生态工程、铁路工程、公路工程、港口与航道工程、航天航空工程、通信工程、市政公用工程、机电安装工程等。

按照从事不同工程类别的监理业务，可以把监理单位分为不同工程类别的工程监理企业。例如：房屋建筑工程监理企业、冶炼工程监理企业、公路工程监理企业、市政公用工程监理企业等。同一个监理单位，只要资质条件达到要求，可以申请多个工程类别的监理业务，经审查合格领取相应资质证书，在核定的工程类别范围内从事工程监理活动。

三、监理单位的资质

监理单位的资质是从事监理活动应当具备的人员素质、资金数量、专业技能、管理水平及监理业绩的总称。资质反映了监理单位的监理能力和监理效果。所谓监理能力，指监理单位的人员、资金、技术、管理等要素综合起来所形成的监督管理工程项目的能力。所谓监理效果，指监理单位从事工程项目监理的实际效果，主要反映在业绩上。

工程监理综合企业不分级别。

工程监理专业企业的资质分为甲级、乙级,其中房屋建筑、水利水电、公路和市政公用专业资质可设立丙级。所以,工程监理专业企业又分为工程监理专业甲级企业、工程监理专业乙级企业、工程监理专业丙级企业。

工程监理事务所的资质不分级别。

2.3.4 管理机构

目前,我国对建筑市场和建筑活动实施管理的机构主要是政府管理机构和行业管理机构。它们是建筑市场和建筑活动的管理者,即制定规则和监督执行机构。

建筑活动的相关机构:管理机构

一、政府管理机构

《中华人民共和国建筑法》规定:"国务院建设行政主管部门对全国的建筑活动实施统一监督管理。"据此,各级人民政府建设行政主管部门代表政府对所辖范围内的建筑活动进行管理。政府管理机构对建筑活动的管理,重点在立法、执法和重大问题的监督管理。具体包括以下几个方面:

(1) 通过立法,从制度上保证建筑活动的健康发展。

(2) 资质管理。

(3) 从业人员执业资格管理。

(4) 施工许可管理。

(5) 建设工程质量与安全管理。

(6) 招标投标管理。

二、行业管理机构

目前,我国建筑行业的行业管理机构很多,如各种协会、联合会、学会等。但从对建筑活动的监督管理而言,主要有工程招标投标管理、工程质量管理、工程造价管理三个方面。

1. 工程招标投标管理

对于建筑活动,招标投标主要包括工程勘察设计招标投标、工程施工招标投标和工程监理招标投标三个方面。招标投标的行业管理,由各地设立的建设工程招标投标站在政府行政主管部门委托的范围内行使职权。

建设工程招标投标站的主要任务是,贯彻执行各级政府关于建设工程招标投标的法规和政策,制定当地建设工程招标投标的具体操作办法,指导并监督业主或招标代理机构、承建单位的招标、投标工作,规范建设工程招标投标行为等。

2. 工程质量管理

各地建设行政主管部门为建设工程质量的监督管理机构,而行业管理机构为建设工程质量管理的具体实施者。行业管理机构受政府建设行政主管部门的委托,对建设工程质量进行实质性监督管理。各地都设有建设工程质量监督管理站,作为建设工程质量的行业管理机构。

建设工程质量监督管理站的主要任务是,贯彻执行各级政府关于建设工程质量管理的法规和政策,制定当地建设工程质量监督管理的具体操作方法,监督所辖范围内的建设工程质量,派出代表对管理的工程进行监督,监督业主、承建单位在建设工程质量方面的工作，监督并指导工程监理活动，受政府委托组织建设工程质量的检查和评比，协助政府处理建设工程质量事故，为建设工程质量提供技术咨询等。

3. 工程造价管理

工程造价即建筑产品的价格。为了加强工程造价管理，维护建筑市场的正常秩序，政府建设行政主管部门制定了一系列标准和规范，用于指导建设工程的计价。同时，政府建设行政主管部门还对工程造价领域的从业人员实施执业资格管理，实行了工程造价师注册制度。

作为行业管理机构，在我国各地都设有工程造价管理站。它的主要任务是，贯彻执行各级政府关于工程造价方面的政策，制定当地工程造价确定的操作方法，提供工程造价技术服务，监督所辖范围内工程造价的执行情况，调解业主和承包方在工程造价上的分歧，解释建设工程的计价规范等。需要指出的是，工程造价管理机构并不直接为业主和承包单位确定工程造价，而是制定工程造价的确定方法。

2.4 建筑业企业

同学们毕业后多数将进入施工单位工作，通过本节的学习，大家可以知道：建筑业企业的资质等级是怎样划分的，施工单位的组织结构是怎样的，又有哪几种组织形式，施工单位的管理制度有哪些，知道这些内容对大家以后的工作不无裨益。

2.4.1 什么是建筑业企业

建筑业企业的概念

建筑业企业[60]又可称为建筑企业、建筑施工企业、建筑安装企业，是指从事土木工程、建筑工程、线路管道和设备安装工程及装修工程的新建、扩建、改建和拆除等有关活动的企业。建筑业企业必须依法到工商行政管理部门登记注册并取得批准手续，经资质管理部门审查批准领取《建筑业企业资质证书》，并按证书核定的相应资质等级所规定的工程承包范围承担施工任务。

建筑业企业分为施工总承包、专业承包和施工劳务企业。

施工总承包[61]是指发包人按照施工总承包合同约定，将工程项目的施工发包给具有施工总承包资质条件的承包人承包，由发包人支付工程价款，承包人可将所承包工程的非主体部分分包给具有相应资质的专业承包企业、将劳务分包给具有劳务分包资质的企业的一种工程承包方式。

专业承包[62]是指工程总承包人或施工总承包人依据专业分包合同的约定，将承包的工程中的专业工程分包给具有相应资质条件的专业分包人完成，由工程总承包人支付工程分包价款，并由总包人与分包人对分包工程项目负连带责任的工程承包方式。

施工劳务[63]是指工程总承包人、施工总承包人或工程专业分包人依据劳务分包合同约定，将所承包的工程中的施工劳务分包给具有相应资质条件的劳务分包人完成，并由发包人支付劳务报酬的承包方式。

2.4.2 建筑业企业的资质

建筑业企业资质[64]，是指建筑业企业的建设业绩、人员素质、管理水平、资金数量、技术装备等的总称。建筑业企业资质等级，是指国务院行政主管部门按资质条件把企业划分成的不同等级。

建筑业企业的资质

一、建筑业企业资质序列及类别

1. 资质序列

建筑业企业资质分为施工总承包、专业承包和施工劳务三个序列。

取得施工总承包资质的企业（简称施工总承包企业），可以承接施工总承包工程。施工总承包企业可以对所承接的施工总承包工程内各专业工程全部自行施工，也可以将专业工程或劳务作业依法分包给具有相应资质的专业承包企业或施工劳务企业。

> 建筑业企业资质等级是怎样分类的？

取得专业承包资质的企业（简称专业承包企业），可以承接施工总承包企业分包的专业工程和建设单位依法发包的专业工程。专业承包企业可以对所承接的专业工程全部自行施工，也可以将劳务作业依法分包给具有相应资质的施工劳务企业。

取得施工劳务资质的企业（简称劳务企业），可以承接施工总承包企业或专业承包企业分包的劳务作业。

2. 资质类别

施工总承包资质、专业承包资质、施工劳务资质序列可按照工程性质和技术特点分别划分为若干资质类别。

施工总承包资质：包括建筑工程 、公路工程 、铁路工程、港口与航道工程、水利水电工程、电力工程、矿山工程、冶金工程、石油化工工程 、市政公用工程、通信工程、机电工程共12个类别。

专业承包资质：包括地基基础工程、建筑装修装饰工程、建筑幕墙工程、钢结构工程、防水防腐保温工程、预拌混凝土、设备安装工程、电子与智能化工程、桥梁工程等36个类别。

施工劳务资质：施工劳务序列不分类别。

取得施工总承包资质的企业，不再申请总承包资质覆盖范围内的各专业承包类别资质，即可承揽专业承包工程。总承包企业投标或承包其总承包类别资质覆盖范围以外的专业工程，须具备相应的专业承包类别资质；总承包企业不得申请施工劳务类别资质。

二、建筑业企业资质等级

施工总承包、专业承包、施工劳务各资质类别按照规定的条件划分为若干资质等级。建筑企业各资质等级标准和各类别等级资质企业承担工程的具体范围，由国务院建设主管部门会同国务院有关部门制定。

1. 施工总承包企业资质等级

施工总承包企业资质等级分为特级、一级、二级、三级。

2. 专业承包企业资质等级

专业承包企业资质等级根据企业类别不同而不同，有的不分等级，有的分为一级、二级两个等级，有的分为一级、二级、三级三个等级。部分专业承包企业资质等级见表2-4。

3. 施工劳务企业资质等级

施工劳务企业资质不分等级。

表 2-4 部分专业承包企业资质等级

序号	企业类别	等级分类	序号	企业类别	等级分类
1	地基基础工程	一、二、三级	7	建筑幕墙工程	一、二级
2	建筑装修装饰工程	一、二级	8	钢结构工程	一、二级
3	预拌混凝土	不分等级	9	模板脚手架	一、二级
4	古建筑工程	一、二、三级	10	电子与智能化工程	一、二、三级
5	消防设施工程	一、二级	11	城市及道路照明工程	一、二、三级
6	防水防腐保温工程	一、二级	12	特种工程	不分等级

建筑业企业的劳动组织形式

2.4.3 建筑业企业的劳动组织

一、劳动组织的概念

1. 劳动组织

劳动组织[65]是指在集体劳动中合理安排使用劳动力，提高劳动者的劳动（工作）效率的形式、方法和措施的统称。**可分为社会劳动组织和企业劳动组织。**

2. 社会劳动组织

社会劳动组织指在全社会范围内，合理组织社会劳动充分利用劳动力资源，在各地区、部门之间按比例有计划地使用劳动力，合理安排就业结构；有计划的实现劳动力再生产，改善劳动关系，创造更高形式的社会劳动组织，不断提高社会劳动效率。

3. 企业劳动组织

简单地讲，企业劳动组织指企业内部为了适应生产需要而采用的劳动分工协作的组合方式。

企业劳动组织工作的主要任务包括如下三个方面：

(1) 在合理分工与协作的基础上，正确地配备员工，充分发挥每个劳动者的专长和积极性，从而不断地提高劳动生产率。

(2) 正确处理劳动力与劳动工具、劳动对象之间的关系，保证劳动者有良好的工作环境和工作条件。

(3) 根据生产发展的需要，不断调整劳动组织，采用合理的劳动组织形式，保证不断提高劳动生产率。

二、建筑企业劳动组织模式的变迁

劳动组织的不同决定了不同工作岗位的层次，目前企业劳动组织随着社会的发展发生了巨大的变化，从泰勒的科学管理原则（狭长形模式）发展到现代化的“扁平化管理”模式。

1. 狭长形的劳动组织模式

19 世纪 20 年代初期，美国工程师泰勒（F.W.Taylor）提出了以劳动分工和计件工资制为基础的科学管理原则，按照科学管理原则，生产劳动被划分成按照简单程序重复进行的操作。该模式的优点是分工详细，内容简单，有利于对生产过程进行有效控制和管理；存在的问题是分工过细，领导和下属间距离过远，不利于工人发挥其主观能动性。对应于企业中，其管理模式便是我们俗称的狭长形管理模式。

在建筑企业中，工人按照等级被划分为师傅、领工、工人、非熟练工等，这就是所谓的垂直劳动分工；又按照工种划分为抹灰工、木工、钢筋工、砖瓦工、混凝土工等，即所谓的水平劳动分工(图 2-9)。

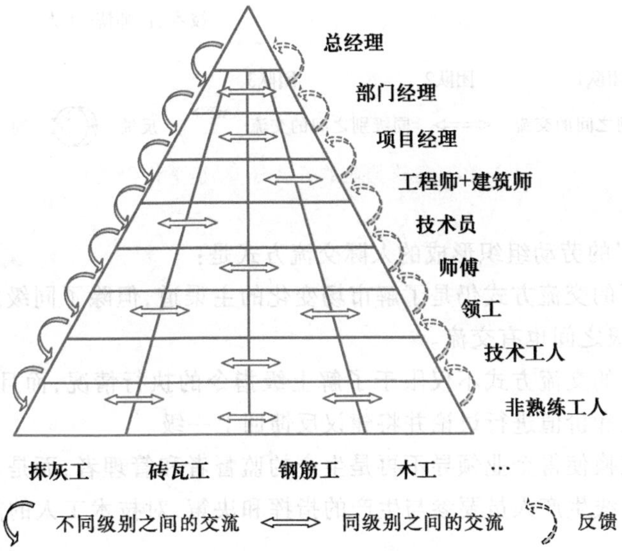

图 2-9 建筑企业的劳动分工(狭长形模式)

狭长形劳动组织模式的劳动分工形成的人际交流方式是：自上而下的交流方式；是了解市场变化的主要渠道；同级之间也有一定的相互交流；自下而上的交流方式只限于了解上级指令的执行情况，对企业实际运行情况的反馈不够重视。

2. “扁平化管理”的劳动组织模式

进入 20 世纪，市场竞争演变成质量和品种的竞争，大批量生产的模式受到了严峻考验。市场的竞争要求：

要满足客户的需求，尽可能快速地提供高质量的产品；

要对所有的客户需求都要做出相应的响应；

要提供一定数量的特殊产品；

要提供多样化的产品；

要为客户提供应急交货(just in time delivery)；

要确保“零缺陷”生产。

多层次、多级别管理的狭长形劳动组织模式是无法满足这些要求的。第二次世界大战以后，以丰田为代表的汽车工业，采用了以改革企业生产组织方式为目标的所谓“精益生产”模式，国际上也称之为“扁平化管理”模式。“精益生产”是典型的以人为中心的组织方式，即把指挥生产的职能和决策权下放到车间。与泰勒方式相反，它不强调过细的分工，却强调各部门之间的合作，采用灵活的小组工作方式，充分考虑人的因素，充分发挥人的积极性和主观能动性。

以建筑领域为例，团队或小组工作取代了原来的水平分工，“技术员+师傅+工人”的方式取代替了原来的垂直分工(图 2-10)。

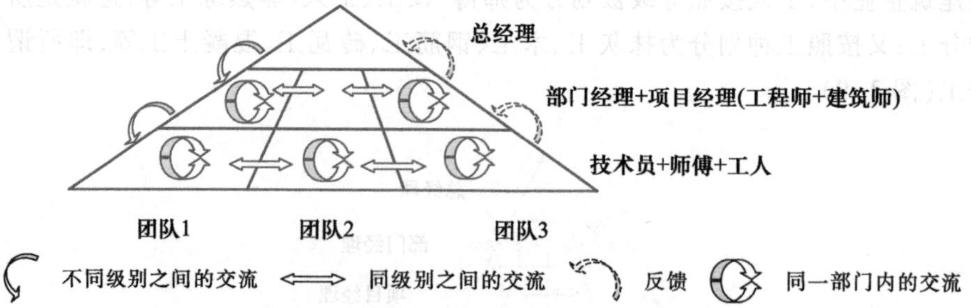

图 2-10　建筑企业的劳动分工(扁平化模式)

“扁平化管理”的劳动组织形成的人际交流方式是：

(1) 自上而下的交流方式仍是了解市场变化的主渠道,但除了同级之间的相互交流以外,部门内部上下级之间也有交流。

(2) 自下而上的交流方式不仅限于了解上级指令的执行情况,而且反馈得到重视,下级可对指令的意义和价值进行讨论并将建议反馈回上一级。

(3) 角色的变换使得企业领导不再是生产的监督者和管理者,而是小组工作的组织者和协调者。由于一线生产人员要参与生产的指挥和决策,对技术工人的能力要求有了空前的提高。

3. 劳动组织变化提升工人地位

在“狭长形”的劳动组织中,工人的地位相当低下:接受上级对下级发布的指令;下级对上级的职责只在于指令是否完成。由此产生的效果是:工人与上司之间的关系不平等;只是单纯接受指令,责任感不强;缺乏主观能动性和创造性,如图 2-11 所示。

在“扁平化”的劳动组织中,工人的地位得到改善:上下级别之间平等地相互交流,不仅关注指令是否得以执行,而且允许对指令执行的状况进行评价;工人有机会与上一级交流,普通工人的地位得到改善。由此产生的效果是:工人有更多的自主权,当然为确保产品的竞争力,这一自主权要受企业目标的限定;可对自己的工作进行自我监控;要有更强的交流能力,善于与合作伙伴及上司进行交流;具有更强的动手能力;人的主观能动性和创造性得到充分发挥,如图 2-12 所示。

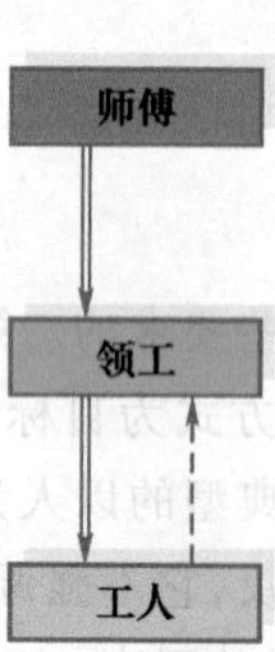

图 2-11　工人的地位(狭长形劳动组织)

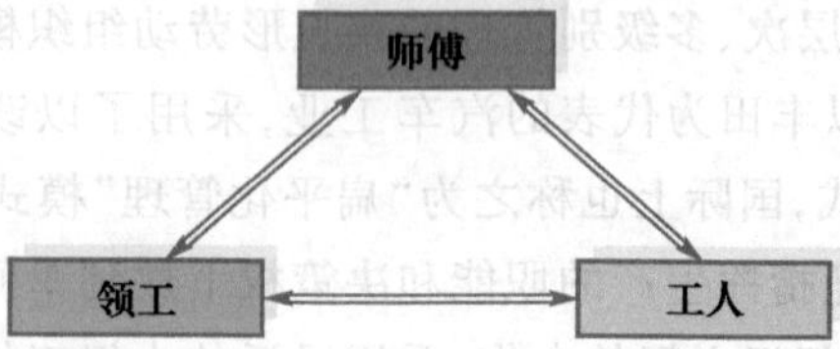

图 2-12　工人的地位(扁平化劳动组织)

三、建筑施工企业组织形式

加强和改善企业管理,提高管理科学水平,是建立现代企业制度的重要组成部分,也是企业提高竞争力的重要途径。创建合理的组织结构，组建相应的管理系统，建立符合社会主义市场经济要求的运行机制，不仅是管理创新、管理科学的任务，而且是企业实施有效管理，发挥组织职能的前提。

目前建筑施工组织形式主要有两种：直线职能式；矩阵和事业部相结合的新型管理结构模式(matrix or multidivisional structure)，简称 MMS 管理结构模式。

1. 直线职能式

此种模式是在计划经济的历史条件下形成的。施工企业采用这种组织结构，在 20 世纪 80 年代末以前，按层次排列为：班组长→施工队长→工程处主任(经理)→部门→公司。20 世纪 80 年代末以来，普遍采用了项目法施工，企业组织结构也作了一定的调整，层次变为：项目经理部→分公司→公司，或项目经理→公司，基本还是采用了直线职能制的模式。图 2-13 所示为某施工企业的组织结构图。

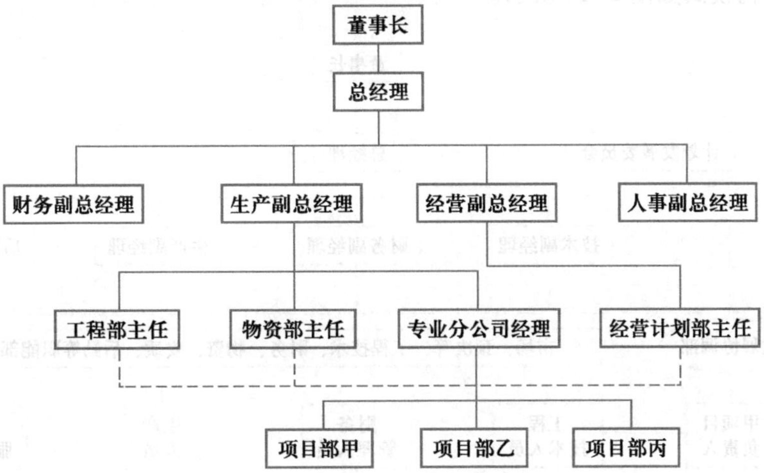

图 2-13 直线职能结构管理模式

直线职能制模式的优点是职责分明，特点是纪律和服从。

但是，在社会主义市场经济条件下，企业作为市场的主体，为了自身的利益和生存而进行激烈的竞争，此种模式的弊端就日益暴露出来。主要表现在：

(1) 管理层次较多，管理幅度较窄，造成机构臃肿、重叠，职能重复。管理学上称此种管理为“层峰管理”。这种管理很容易造成人浮于事，管理成本高，企业效益低下。

(2) 职能部门横向联系差，相互协调困难，推诿、扯皮事情多，上下部门重叠，使高层领导人陷入日常事务之中，不能集中精力考虑和研究企业的重大问题，造成生产经营决策迟缓，工作效率不高。

(3) 因为管理层次多，组织森严，下级和个人的能力和创造性往往无法得到体现和发挥。这是造成施工企业人才流失严重的重要原因之一。

随着经济的发展和企业内部、外部环境的变化，目前建筑企业普遍采用的直线职能式管理组织模式已不适应市场经济需要和建筑企业的发展。需要进行管理组织的创新。

2. MMS 模式

所谓矩阵制结构，是指根据需要从各部门调集人员，由项目经理指挥完成某个项目的一种组织结构形式。矩阵结构是在原来直线型结构基础之上,再建立一套横向的目标系统,把按职能划分的管理机构(销售、生产、技术)与按产品(工程项目、服务项目)划分的小组结合起来,使同一名小组成员既与原有职能部门保持垂直联系,又与按产品或项目划分的小组保持横向联系,形成一个矩阵。

MMS管理结构模式的内容是:对企业总部区域的工程项目采用矩阵式管理,由企业总部各职能部门对口管理工程项目;对离企业总部较远并承担多个工程项目的经营区及企业总部内的多个实体和专业化分公司(每一个利润中心)均采用事业部制。事业部拥有较大的独立经营权利,实行“政策制定与行政管理分开”的原则,公司负责制定各种政策,只行使政策监控、财务控制、监督等权力,并利用利润指标对事业部进行控制,事业部可在公司总部的政策指导下,积极主动地开展自己的生产经营活动。公司总部各职能部门,互相协调,管理控制着本区域内的项目,使之产生效益,同时制定公司的方针政策,履行职能作用。MMS管理结构模式如图2-14所示。

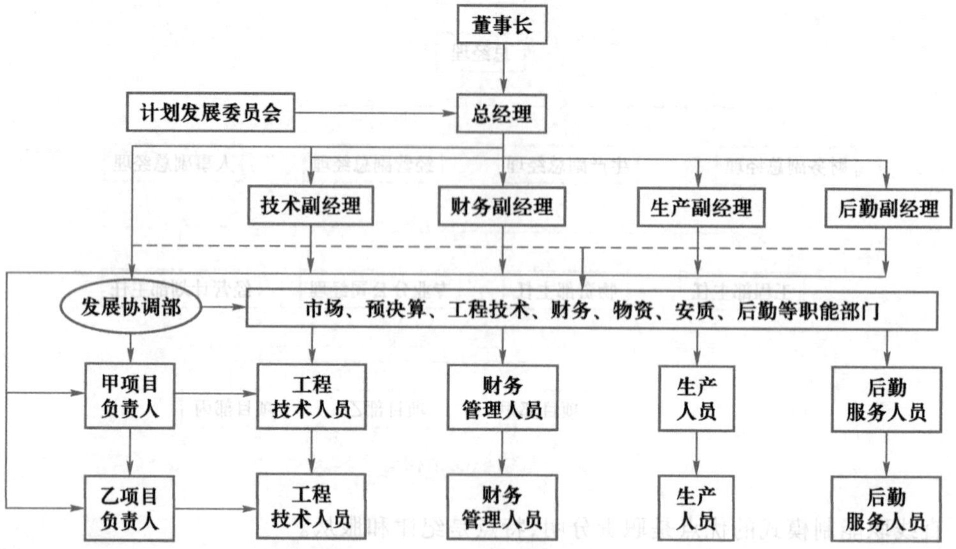

图2-14 MMS管理结构模式

采用MMS管理组织结构模式的优点如下。

(1) 管理层次少,呈扁平式管理结构,避免了管理机构臃肿,人浮于事的现象,从而机构精简,人员精干,适应能力强,适合建立现代企业制度要求。

(2) 有利于发挥职工的主观能动性和创造性,多个事业部有利于为优秀人才提供广阔的创业舞台和市场。

(3) 符合项目法施工的要求和发展。由于公司直接管到项目,强化了“项目是成本中心,企业是效益中心”的原则。

(4) 合理的分权经营,符合建筑业专业化、小型化的发展,有利于公司最高管理层摆脱日常事务,成为强有力的决策机构,还有利于增强事业部领导人的责任心,发挥其积极性,增强创新应变能力。

对比图2-13与图2-14的组织结构图可以看出,矩阵结构使工程项目管理与职能专业结合更紧密,信息传递路线更短。在知识经济时代中,职员往往更愿意在宽松的、相对独立的环境下完成工作，矩阵组织更适应职员的发展和心理需要，有利于促使企业在知识经济下培养人才，培育有利于竞争的企业文化。

2.4.4 建筑业企业的经营与管理制度

对企业而言，要想使企业经营活动得以顺利进行，必须对人、财、物等要素进行适当的组合和配置，而企业管理制度恰恰是对企业正常运行的基本方面规定活动框架，调节集体协作行为的制度，它是用来约束集体行为的、成体系的活动和行为规范准则。正所谓“没有规矩，不成方圆”，一个建筑业企业要想在残酷的市场竞争中立于不败之地，就必须建立起一套行之有效的企业管理制度。

建筑施工企业的经营与管理制度

一、建筑业企业规章制度

1. 企业规章制度的概念

企业规章制度[66]是企业职工参与生产经营活动应遵守的行为准则，主要包括企业各项工作的要求、规则、规程、程序、方法、标准等。建筑业企业规章制度是在大量实践经验基础上总结出来的一种规范化的管理方法，具有以下特征。

(1) 规范性。用规章制度管理企业，要求按统一的标准、方法、程序工作，不允许按个人的想法随意变动。规章制度具有规范性这一特点决定了它不可能用于一切管理活动，只能用于经常发生的例行工作。

(2) 稳定性。规章制度一旦出台，就不能随意改动。经常变化的规章制度，谈不上规范职工的行为。当然，稳定也是相对的，并非一成不变。规章制度执行一段时间后，应根据企业工作内容和环境的变化进行修订。

(3) 强制性。如果一项制度可这样理解，也可那样理解，甚至可执行也可不执行，那么企业管理工作就无规范可言，而这也违背了规章制度管理企业的根本宗旨。所以，规章制度具有强制性的特点。

2. 企业规章制度的作用

(1) 使企业工作规范化。随着管理科学的发展，人们发现，单凭个人经验无法管理好企业，只有总结管理工作的规律，制定出工作规范，人人都按章程办事，减少工作中的随意性，才能使经营管理走向现代化。

(2) 协调企业各部门的工作。通过规章制度，可以使企业各部门的关系固定化，达到协调一致的目的。各部门都按规章制度办事，相当于在一个统一标准约束下工作，进而避免各行其是的现象发生。

(3) 维持正常工作秩序。有了规章制度，职工就有了行动准则，从而可以避免各种混乱，建立正常的工作秩序。

(4) 提高工作效率。有了规章制度，职工在工作中遇到类似问题，就可照章办事，避免事事请示汇报，研究对策，延误时间，从而提高工作效率。

3. 企业规章制度的种类

企业规章制度可分为两类。一类是国家或主管部门制定的规章制度，包括各项有关的政策、法令和规定，又称作社会性的规章制度；另一类是企业自行制定的规章制度，它是根据国家有关的规定和企业经营管理的需要而具体制定的。

建筑业企业规章制度种类繁多，一般按其作用和性质可分成三大类。

（1）基本制度。建筑业企业基本制度是企业带方向性的根本性制度。如经理负责制；企业党组织的工作制度；职工代表大会民主管理制度。

（2）工作制度。建筑业企业工作制度主要包括经营工作、技术工作、管理工作等方面的制度，是指企业为搞好经营管理而制定的各种规定、标准、办法、条例等。

（3）责任制。责任制是根据社会化大生产分工协作要求而制定的制度，规定企业内部各级组织、各类人员在本职上应承担的任务和责任。主要包括：岗位责任制、管理业务责任制、交接班责任制。

二、建筑业企业的工作制度

建筑业企业工作制度包括企业经营制度、施工管理制度、技术管理制度、工程质量管理制度、安全生产管理制度、财务管理制度等10多种。

1. 建筑业企业经营制度

经营工作在建筑企业活动中起主导和率先的作用，是企业管理的重要组成部分。建筑业企业在当前的市场经济环境中，要生存下去、发展起来，就必须特别注重自己的经营活动。经营制度的健全是企业正常运作的重要环节。建筑业企业经营制度主要包括经营决策制度、合同管理制度、计划管理制度、预结算制度四种。

（1）经营决策制度。主要是企业重大决策问题的工作方法、程序、职权的规定，包括市场调查及预测工作管理制度、经营方针目标管理制度、工程投标管理办法、劳务、工程分包管理制度等。

（2）合同管理制度。包括工程承包，工程合同的签订、履行、解除，总分包合同管理等方面的规定。

（3）计划管理制度。包括企业中长期计划、年季计划的编制、实施、检查评价等工作的规定。

（4）预结算制度。包括预算编制、更改签证、竣工结算等工作的规定。

2. 建筑业企业施工管理制度

施工管理制度包括施工准备、施工调度、现场管理制度、竣工验收制度等。

（1）施工准备工作制度。施工准备工作制度是为保证工程顺利开工及施工活动正常进行而制定的。

（2）施工调度制度。施工调度制度是为了使公司生产调度系统的工作步入正轨，调度指挥工作上下贯通，更好地为一线服务而制定。包括施工调度的组织保证、施工调度工作的内容、施工调度工作纪律等的规定。

（3）现场管理制度。现场管理制度是为了对工程施工过程中的进度、质量、成本控制、安全、协作配合、文明施工等进行全面的指挥、协调和控制而制定。包括施工进度管理、施工平面管理的相关规定。

（4）竣工验收制度。竣工验收制度是为了做好工程收尾、交工验收文件和资料、工程内部预验等正式向甲方交工前的准备工作，并按开、竣工管理办法的规定和要求向建设单位进行验收和移交而制定。包括竣工验收前提交的资料、竣工验收的程序、竣工验收的组织等的相关规定。

3. 建筑业企业技术管理制度

建筑业企业技术管理制度包括技术资料管理办法、图纸会审制度、施工组织设计编制和审批制度、技术交底制度、计量制度、材料检验制度、技术操作规程等。

(1) 图纸会审制度。图纸会审制度是为了技术人员熟悉和掌握图纸的内容和要求。解决各工种之间的矛盾和协作、发现并更正图纸中的差错和遗漏、提出不便于施工的设计内容及进行洽商和更正而特制定的制度。图纸审查的步骤可分为学习—初审—会审三个阶段,会审记录是施工文件的组成部门,与施工图具有同等效力,要由建设单位、设计单位和施工单位签字,并及时上报公司的技术部门和经营部门。

(2) 图纸会审变更制度。图纸会审变更制度是为做好图纸会审变更工作而制定的。在施工过程中,无论建设单位还是施工单位提出的设计变更都要填写设计变更联系单,经设计单位和监理(建设)单位签字同意后,方可进行。如果设计变更的内容对建设规模、投资等方面影响较大的,必须由公司审批后报送相关主管部门。所有设计变更资料,包括设计变更联系单、修改图纸均需文字记录,纳入工程档案。

(3) 施工组织设计管理制度。施工组织设计是以一个施工项目或建筑群体为编制对象,用以指导各项施工活动的技术、经济、组织、协调和控制的综合性文件。公司承接的新建、扩建、改建的房屋建筑和构筑物、市政工程等工程项目均应编制施工组织设计(施工方案)。本制度是为加强施工管理,提高公司施工组织设计的编制水平,达到科学合理地组织施工,实现标准化、规范化管理而制定。包括施工组织设计编制原则、施工组织设计的编制和审批、施工组织设计的执行等的相关规定。

(4) 技术交底制度。技术交底制度是在正式施工之前,为了使参与施工的有关管理人员、技术人员和工人熟悉掌握工程情况和技术要求,避免发生指导和操作的错误,以便科学地组织施工,并按合理的工艺、工序流程进行作业而制定。

(5) 工程测量管理制度。工程测量管理制度是为做好施工技术准备、保证工程施工顺利进行、确保工程质量的重要环节而定。工程测量工作在各级技术主管的领导下,实行公司、项目经理部二级管理。对测量人员的使用及调配须征得测量专业技术委员会的批准。各级工程测量人员须坚持测量工作程序,遵循施工测量工作流程。

(6) 工程洽商管理制度。为加强对工程设计变更、洽商的管理,保证工程质量及建筑使用功能,特制定本制度。任何施工条件或设计条件发生变动等情况,均通过工程洽商予以解决。工程洽商一般由各段技术负责人经办,但对于影响主要结构、建筑标准、增减工程内容的洽商,应由主任工程师报公司总工程师批准后方可办理。工程洽商内容若超出合同范围,须经经理部核实,报公司领导批准,方能签订。

(7) 计量管理制度。是为了加强和完善公司计量工作的监督与管理,认真贯彻执行国家计量法,保证量值传递的准确和统一,提高工程质量,降低各种消耗,提高经济效益,保证安全生产等目的而制定的制度。

(8) 施工实验管理制度。是为了规范施工现场实验管理而制定本制度。建立健全实验员岗位责任制,实验员必须持证上岗,尽职尽责,确保实验的科学性和实验数据的真实可靠性。建立健全各种实验台账,准确、及时地为工程提供真实可靠的数据。

4. 工程质量管理制度

工程质量管理制度主要包括技术标准、施工质量检验办法、隐蔽工程验收办法、质量事故处理和报告制度等。

重庆綦江彩虹桥垮塌事故

1999年1月4日晚6时50分，重庆市綦江县城区一座步行桥（彩虹桥）突然整体垮塌，出事当时，30余名群众正行走于该桥上，另有22名驻扎该地的武警战士进行傍晚训练，由西向东列队跑步至桥上约2/3处时，整座大桥突然垮塌，桥上群众和武警战士全部坠入綦河中，经奋力抢救，14人生还，40人遇难身亡。此次事故直接经济损失约631万元。

事故原因：① 主拱钢管内混凝土强度达不到设计要求。经现场取样检验，混凝土强度最低值仅15.6MPa，不能达到C30级的要求。② 材料及构配件进场管理失控，不按规定进行试验检测，外协加工单位加工的主拱钢管未经焊接质量检测合格就交付施工方使用。③ 该桥施工组织设计中没有对分项工程制订严格的工艺操作规程及技术要求，对一些关键部位没有相应的检查验收程序。

(1) 质量检查制度。本制度是为确保工程质量，强化施工过程中的质量控制，做到预防为主、防患于未然而制定。应根据国家规定的技术标准、验收规范、操作规程和设计要求，在整个施工过程中的各个环节进行全面的检查和监督，及时掌握质量信息，分析质量动态，为上级及有关部门提供质量数据。还应建立样本制、三检制、工序交接检制，健全混凝土开盘申请及拆模申请制度。

(2) 工程质量验收制度。本制度是为保证工程质量目标的实现，根据国家工程质量验收标准规范要求和公司管理体系要求而制定。包括：单位工程验收；分部、子分部工程验收；分项工程验收；检验批验收。

(3) 工程质量评定、核定制度。依据单位工程质量检验评定标准，严格执行质量检验评定程序。分项工程由技术负责人组织工长、班、组长参加评定，由专职质检员核定；分部工程由项目负责人组织技术负责人、工长参加评定，专职检察员核定，其中地基和基础工程、主体工程，由企业技术部、质量安全部组织核定；单位工程质量综合评定由企业技术负责人组织项目负责人、技术负责人、企业经理质量部参加评定。

5. 建筑施工安全管理制度

建筑施工安全关系到各个部门。安全是施工的重中之重，不仅决定工人的人身安全，还关系到施工现场及其周边人员的人身及财产安全，所以必须建立完善的建筑施工安全管理制度。安全生产管理制度包括施工现场安全管理制度、现场消防制度、环保防护制度、安全事故处理报告制度等。

(1) 施工现场安全管理制度。建筑工地成立以项目经理为第一责任人的安全生产领导小组和施工现场轮流安全值班制，落实安全责任制。提高职工安全生产自身保护意识，自觉遵守安全生产规章制度，新工人进场，要进行安全生产教育。工地管理人员应经常深入现场，注意和关心所施工区域内的安全生产和工人遵章守纪情况，发现违章及时纠正。专职安全员要深入现场检查，发现问题及时处理。

> 建筑施工企业的管理制度包括哪些内容？

(2) 施工现场分项工程安全技术交底制度。施工现场各分项工程在施工作业前必须进行安全技术交底。施工员在安排好人和工程生产任务的同时，必须向作业人员进行有针对性的安全技术交底。各专业分包单位应由施工管理人员向其作业人员进行作业前的安全技术交底。施工现场安全员必须认真履行检查、监督职责，切实保证安全技术交底工作不流于形式，提高全体作业人员安全生产工艺的自我保护意识。

(3) 施工现场消防安全管理制度。施工现场消防安全管理制度主要包括防火管理责任制、消防管理制度、防火安全制度、施工现场动用明火审批制度、工地防火检查制度、特殊重点部位防火管理制度、可燃可爆物资存放与管理制度、动火作业安全操作规程、消防器材配置标准等相关要求。

(4) 施工现场环境保护管理制度。施工现场环境保护管理制度包括环境保护责任制、卫生管理制度等相关内容。

(5) 安全生产检查制度。安全生产检查制度为了全面提高工程安全生产管理水平,及时消除安全隐患,落实各项安全生产制度和措施而制定。

6. 施工现场材料管理制度

施工现场材料管理制度是为加强材料管理,更好地为生产和经营服务而制定,包括仓库保管制度、库存材料管理制度、水泥库管理制度、易燃易爆品库房管理制度等内容。

7. 机械设备使用管理制度

机械设备使用管理制度为了正确合理使用机械设备,防止设备事故的发生,更好地完成企业施工任务而制定。包括机械设备使用管理规定、机械设备走合期制定、机械设备交接班制度、机械设备使用“三定”制度(定人、定机、定岗位)、机械设备安全管理制度、机械设备检查制度、机械设备事故处理制度、机械设备报废制度等内容。

武汉市“9.13”电梯坠落重大事故

2013年9月13日武汉市某工程,一载满粉刷工人的电梯,在上升过程中突然失控,直冲到34层顶层后,电梯钢绳突然断裂,厢体呈自由落体直接坠到地面,造成梯笼内的19人全部死亡。

原因一:违规操作、超载(施工升降机标注核定人数12人,当天上了19人,且为工人自行操作上下)。

原因二:超期使用(备案牌标注有效期为“2012年6月23日至2013年6月23日”,事故发生时为2013年9月18日,超期2个多月)。

原因三:日常维保不到位(没有按规定进行每3个月一次的坠落试验,许多如螺栓、齿轮等零部件老化锈蚀严重,上限位和极限限位装置失效)。

其他:该项目总建筑面积约80万平方米,地处武汉闹市区,大部分单体已封顶,但仍未办理施工许可证。

该工程安全管理事故的经验教训:1. 起重机械设备属于重大危险源,尤其是施工升降机,每次进入不应超过9人(含司机);2. 起重机械设备的开启专业性强,必须专人开启,其他人员一律禁止操作;3. 平时使用机械设备发现异常的要即时向管理者反映。

8. 财务管理制度

建立健全财务管理制度,是正确处理好内外部各项财务关系并为提高其整体管理水平和整体价值服务的一项经济管理工作,是规范建立现代企业制度的重要内容,也是企业发展的永恒主题。财务管理制度包括资金预算制度、财产管理制度、会计管理制度、成本和费用管理制度等内容。

9. 人力资源管理制度

人力资源管理制度包括人员聘用制度、考勤和请假及休假制度、员工绩效考核与奖惩制度、员工调动升迁及辞职解聘制度、员工薪金福利制度、员工教育培训制度等。

10. 行政办公管理制度

行政办公管理制度包括会议管理制度、印章管理制度、办公室管理制度等。

2.5 施工项目

本节进入施工项目相关内容的学习。同学们进入施工企业后，多数人会在施工现场，即在具体的项目上工作。大家既然选择了本专业，肯定会非常关心：刚入行时可以从事哪些岗位的工作？在各岗位上以后的职业发展前景怎样？在相应的岗位上应该具备什么能力等问题。通过本节的学习，可使大家对上述问题有清晰的认识。

施工项目的概念

2.5.1 与施工项目相关的几个概念

一、施工项目（constuction project）

施工项目[67]是建筑业企业对一个建筑产品的施工过程，也就是建筑业企业的生产对象。它可以是一个建设项目的施工，也可以是其中的一个单项工程或单位工程的施工。

施工项目具有三个特征：

它是建设项目或其中的单项工程的施工任务。

它作为一个管理整体，是以建筑业企业为管理主体的。

该任务的范围是由工程承包合同界定的。但只有单位工程、单项工程和建设项目的施工才谈得上是项目，因为其可形成建筑业企业的产品。分部、分项工程不是完整的产品，因此也不能称为"项目"。

二、项目经理部

项目经理部[68]也称项目部，即项目管理组织（organization of project management），是指实施或参与项目管理工作，且有明确的职责、权限和相互关系的人员及设施的集合。包括发包人、承包人、分包人和其他有关单位为完成项目管理目标而建立的管理组织。

工程项目部工作内容主要有：

(1) 组织完成工程项目开工审批手续，协调施工过程中的外部关系。

(2) 组织实施招投标，协助签订施工合同。

(3) 按照法律规范及合同规定和程序对建设项目进行从开工至竣工的全过程管理，实现项目合同目标。

(4) 制定并实施工程部管理制度。

三、施工项目管理

1. 施工项目管理概念

施工项目管理[69]是施工企业运用系统的观点、理论和科学技术对施工项目进行计划、组织、监督、控制、协调的过程，实现按期、优质、安全、低耗的项目管理目标。它是整个建设工程项目管理的一个重要组成部分，其管理的对象是施工项目。

2. 施工项目管理的特点

(1) 施工项目的管理者是建筑业企业。由业主或监理单位进行的工程项目管理中涉及的施工阶段管理仍属建设项目管理，不能算作施工项目管理，即项目业主和监理单位都不进行施工项目管理。项目业主在建设工程项目实施阶段，进行建设项目管理时涉及施工项目，但只是建设工程项目发包方和承包方的关系，是合同关系，不能算作施工项目管理。监理单位受项目业主委托，在建设工程项目实施阶段进行建设工程监理，把施工单位作为监督对象，虽与施工项目管理有关，但也不是施工项目管理。

（2）施工项目管理的对象是施工项目。施工项目管理的周期就是施工项目的生产周期，包括工程投标、签订工程项目承包合同、施工准备、施工及交工验收等。施工项目管理的主要特殊性是生产活动与市场交易活动同时进行，先有施工合同双方的交易活动，后才有建设工程施工，是在施工现场预约、订购式的交易活动，买卖双方都投入生产管理。所以，施工项目管理是对特殊的商品、特殊的生产活动，在特殊的市场上，进行的特殊的交易活动的管理，其复杂性和艰难性都是其他生产管理所不能比拟的。

（3）施工项目管理的内容是按阶段变化的。施工项目必须按施工程序进行施工和管理。从工程开工到工程结束，要经过一年甚至十几年的时间，经历了施工准备、基础施工、主体施工、装修施工、安装施工、验收交工等多个阶段（图 2-15~图 2-18），每一个工作阶段的工作任务和管理的内容都有所不同。因此，管理者必须做出设计、提出措施、进行有针对性的动态管理，使资源优化组合，以提高施工效率和施工效益。

图 2-15 地下室施工现场

图 2-16 楼面施工现场

图 2-17 柱的施工

图 2-18 楼梯施工

（4）施工项目管理要求强化组织协调工作。由于施工项目生产周期长，参与施工的人员多，施工活动涉及许多复杂的经济关系、技术关系、法律关系、行政关系和人际关系等，所以施工项目管理中的组织协调工作最为艰难、复杂、多变，必须采取强化组织协调的措施才能保证施工项目顺利实施。

2.5.2 施工项目组织形式

施工项目组织形式[70]也称施工组织结构的类型，是指一个组织以什么样的结构方式去处理层次、跨度、部门设置和上下级关系。项目组织的形式应根据工程项目的特点、工程项目的承包模式、业主委托的任务以及单位自身情况而定。

施工项目组织形式

一、施工项目组织的概念

项目组织[71]是为完成项目而建立的组织，一般也称为项目班子、项目管理班子、项目组等。目前，我国施工项目的组织一般称为项目经理部，由于项目管理工作量很大，因此，项目组织专门履行管理功能，具体的技术工作由他人或其他组织承担。项目组织的具体职责、组织结构、人员构成和人数配备等会因项目性质、复杂程度、规模大小和持续时间长短等有所不同。

项目组织可以是另外一个组织的下属单位或机构，也可以是单独的一个组织。例如某企业的新产品开发项目组织是一个隶属于该企业的组织。而某水电站项目组则是水电开发有限责任公司，本身是一个法人企业，负责该水电站的资金筹集、建设、建成投产后的经营、偿还贷款和水库上游地区的开发管理。项目组织的一般职责是项目规划、组织、指挥、协调和控制。项目组织要对项目的范围、费用、时间、质量、采购、风险、人力资源和沟通等多方面进行管理。

二、施工项目管理组织机构设置的原则

(1) 目的性原则。项目组织机构设置的根本目的，是为了产生组织功能实现项目目标。从这一根本目的出发，就应因目标设事，因事设岗，因职责定权力。

(2) 精干高效。大多数项目组织是一个临时性组织，项目结束后就要解散，因此，项目组织应精干高效，力求一专多能，一人多职，应着眼于使用和学习锻炼相结合，以提高人员素质。

(3) 业务系统化管理原则。在设置组织机构时，要求以业务工作系统化原则作指导，周密考虑层间关系、分层与跨度关系、部门划分、授权范围、人员配备及信息沟通等，使组织机构自身成为一个严密、封闭的组织系统，能够为完成项目管理总目标而实行合理分工与协作。

三、施工项目组织结构的类型

项目组织的形式应根据工程项目的特点、工程项目的承包模式、业主委托的任务以及单位自身情况而定。常用的项目组织形式一般有 4 种：工作队式、部门控制式、矩阵制和事业部式。

典型的施工项目组织形式有哪几种？

1. 工作队式项目组织

工作队式项目组织是指主要由企业中有关部门抽出管理力量组成施工项目经理部的方式，企业职能部门处于服务地位，其形式如图 2-19 所示。

(1) 特征。一般由公司任命项目经理，由项目经理在企业内招聘或抽调职能人员组成管理机构（工作队），项目经理全权指挥，独立性强。

项目管理班子成员在工程建设期间与原所在部门断绝领导与被领导关系。原单位负

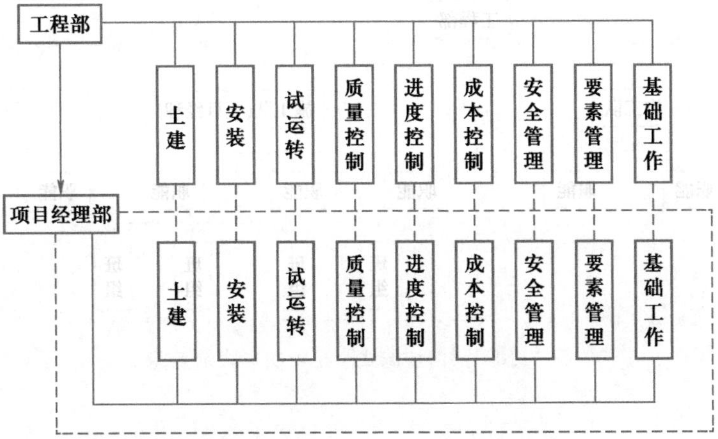

图 2-19 工作队式项目组织形式示意图

责人员负责业务指导及考察，但不能随意干预项目管理班子的工作或调回人员。

项目管理组织与项目同寿命，项目结束后机构撤销，所有人员仍回原所在部门和岗位。

(2) 适用范围。适用于大型项目，工期要求紧，要求多工种、多部门密切配合的项目。

(3) 优点：

① 项目经理从职能部门聘用的是一批专家，他们在项目管理中配合，协调工作，可以取长补短，有利于培养一专多用的人才并充分发挥其作用。

② 各专业人才集中在现场办公，减少了扯皮和等待时间，办事效率高，解决问题快。

③ 项目经理权力集中，运权的干扰少，决策及时，指挥灵活。

④ 由于减少了项目与职能部门的结合部，项目与企业的职能部门关系简化，易于协施工项目管理组织，减少行政干预，使项目经理的工作易于开展。

⑤ 不打乱企业的原有建制，传统的直线职能制组织仍可保留。

(4) 缺点：

① 各类人员来自不同部门，具有不同的专业背景，配合不熟悉，难免配合不力。

② 各类人员在同一时期内所担负的管理工作任务可能有很大差别，因此很容易产生忙闲不均，可能导致人员浪费。

③ 职工长期离开原单位，离开自己熟悉的环境和工作配合对象，容易影响其积极性的发挥。

④ 职能部门的优势无法发挥。

2. 部门控制式项目组织

(1) 特征。部门控制式并不打乱企业的现行建制，把项目委托给企业某一专业部门或某一施工队，由被委托的单位负责组织项目实施，其形式如图 2-20 所示。

(2) 适用范围。部门控制式项目组织一般适用于小型的、专业性较强、不需涉及众多部门的施工项目。

(3) 优点：

① 人才作用发挥较充分。这是因为相互熟悉的人组合办熟悉的事，人事关系容易

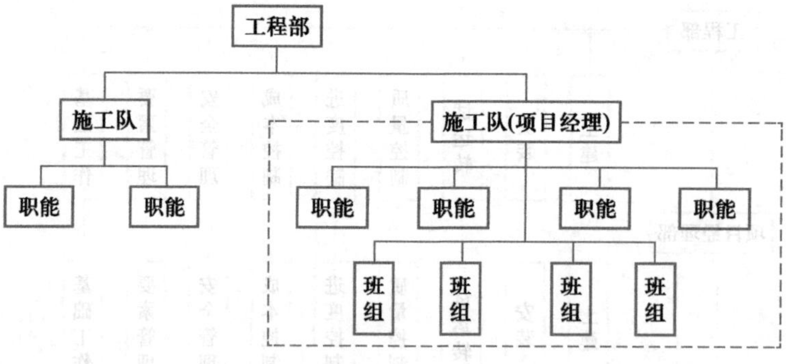

图 2-20 部门控制式项目组织形式示意图

协调。

② 从接受任务到组织运转启动,时间短。

③ 职责明确,职能专一,关系简单。

④ 项目经理无须专门训练便容易进入状态。

(4) 缺点:

① 不能适应大型项目管理需要,而真正需要进行施工项目管理的工程多是大型项目。

② 不利于对计划体系的组织体制(固定建制)进行调整。

③ 不利于精简机构。

3. 矩阵制项目组织

矩阵制项目组织是指结构形式呈矩阵状的组织,其项目管理人员由企业有关职能部门派出并进行业务指导,接受项目经理的直接领导,其形式如图 2-21 所示。

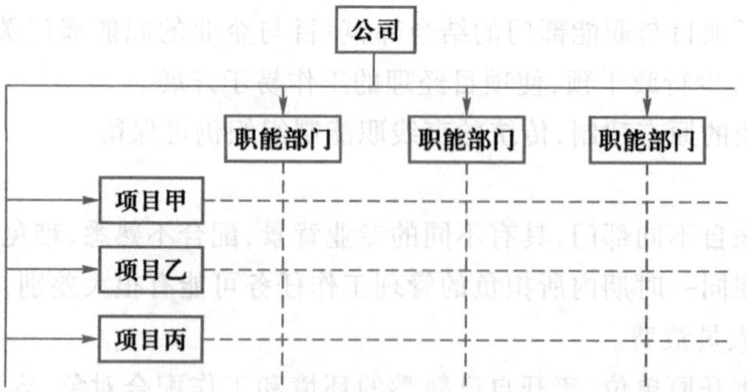

图 2-21 矩阵制项目组织形式示意图

(1) 特征。项目组织机构与职能部门的结合部同职能部门数相同。多个项目与职能部门的结合部呈矩阵状。既能发挥职能部门的纵向优势,又能发挥项目组织的横向优势。专业职能部门是永久性的,项目组织是临时性的。职能部门负责人对参与项目组织的人员有组织调配、业务指导和管理考察的责任。项目经理将参与项目组织的职能人员在横向上有效地组织在一起,为实现项目目标协同工作。矩阵中的每个成员或部门,接受原部门负责人和项目经理的双重领导,但部门的控制力大于项目的控制力。项目经理对调配到本项目经理部的成员有权控制和使用,当感到人力不足或某些成员不得力时,他可以向职能部门要求给予解决。

(2) 适用范围。适用于同时承担多个需要进行项目管理工程的企业。在这种情况下，各项目对专业技术人才和管理人员都有需求，加在一起数量较大，采用矩阵制组织可以充分利用有限的人才对多个项目进行管理，特别有利于发挥优秀人才的作用。适用于大型、复杂的施工项目。因大型复杂的施工项目要求多部门、多技术、多工种配合实施，在不同阶段，对不同人员，在数量和搭配上有不同的需求。

(3) 优点：

① 矩阵制项目组织兼有部门控制式和工作队式两种组织的优点，既解决了传统模式中企业组织和项目组织相互矛盾的状况，把职能原则与对象原则融为一体，又求得了企业长期例行性管理和项目一次性管理的一致性。

② 能以尽可能少的人力，实现多个项目管理的高效率。

③ 有利于人才的全面培养。可以使不同知识背景的人在合作中相互取长补短，在实践中拓宽知识面；发挥了纵向的专业优势，可以使人才成长有深厚的专业训练基础。

(4) 缺点：

① 由于人员来自职能部门，且仍受职能部门控制，故凝聚在项目上的力量减弱，往往使项目组织的作用发挥受到影响。

② 管理人员如果身兼多职地管理多个项目，往往难以确定管理项目的优先顺序，有时难免顾此失彼。

③ 双重领导。项目组织中的成员既要接受项目经理的领导，又要接受企业中原职能部门的领导。在这种情况下，如果领导双方意见和目标不一致乃至有矛盾时，当事人便无所适从。

④ 矩阵制组织对企业管理水平、项目管理水平、领导者的素质、组织机构的办事效率、信息沟通渠道的畅通，均有较高要求，因此要精于组织，分层授权，疏通渠道，理顺关系。

4. 事业部式项目组织

(1) 特征。企业成立事业部，事业部对企业来说是生产经营单位，对外界来说享有相对独立的经营权，是一个独立单位。事业部可以按地区设置，也可以按工程类型或经营内容设置，其形式如图 2-22 所示。事业部能较迅速适应环境的变化，提高企业的应变能力，调动部门的积极性。

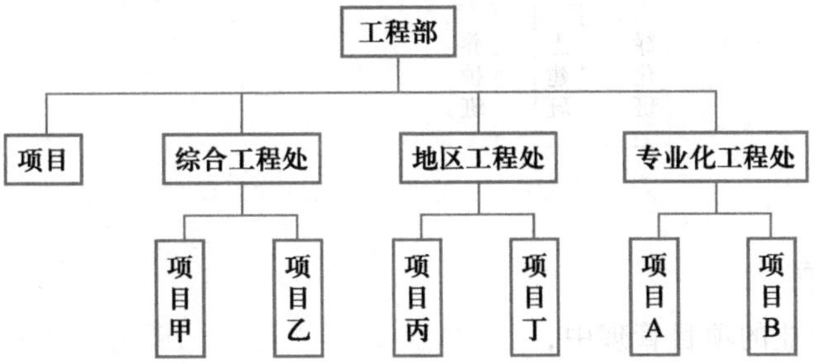

图 2-22 事业部式项目组织形式示意图

在事业部(一般为其中的工程部或开发部，对外工程公司是海外部)下边设置项目经理部。项目经理由事业部选派，一般对事业部负责，有的可以直接对业主负责，这是根据其授权程度决定的。

(2) 适用范围。事业部式适用于大型经营性企业的工程承包,特别是适用于远离公司本部的工程承包。需要注意的是,一个地区只有一个项目,没有后续工程时,不宜设立地区事业部,也就是说它适用于在一个地区内有长期市场或一个企业有多种专业化施工力量时采用。在这种情况下,事业部与地区市场同寿命,地区没有项目时,该事业部应撤销。

(3) 优点。事业部式项目组织有利于延伸企业的经营职能,扩大企业的经营业务,便于开拓企业的业务领域,还有利于迅速适应环境变化。

(4) 缺点。按事业部式建立项目组织,使企业对项目经理部的约束力减弱,协调指导的机会减少,故有时会造成企业结构松散。因此,必须加强制度约束,增强企业的综合协调能力。

2.5.3 项目部岗位设置及职责

一、岗位设置

据项目大小不同、人员安排不同,项目部领导层从上往下设置项目经理、项目技术负责人等;项目部设置最基本的六大岗位:施工员、质量员、安全员、资料员、造价员、测量员,其他还有材料员、标准员、机械员、劳务员等。

项目部岗位设置与职责

图 2-23 所示为某项目部组织机构框图。

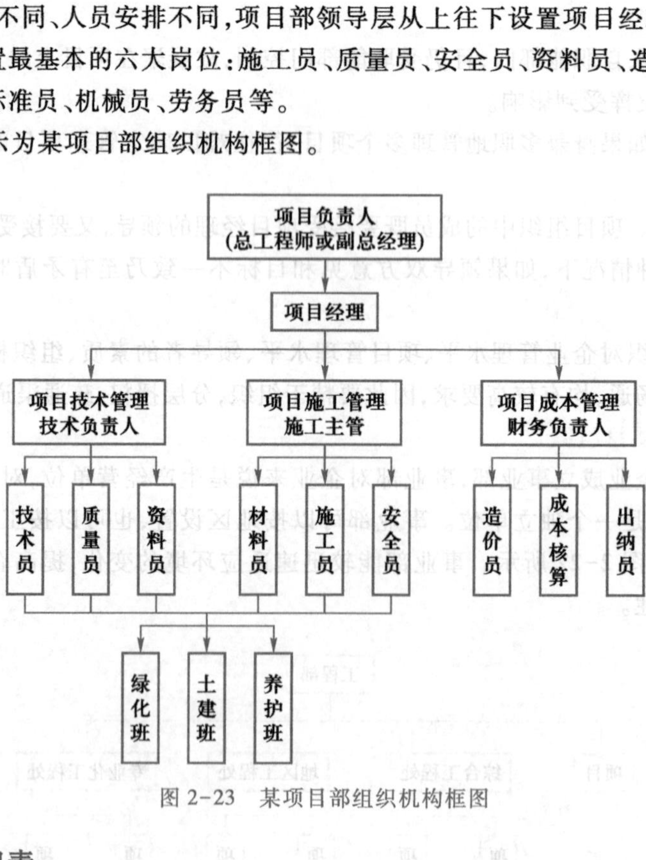

图 2-23 某项目部组织机构框图

二、岗位职责

在现代施工企业的项目管理中,施工项目经理[72]是施工项目的最高责任人和组织者,是决定施工项目盈亏的关键性角色。

一般说来,人们习惯于将项目经理定位于企业的中层管理者或中层干部,然而由于项目管理及项目环境的特殊性,在实践中的项目经理所行使的管理职权与企业职能部门的中层干部往往是有所不同的。项目经理是以施工项目为对象的管理者,而职能部门负责人是以某类专门业务为对象的管理者。实际上,项目经理应该是职业经理式的人物,是复合型人才,是通才。他应该具有懂法律、善管理、会经营、敢负责、能公关等各方面的较为丰富的经验和知识,而职能部门的负责人则往往是专才,是某一技术专业领域的专家。对项目经理的素质和技能要求在实践中往往是同企业中的总经理完全相同的。

项目技术负责人[73]是在项目部经理的领导下,负责项目部施工生产、工程质量、安全生产和机械设备管理工作。

施工员、质量员、安全员、资料员、造价员、测量员、材料员、标准员、机械员、劳务员都是项目的专业人员,是施工现场的管理者。其主要工作职责可以概略描述如下:

施工员主要从事项目施工组织和进度控制;

质量员主要从事项目施工质量管理;

安全员主要从事项目施工安全管理;

资料员主要从事项目施工资料管理;

造价员主要从事项目造价管理;

测量员主要从事项目施工测量管理;

材料员主要从事项目施工材料量管理;

标准员主要从事项目工程建设标准管理;

机械员主要从事项目施工机械管理;

劳务员主要从事项目劳务管理。

土建施工类专业毕业生从事的主要岗位是施工员、质量员、安全员和资料员。下面重点介绍这四个岗位的准确概念及工作职责。

施工员[74]是指在工程施工现场,从事施工组织策划、施工技术与管理,以及施工进度、成本、质量和安全控制等工作的专业人员。施工员的工作职责见表2-5。

质量员[75]是指在工程施工现场,从事施工质量策划、过程控制、检查、监督、验收等工作的专业人员。质量员的工作职责见表2-6。

表2-5 施工员的主要工作职责

项次	分类	主要工作职责
1	施工组织策划	(1) 参与施工组织管理策划 (2) 参与制定管理制度
2	施工技术管理	(3) 参与图纸会审、技术核定 (4) 负责施工作业班组的技术交底 (5) 负责组织测量放线、参与技术复核
3	施工进度成本控制	(6) 参与制定并调整施工进度计划、施工资源需求计划,编制施工作业计划 (7) 参与做好施工现场组织协调工作,合理调配生产资源;落实施工作业计划 (8) 参与现场经济技术签证、成本控制及成本核算 (9) 负责施工平面布置的动态管理

续表

项次	分类	主要工作职责
4	质量安全环境管理	(10) 参与质量、环境与职业健康安全的预控 (11) 负责施工作业的质量、环境与职业健康安全过程控制，参与隐蔽、分项、分部和单位工程的质量验收 (12) 参与质量、环境与职业健康安全问题的调查，提出整改措施并监督落实
5	施工信息资料管理	(13) 负责编写施工日志、施工记录等相关施工资料 (14) 负责汇总、整理和移交施工资料

表 2-6 质量员的主要工作职责

项次	分类	主要工作职责
1	质量计划准备	(1) 参与进行施工质量策划 (2) 参与制定质量管理制度
2	材料质量控制	(3) 参与材料、设备的采购 (4) 负责核查进场材料、设备的质量保证资料，监督进场材料的抽样复验 (5) 负责监督、跟踪施工试验，负责计量器具的符合性审查
3	工序质量控制	(6) 参与施工图会审和施工方案审查 (7) 参与制定工序质量控制措施 (8) 负责工序质量检查和关键工序、特殊工序的旁站检查，参与交接检验、隐蔽验收、技术复核 (9) 负责检验批和分项工程的质量验收、评定，参与分部工程和单位工程的质量验收、评定
4	质量问题处置	(10) 参与制定质量通病预防和纠正措施 (11) 负责监督质量缺陷的处理 (12) 参与质量事故的调查、分析和处理
5	质量资料管理	(13) 负责质量检查的记录，编制质量资料 (14) 负责汇总、整理、移交质量资料

安全员[76]是指在工程施工现场，从事施工安全策划、检查、监督等工作的专业人员。安全员的工作职责见表 2-7。

表 2-7 安全员的主要工作职责

项次	分类	主要工作职责
1	项目安全策划	(1) 参与制定施工项目安全生产管理计划 (2) 参与建立安全生产责任制度 (3) 参与制定施工现场安全事故应急救援预案

续表

项次	分类	主要工作职责
2	资源环境安全检查	(4) 参与开工前安全条件检查 (5) 参与施工机械、临时用电、消防设施等的安全检查 (6) 负责防护用品和劳保用品的符合性审查 (7) 负责作业人员的安全教育培训和特种作业人员资格审查
3	作业安全管理	(8) 参与编制危险性较大的分部、分项工程专项施工方案 (9) 参与施工安全技术交底 (10) 负责施工作业安全及消防安全的检查和危险源的识别，对违章作业和安全隐患进行处置 (11) 参与施工现场环境监督管理
4	安全事故处理	(12) 参与组织安全事故应急救援演练，参与组织安全事故救援 (13) 参与安全事故的调查、分析
5	安全资料管理	(14) 负责安全生产的记录、安全资料的编制 (15) 负责汇总、整理、移交安全资料

资料员[77]是指在工程施工现场，从事施工信息资料的收集、整理、保管、归档、移交等工作的专业人员。资料员的工作职责见表 2-8。

表 2-8 资料员的主要工作职责

项次	分类	主要工作职责
1	资料计划管理	(1) 参与制定施工资料管理计划 (2) 参与建立施工资料管理规章制度
2	资料收集整理	(3) 负责建立施工资料台账，进行施工资料交底 (4) 负责施工资料的收集、审查及整理
3	资料使用保管	(5) 负责施工资料的往来传递、追溯及借阅管理 (6) 负责提供管理数据、信息资料
4	资料归档移交	(7) 负责施工资料的立卷、归档 (8) 负责施工资料的封存和安全保密工作 (9) 负责施工资料的验收与移交
5	资料信息系统管理	(10) 参与建立施工资料管理系统 (11) 负责施工资料管理系统的运用、服务和管理

2.6 我国建筑业的发展展望

中国的建筑业面临着一个继续发展的良好的机遇：处于经济社会加速工业化发展的阶

段，也是建筑业发展由主导产业向支柱产业发展的历史性阶段。历史证明，一个产业从出现到完结其历史过程都要经历这么几个阶段，即基础产业阶段、主导产业阶段、支柱产业阶段，然后又回到基础产业阶段，我国建筑业可以说充分地囊括了这几个阶段。就目前状况而言，我国正处在加快城市化进程的历史阶段，加快城市化的过程也就是加快工业化的过程，这也正是建筑业发展最有用武之地的时机。

2.6.1 我国建筑业的发展背景

在城市化加速和基础设施建设投资持续加大的总体发展趋势下，改革开放以来，我国建筑业一直保持着强劲的发展态势。"十四五"期间建筑业发展将基于以下的总体形势和现状。

1. 设计建造能力显著提高

我国建筑业的发展背景

我国在高难度、大体量、技术复杂的超高层建筑、高速铁路、公路、水利工程、核电核能等领域已经具备完全自有知识产权的设计建造能力，成功建设上海中心大厦、南水北调中线工程等一大批设计理念先进、建造难度大、使用品质高的标志性工程，世界瞩目，成就辉煌。

2. 科技创新和信息化建设成效明显

最近几年来，建筑业企业普遍加大科研投入，积极采用建筑业10项新技术为代表的先进技术，围绕承包项目开展关键技术研究，提高创新能力，创造大批专利、工法，取得丰硕成果。加快推进信息化与建筑业的融合发展，建筑品质和建造效率进一步提高。积极推进建筑市场监管信息化，基本建成全国建筑市场监管公共服务平台，建筑市场监管方式发生根本性转变。

3. 建筑节能减排取得新进展

建筑节能法律法规体系初步形成，建筑节能标准进一步完善。供热计量和既有建筑节能改造力度加大，大型公共建筑节能降耗提速，可再生能源在建筑领域应用规模不断扩大。积极推进绿色建筑，建立集中示范城（区），在政府投资公益性建筑及大型公共建筑建设中全面推进绿色建筑行动，成效初步显现。

4. 行业人才队伍素质不断提高

建筑行业专业人才队伍不断壮大，执业资格人员数量逐年增加。截至2015年底，全国共有注册建筑师5.5万人，勘察设计注册工程师12.3万人，注册监理工程师16.6万人，注册造价工程师15.0万人，注册建造师200余万人。建筑业农民工技能培训力度不断加大，住房城乡建设系统培训建筑业农民工700余万人，技能鉴定500余万人，建筑业农民工培训覆盖面进一步扩大，技能素质水平进一步提升。

5. 国际市场开拓稳步增长

我国对外工程承包保持良好增长态势，2009—2018年，对外工程承包营业额年均增长12%，新签合同额年均增长9%。2018年，对外承包工程业务完成营业额1 690.4亿美元，新签合同额2 418亿美元。企业在欧美等发达国家市场开拓取得新进展。企业海外承揽工程项目形式更加丰富，投资开发建设、工程总承包业务明显增加。企业进入国际工程承包前列的数量明显增多，国际竞争能力不断提升。

6. 建筑业发展环境持续优化

自党的十八大以来，政府部门大力推进行政审批制度改革，进一步简政放权，缩减归并企业资质种类，调整简化资质标准，行政审批效率不断提高。积极推进统一建筑市场和诚信体系建设，营造更加统一、公平的市场环境。开展工程质量治理两年行动，严格执法，严厉打击建筑施工违法发包、转包、违法分包等行为，落实工程建设五方主体项目负责人质量终身责任，保障工程质量，取得明显成效。

7. 存在的主要问题

(1) 行业发展方式粗放。建筑业大而不强，仍属于粗放式劳动密集型产业，企业规模化程度低，建设项目组织实施方式和生产方式落后，产业现代化程度不高，技术创新能力不足，市场同质化竞争过度，企业负担较重，制约了建筑业企业总体竞争力提升。

(2) 建筑工人技能素质不高。建筑工人普遍文化程度低，年龄偏大，缺乏系统的技能培训和鉴定，直接影响工程质量和安全。建筑业企业"只使用人、不培养人"的用工方式，造成建筑工人组织化程度低、流动性大，技能水平低，职业、技术素养与行业发展要求不匹配。

(3) 监管体制机制不健全。行业监管方式带有计划经济色彩，重审批、轻监管。监管信息化水平不高，工程担保、工程保险、诚信管理等市场配套机制建设进展缓慢，市场机制在行业准入清出、优胜劣汰方面作用不足，严重影响建筑业发展活力和资源配置效率。

2.6.2 我国建筑业未来几年的发展要点

1. 深化建筑业体制机制改革

我国建筑业未来的发展热点

(1) 改革承(发)包监管方式。缩小并严格界定必须进行招标的工程建设项目范围，放宽有关规模标准。民间投资的房建工程试行建设单位自主决定发包。落实招标人负责制，推进招标投标全过程电子化，促进招标投标过程公开透明。政府投资工程，推行提供履约担保基础上的最低价中标。

(2) 调整优化产业结构。以工程项目为核心，以先进技术应用为手段，以专业分工为纽带，构建合理的工程总分包关系。发展行业的融资建设、工程总承包、施工总承包管理能力，培育一批具有先进管理技术和国际竞争力的总承包企业。

(3) 提升工程咨询服务业发展质量。改革工程咨询服务委托方式，研究制定咨询服务技术标准和合同范本，引导有能力的企业开展覆盖工程全生命周期的一体化项目管理咨询服务，培育一批具有国际水平的全过程工程咨询企业。

2. 推动建筑产业现代化

(1) 推广智能和装配式建筑。加大政策支持力度，明确重点应用领域，建立与装配式建筑相适应的工程建设管理制度。建设装配式建筑产业基地，推动装配式混凝土结构、钢结构和现代木结构发展。在新建建筑和既有建筑改造中推广普及智能化应用，完善智能化系统运行维护机制，逐步推广智能建筑。

(2) 强化技术标准引领保障作用。加强建筑产业现代化标准建设，构建技术创新与技术标准制定快速转化机制，鼓励和支持社会组织、企业编制团体标准、企业标准。

(3) 加强关键技术研发支撑。完善政产学研用协同创新机制，总结推广先进建筑技术体系。培育国家和区域性研发中心、技术人员培训中心。加快推进建筑信息模型(BIM)技术在规划、工程勘察设计、施工和运营维护全过程的集成应用，支持基于具有自主知识产权三维图形平台的国产 BIM 软件的研发和推广使用。

3. 推进建筑节能与绿色建筑发展

(1) 提高建筑节能水平。推动北方采暖地区城镇新建居住建筑普遍执行节能 75% 的强制性标准。学校、医院、文化等公益性公共建筑、保障性住房要率先执行绿色建筑标准。积极开展超低能耗或近零能耗建筑示范。大力发展绿色建筑，从使用材料、工艺等方面促进建筑的绿色建造、品质升级。持续推进既有居住建筑节能改造，不断强化公共建筑节能管理，深入推进可再生能源建筑应用。

(2) 推广建筑节能技术。组织可再生能源、新型墙材和外墙保温、高效节能门窗的研发。加快成熟建筑节能及绿色建筑技术向标准的转化。加快推进绿色建筑、绿色建材评价标识制度。

(3) 推进绿色建筑规模化发展。制定完善绿色规划、绿色设计、绿色施工、绿色运营等有关标准规范和评价体系。出台绿色生态城区评价标准、生态城市规划技术准则，引导城市绿色低碳循环发展。

(4) 完善监督管理机制。构建建筑全生命期节能监管体系，加强对工程建设全过程执行节能标准的监管和稽查。建立规范的能效数据统计报告制度。

4. 发展建筑产业工人队伍

(1) 推动工人组织化和专业化。改革建筑用工制度，鼓励建筑业企业培养和吸收一定数量自有技术工人。改革建筑劳务用工组织形式，支持劳务班组成立木工、电工、砌筑、钢筋制作等以作业为主的专业企业。推行建筑劳务用工实名制管理，基本建立全国建筑工人管理服务信息平台。

(2) 健全技能培训和鉴定体系。建立政府引导、企业主导、社会参与的建筑工人岗前培训、岗位技能培训制度，积极开展工人岗位技能培训。倡导工匠精神，加大技能培训力度，发展一批建筑工人技能鉴定机构，试点开展建筑工人技能评价工作。

(3) 完善权益保障机制。全面落实建筑工人劳动合同制度，健全工资支付保障制度，搭建劳务费纠纷争议快速调解平台，引导有关企业和工人通过司法、仲裁等法律途径保障自身合法权益。

5. 深化建筑业“放管服”改革

(1) 完善建筑市场准入制度。坚持弱化企业资质、强化个人执业资格的改革方向，逐步构建资质许可、信用约束和经济制衡相结合的建筑市场准入制度。改革建设工程企业资质管理制度，加快修订企业资质标准和管理规定，简化企业资质类别和等级设置，减少不必要的资质认定。

(2) 推进建筑市场的统一开放。打破区域市场准入壁垒，取消各地区、各行业对企业设置的不合理准入条件。公平市场环境，健全建筑市场监管和执法体系，有效强化项目承建过程的事中、事后监管。

(3) 加快诚信体系建设。探索通过履约担保、工程款支付担保等经济、法律手段约束建设单位和承包单位履约行为。研究制定信用信息采集和分类管理标准，完善全国建筑市场监管公共服务平台，加快实现与全国信用信息共享平台和国家企业信用信息公示系统的数据共享交换。建立建筑市场主体黑名单制度，依法依规全面公开企业和个人信用记录，接受社会监督。

6. 提高工程质量安全水平

(1) 严格落实工程质量安全责任。全面落实各方主体的工程质量安全责任，强化建设单位的首要责任和勘察、设计、施工、监理单位的主体责任。严格执行工程质量终身责任书面承诺制、永久性标牌制、质量信息档案等制度。推进工程质量安全标准化管理,提高工程质量安全管理水平。

(2) 全面提高质量监管水平。完善工程质量法律法规和管理制度,健全企业负责、政府监管、社会监督的工程质量保障体系。强化政府对工程质量的监管,探索推行政府以购买服务的方式,加强工程质量检测机构管理,严厉打击出具虚假报告等行为。

(3) 强化建筑施工安全监管。健全完善建筑安全生产相关法律法规、管理制度和责任体系。加强建筑施工安全监督队伍建设,推进建筑施工安全监管规范化,全面加强监督执法工作。

(4) 推进工程建设标准化建设。构建层级清晰、配套衔接的新型工程建设标准体系。强化强制性标准、优化推荐性标准,加强建筑业与建筑材料标准对接。加强标准制定与技术创新融合,通过提升标准水平,促进工程质量安全和建筑节能水平提高。

7. 促进建筑业企业转型升级

(1) 深化企业产权制度改革。建立以国有资产保值增值为核心的国有建筑企业监管考核机制,放开企业的自主经营权、用人权和资源调配权,理顺并稳定分配关系。科学稳妥推进产权制度改革步伐,允许管理、技术、资本等要素参与收益分配,探索发展混合所有制经济的有效途径,完善国有企业法人治理结构,建立市场化的选人用人机制。引导民营建筑企业继续优化产权结构,建立稳定的骨干队伍及科学有效的股权激励机制。

(2) 增强企业自主创新能力。鼓励企业坚持自主创新,引导企业建立自主创新的工作机制和激励制度,鼓励企业加大科技投入,重点开发具有自主知识产权的核心技术及产品,形成完备的科研开发和技术运用体系。引导企业与工业企业、高等院校、科研单位进行战略合作,开展产学研联合攻关,重点解决影响行业发展的关键性技术。

8. 积极开拓国际市场

(1) 加大市场开拓力度。充分把握"一带一路"契机,发挥我国建筑业企业在高速铁路、公路、电力、港口、机场、油气长输管道、高层建筑等工程建设方面的比较优势,培育一批在融资、管理、人才、技术装备等方面核心竞争力强的大型骨干企业,加大市场拓展力度,提高国际市场份额,打造"中国建造"品牌。发挥融资建设优势,带动技术、设备、建筑材料出口,加快建筑业和相关产业"走出去"步伐。鼓励中央企业和地方企业合作,大型企业和中小型企业合作,共同有序开拓国际市场。引导企业有效利用当地资源拓展国际市场,实现更高程度的本土化运营。

(2) 提升风险防控能力。加强企业境外投资财务管理,防范境外投资财务风险。加强地区和国别的风险研究,定期发布重大国别风险评估报告,指导对外承包企业有效防范风险。完善国际承包工程信息发布平台,建立多部门协调的国际工程承包风险提示应急管理系统,提升企业风险防控能力。

(3) 加强政策支持。加大金融支持力度,综合发挥各类金融工具作用,重点支持对外经济合作中建筑领域的重大战略项目。完善与有关国家和地区在投资保护、税收、海关、人员往来、执业资格和标准互认等方面的合作机制,签署双边或多边合作备忘录,为企业"走出去"提供全方位的支持和保障。加强信息披露,为企业提供金融、建设信息、投资贸易、风险提示、劳务合作等综合性的对外承包服务。

2.6.3 未来我国建筑业发展方式的转变

从国家层面来讲，是要大力推进经济结构战略升级调整，更加注重提高自主创新能力、提高节能环保水平、提高经济整体素质和国际竞争力。对于建筑业，主要任务可以具体化为：提升建筑产品品质，实现传统产业与现代先进科学技术的紧密结合，提高建筑行业效益，减少二氧化碳排放，开拓国际承包市场，提高国际竞争力，简括为“提品质，融科技，增效益，减排放，拓市场”。

未来我国建筑业发展方式的转变

1. 以需求为导向，积极开拓市场

充足的市场空间、良好的市场环境是建筑业转变经济发展方式的必要条件。企业只有坚持不懈地关注国内外建设形势，研究建设产品需求结构、地域结构，发现并主动迎合新的市场需求，抓住机遇，创新自己的业务内容和模式，才能拥有市场。企业市场拓展途径有如下几个方面。

（1）前瞻性拓展。认识和确定未来需求旺盛的市场尽早介入，进行项目跟踪、技术储备、市场准入资格获取，业绩积累、内部外部资源整合等，以尽早形成生产能力，获取市场份额。

（2）综合性拓展。在市场存在需求、企业有能力的情况下，在现有业务的基础上，扩大承包范围或者延伸产业链，由单一业务向多项业务，由一个点向多个点、向一个面或者一个链，甚至点、面、链结合的拓展。

（3）跨地域拓展。扩大企业活动地域是拓展市场空间的有效手段。有条件的企业应当打破只在“家门口”活动的传统经营模式，适应不同地域建筑市场此消彼长的不平衡发展规律，面向国际国内两个市场，充分发挥企业经营优势。

（4）跨领域拓展。在企业经营过程中发现相关的市场需求和盈利机会，进行相关机械设备研发制造，发展设计——制造——装配的新型设计建造模式，参与金融、物流、信息、生物、文化等产业发展。

（5）创新性拓展。发现潜在市场需求，通过业务模式创新，形成新的服务产品。如发展融资建设类业务、勘察设计企业、施工企业、监理企业承接多种形式的项目管理业务，或者代理业主进行相关的专业咨询和管理工作等。

（6）品牌拓展。各种类型、专业的大、中、小企业，依靠优秀的质量、安全、技术、服务，形成良好的市场口碑，建设和维护好企业品牌，依靠品牌经营和开拓市场。

2. 优化管理手段，保障质量，创立品牌

建筑企业的管理水平是企业竞争力和品牌价值的重要组成部分。优秀建筑企业发展经验表明，先进的企业和项目管理成果可以独立创造价值。针对我国建筑业在企业和项目管理中存在的问题，企业和项目管理应当向着如下几个方向努力。

（1）标准化。总结形成适合企业自身特点、凝聚企业管理精华、充分采用国际先进管理方法、既具体适用又能贴近项目特点的企业管理手册，成为区别本企业与其他企业的显著标识。

（2）规范化。企业管理、业务流程、信息传递、事务处理都有制度、有规则，全体人员严格遵守规则，形成企业良好的工作秩序和人员的行为规范。

（3）精细化。在资金、成本、材料、设备、工期、人力调配等方面，对于信息流、物流，从时间、空间上进行更加细致的管理，落实管理职责，任务分配明确，完成任务到位，不留失控环节、领域、死角，是精细管理的主要内涵。

(4) 信息化。在企业管理、项目管理、专业事务管理工作中，积极采用先进的信息化手段，将不可能管理的事情变为可能，将复杂变简单，将低效变为高效，让现代信息技术帮助实现管理水平的跃升。

3. 发展高新技术，提升核心竞争能力

促进建筑业与先进的材料技术、制造技术、信息技术、节能技术的结合，将现代先进技术成果在建筑产品中整合运用并创新，使建筑业承载更多的技术含量，改善技术落后的面貌，增强产业竞争力是一个大有潜力和前景的领域，也是未来建筑业竞争力之根本。

扩展资料

装配式建筑

装配式建筑是用工业流水线的生产方式，将建筑物的部分或全部构件在工厂内进行预制，再运送到现场，将构件在工地通过可靠牢固的连接方式组装而建成的建筑。

1. 装配式建筑的发展历程

装配式建筑的发展在国外已有相当长的时间，西方发达国家的装配式混凝土结构建筑经过几十年甚至上百年的时间，已经发展到了相对成熟、完善的阶段。从现阶段的发展方向来看，国外的装配式建筑正在向主流、多元化的方向发展。

而在国内，虽说装配式建筑在现在还属于初级的发展阶段，但是发展速度也是非常迅速。我国的装配式建筑发展主要经历四个阶段：(1) 20 世纪 50—60 年代，属于开创阶段，在这个时期我国开始研究装配式混凝土建筑的设计施工技术，形成了一系列装配式混凝土建筑体系，较为典型的建筑体系有装配式单层工业厂房建筑体系、装配式多层框架建筑体系、装配式大板建筑体系等。1955 年在北京东郊百子湾兴建北京第一建筑构件厂。(2) 20 世纪 60—80 年代，属于发展阶段，20 世纪六七十年代借鉴国外经验和结合国情，引进了南斯拉夫的预应力板柱体系，即后张预应力装配式结构体系，进一步改进了标准化方法，在施工工艺、施工速度等方面都有一定的提高。20 世纪 80 年代提出了“三化一改”方针，即：设计标准化、构配件生产工厂化、施工机械化和墙体改造，出现了用大型砌块装配式大板、大模板现浇等住宅建造形式，但由于当时产品单调、造价偏高和一些关键技术问题未解决，建筑工业化综合效益不高。(3) 20 世纪 90 年代—2008 年，低潮阶段，装配式混凝土建筑发展停滞，现浇结构应用广泛。(4) 2008 年至今，发展、创新阶段。这时期，国内的大型房地产开发企业、总承包企业和预制构件生产企业也纷纷行动起来，加大建筑工业化投入。从全国来看，以新型预制混凝土装配式结构快速发展为代表的建筑工业化进入了新一轮的高速发展期。

2. 装配式建筑的特点

装配式建筑具有以下特点：① 设计多样化，可以根据住房要求进行设计；② 功能现代化，可以采用多种节能环保等新型材料；③ 制造工厂化，可以使得建筑构配件统一工厂化生产，一气呵成；④ 施工装配化，可以大大减少劳动力，减少材料浪费；⑤ 时间最优化，使施工周期明显加快。

3. 装配式建筑的前景

装配式建筑在现阶段前途一片光明，装配式建筑在自建房规划中占据相当的地位，对于那些自身发展以及需求个性化的房屋建设工程而言，由于装配式建筑本身技术的改善，在应用方面也是越来越广泛的。而且随着资源本身的保护程度以及对于环境质量的不断加强，可以准确地说装配式建筑的优势也会显现出来，并且成为大家所追求的方式。

4. 装配式建筑示范项目：南通市政务中心停车综合楼

项目概况：项目用地位于南通市政务中心北侧地块。总高度为 60.3 m（16 层）的停车综合楼：地下两层汽车库，地上一层为大厅、厨房、餐厅，二至七层为汽车库，八层西侧为会议中心。无外模板、无外脚手架、无现场砌筑、无抹灰的绿色施工，如图 2-24 所示。

图 2-24 南通市政务中心停车综合楼

预制装配技术：框架柱——预制混凝土框架柱（图 2-25）；

图 2-25 预制柱示意图

梁——预制混凝土叠合梁（图 2-26）；

楼板——预制非预应力混凝土空心叠合楼板（图 2-27）；

楼梯——预制混凝土楼梯梯板（图 2-28）；

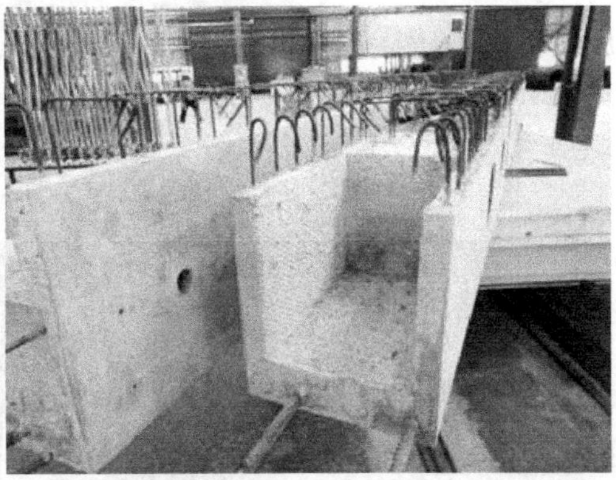

图 2-26 叠合梁示意图

图 2-27 叠合板示意图

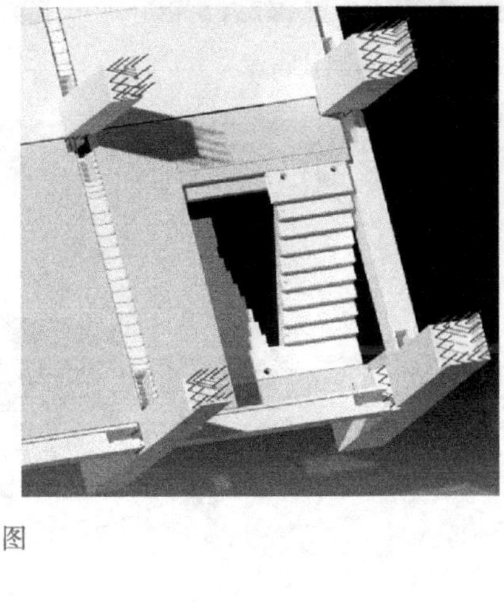

图 2-28 预制楼梯示意图

内墙——加气混凝土板材(ALC 板)(图 2-29)；

外墙——双层加气混凝土板材。

施工过程：如图 2-30～图 2-33 所示。

图 2-29　成品内墙板示意图

图 2-30　预制柱吊装

图 2-31　预制梁吊装

图 2-32　预制板吊装

图 2-33　预制楼梯吊装

学习单元3

走进高等职业教育

学习导引

高等职业教育是我国高等教育体系的重要组成部分，也是我国职业教育体系的重要组成部分。那么什么是高等职业教育？高等职业教育的专业如何划分？高等职业教育的人才培养目标是什么？高等职业教育的人才培养模式是什么？高等职业教育毕业生的就业去向又如何？本单元将介绍这些内容，以利大家更容易接受高等职业教育。

学习目标

了解什么是高等职业教育，高等职业教育的专业如何划分，高等职业教育的人才培养模式；掌握高等职业教育的人才培养目标，高等职业教育毕业生的就业去向。

3.1 什么是高等职业教育

从今天开始，同学们就要开始学习一系列专业方面的课程。在学习这些课程之前，我们有必要了解一下我国的教育体系。而我们所在的学校是属于高等职业学校，高等职业教育到底是什么样的定位也是我们非常关心的问题。

高等职业教育是我国高等教育体系的重要组成部分，也是我国职业教育体系的重要组成部分。接下来首先让我们一起来看一下什么是高等教育和职业教育。

3.1.1 几个相关概念

一、教育体系

教育体系[78]是指互相联系的各种教育机构的整体或教育大系统中的各种教育要素的有序组合。从大教育观的角度来分，教育体系有广义和狭义之分。狭义的教育体系也称教育结构体系，指各级各类教育构成的学制。广义的教育体系，除教育结构体系外，还包括人才预测体系、教育管理体系、师资培训体系、课程教材体系、教育科研体系、经费筹措体系等。这些体系相对于教育结构体系，称为服务体系。

图 3-1 所示为我国教育体系示意图。

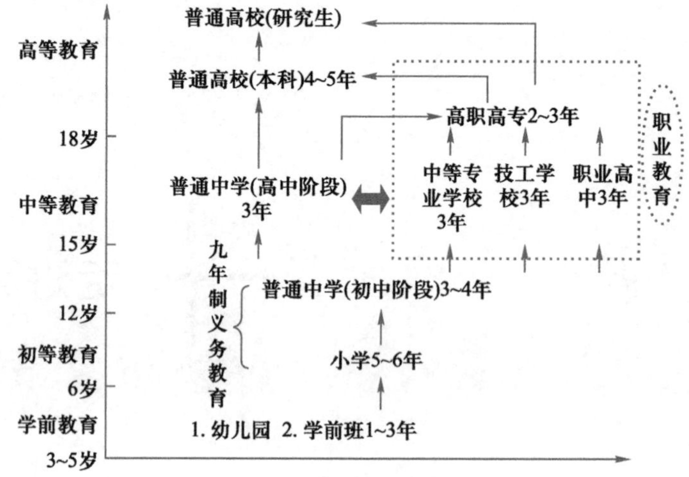

图 3-1　中国教育体系示意图

二、高等教育

“高等教育”的含义在不同的历史时期和不同的国家是不同的。例如，美国和日本把中学后的教育统称为高等教育；而在英国，中学毕业后学习某项专业技术，只能称作进一步教育，而不能算作高等教育，在 1963 年以前，英国的高等教育只是指大学（university）而言。这些概念上的区别恰恰反映了各个国家对高等教育的学术水平、学术地位的不同看法和要求。

在我国，教育体系按教育层次分为学前教育、初等教育、中等教育和高等教育（图 3-1）。可见，高等教育[79]是学制体系中的最高阶段，是在完全的中等教育基础上进行的各种层次、各种形式的专业教育的总称。图 3-2 所示为我国清华大学的清华园。

图 3-2　清华园

我国的高等教育体系从教育层次上分为专科教育、本科教育、研究生教育三个层次，其中研究生包括硕士研究生和博士研究生。从办学形式上分，有全日制的高等学校和部分时间制的高等学校（如业余大学、广播电视大学、函授大学等）。而从培养目标上来分，高等教育有培养学术型人才的教育、培养工程型人才的教育和培养技术应用型人才的教育三种不同的类型。

我国自 1981 年起实行学位制度。学位是标志被授予者的受教育程度和学术水平达到规定标准的学术称号。根据 1980 年 2 月 12 日第五届全国人民代表大会常务委员会第十三次会议通过的《中华人民共和国学位条例》，我国学位分学士、硕士、博士三级。图 3-3 所示为某学校的学士毕业典礼。

学士学位，由国务院授权高等学校授予，硕士学位、博士学位由国务院授予的高等学校和科研机构授予。高等学校本科毕业生，成绩优良，达到规定的学术水平者，授予学士学位；高等学校和科研机构的研究生，或具有研究生毕业同等学力的人员，通过硕士（博士）学位的课程考试和论文答辩，成绩合格，达到规定的学术水平者，授予硕士（博士）学位。对于国内外卓越的学者或著名的社会活动家，经学位授予单位提名，国务院学位委员会批准，可以授予名誉博士学位。图 3-4 所示为一些博士服式样。

图 3-3 学士毕业典礼

图 3-4 博士服

目前，我国对专科层次毕业生不实行学位制度。

需要澄清的是，不少人认为“博士后”是一种高于博士的学位，这是一种误解。“博士后”既不是一种学历，也不是一种学位，而是指获准进入博士后科研流动站从事科学研究工作的博士学位获得者。

三、职业教育

职业教育[80]是使受教育者获得某种职业或生产劳动所需要的职业知识、技能和职业道德的教育，即在普通教育的基础上，对国民经济各部门和社会发展所需要的劳动力进行有计划、有目的的培训和教育，使他们获得一定的专门劳动知识和劳动技能，从而达到就业或就业后提高的目的。简言之，职业教育就是给予学生从事某种生产、工作所需要的知识、技能、态度的教育。图 3-5 所示为职业教育的现场。

关于“职业教育”的叫法，各个国家不一样，我国在不同历史时期也有所不同。我国古代的学徒教育、专业技术教育和近代引进的实业教育（industrial education），现代英国的多科技术学校（polytechnics）教育、美国的社区教育（community college）、法国的短期技术教育、德国的“双元制”和高等专科学校教育等，从某种意义上讲都属于职业技术教育，因为它们都具有较强的实用性，旨在为地方经济建设培养应用型、实用型人才。

我国前几年也有“职业技术教育”和“职业教育”两种不同叫法。如 1985 年出台的《中共中央关于教育体制改革的决定》中使用的是“职业技术教育”的概念，而 1996 年颁布的《中华人民共和国职业教育法》中则采用了“职业教育”的概念。随着我国职业教育法的颁布和实施，在国务院及有关行政部门的正式文件中已用“职业教育”取代了“职业技术教育”，至此“职业教育”成为我国现阶段一种比较统一的说法。2019 年国务院发布的《国家职业教育

图 3-5 职业教育现场

改革实施方案》指出，职业教育与普通教育是两种不同教育类型，具有同等重要地位。

按联合国教科文组织《关于技术与职业教育的建设》的名词解释，培养技能型人才的教育一般称职业教育；培养技术型人才的教育称为技术教育，综合称为“技术与职业教育”(technical and vocational education，TVE)。我国现在通称为“职业教育”，但其内涵仍然包括技术教育和职业教育两类教育。“技术与职业教育”(TVE)的人才培养可以分为技术工人、技术员、工程师或工艺师三个层次。

一般来说，职业教育具有以下几个特点。

(1) 职业教育的培养目标是为了满足社会发展不同阶段、国民经济各部门对应用型人才的需求。就我国现阶段而言，强调培养生产、建设、管理、服务第一线的应用型人才。

(2) 职业教育的办学和管理模式不再是单纯的学校模式，主张企业、行业、社会和个人的广泛参与。

(3) 职业教育的教学强调基本理论以“必需、够用”为度，注重实践性应用能力的培养。

3.1.2 高等职业教育的定义

高等职业教育，简称高职教育或高职，是一个“中国特色”的概念，其他国家是很少使用这一名词的。

那什么是高等职业教育？简单地讲，高等职业教育[81]既是高等教育也是职业教育的重要组成部分，是以培养具有一定理论知识和较强实践能力，面向生产、建设、管理、服务第一线职业岗位的实用型、技能型专门人才的教育类型，是职业教育的高等阶段。图 3-6 所示为高等职业教育的实训现场。

图 3-6 实训现场

高等职业教育是高等教育的组成部分，就要求在人才培养模式中必须为学生构建与高等教育相适应的知识、能力和素质。高等职业教育是职业教育的组成部分，就要求必须针对职业岗位所必需的技能构建学生的知识、能力和素质结构，并通过创新实现结构的方式来实现人才培养的目标。

3.1.3 高等职业教育的基本属性

1. 高等职业教育属于高等教育

《中华人民共和国职业教育法》规定，“职业学校教育分为初等、中等、高等职业学校教育……高等职业学校教育根据需要和条件由高等职业学校实施，或者由普通高等学校实施”。《中华人民共和国高等教育法》指出，“本法所称高等学校是指大学、独立设置的学院和高等专科学校。其中包括高等职业学校和成人高等学校。”《中共中央 国务院关于深化教育改革全面推进素质教育的决定》更明确指出，“高等职业教育是高等教育的重要组成部分。”由此可见，高等职业教育在层次上属于高等教育是无疑的。

2. 高等职业教育属于职业教育

在教育的性质上，高等职业教育属于专业教育，是按照社会对各种专业人才的需要设置专业，按学科的理论、技术体系，进行专门人才的培养，这一点和普通教育（如高中）有根本区别。中学教育属于普通基础教育，主要任务是向学生传授全面的科学文化知识，培养和开发学生的智能。通过高考进行学生分流，确立学生今后的发展方向。专业教育是在学生基本掌握了较全面的科学文化基础知识的基础上，进行某个方面的专业知识和专业技能的教育，为社会培养优秀高级人才，其教学的内容具有明显的专业目的性，体现出专与深相一致的特点，并且和各专业发展的前沿相接近。图 3-7 所示为职业教育现场。

诚然，普通高等教育也是专业教育，但二者培养的人才类型是不同的。“高等职业教育以培养技术应用型人才为己任，并以此为根据成为一种高等教育类型而存在[①]。”

根据 1994 年全国教育工作会议精神，将我国高等教育明确划分为以实施学术和工程教育为主的普通高等教育和以实施技术教育为主的高职教育两大类型。也就是说，学术型、工程型人才由普通高等教育来培养，而技术型、技能型人才则由职业教育来培养，其中

① 杨金土：“力求科学地认识高等职业教育——在全国高职高专人才培养工作委员会会议上的发言”，2000 年 1 月 28 日，深圳。

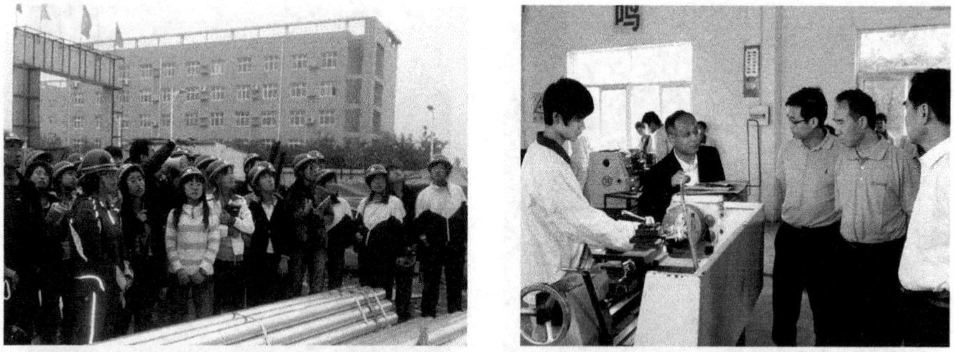

图 3-7 职业教育

的技术型、高级技能型人才一般由高等职业教育来培养。因此,高等职业教育类型上属于技术应用型教育,而不是工程型教育,更不是学术型教育。

从"国际教育标准分类"(简称 ISCED)分析,5B 级课程与具体职业衔接,主要目的是让学生获得从事某类职业或行业所需的实际技能和知识,完成 5B 级课程的学生一般具备进入劳务市场所需的资格或能力。可见,我国的"高等职业教育",在层次、类型、目标、课程等方面都与 ISCED 5B 具有相似的特征。因此,目前大多数研究者将 ISCED 1997 中的 5B 级课程与我国专科层次的高职教育相对应。

3. 高等职业教育是类型教育

高等职业教育起步之初是作为一种层次(即专科)教育出现的。2006 年 12 月 28 日教育部《关于全面提高高等职业教育教学质量的若干意见》(教高〔2006〕16 号)中指出:"高等职业教育作为高等教育发展中的一个类型,肩负着培养面向生产、建设、服务和管理第一线需要的高技能人才的使命,在我国加快推进社会主义现代化建设进程中具有不可替代的作用"。这是国家第一次在正式文件中明确高职教育是一种类型。

高等职业教育为一种类型,意味着高职教育不仅仅只有专科层次,将来还会有本科、硕士、博士。事实上,我国目前实行的专业学位[①]就是具有职业背景的一种学位,一些应用型本科也具有显著的职业教育色彩。

2002 年《国务院关于大力推进职业教育改革和发展的决定》、2005 年《国务院关于大力发展职业教育的决定》、2010 年《国家中长期教育改革和发展规划纲要(2010—2020 年)》中又明确提出了建立现代职业教育体系的概念。其中,《国家中长期教育改革和发展规划纲要(2010—2020 年)》提出:大力发展职业教育,增强职业教育吸引力,到 2020 年,形成适应经济发展方式转变和产业结构调整要求、体现终身教育理念、中等和高等职业教育协调发展的现代职业教育体系。

什么是"现代职业教育体系"?教育部副部长鲁昕在 2011 年度职业教育与成人教育工

① 在我国的学位制度中把学位分为学术学位和专业学位两大类。学术学位是在人文学科与自然科学领域里所授学位的统称,如法学学位、文学学位、理学学位、工学学位、管理学学位等,它是重于理论和学术研究方面的一种学位。专业学位是在专业领域所授学位的统称,如法律硕士、教育硕士、工商管理硕士等,获得这种学位的人,主要不是从事学术研究,而是有明显的某种特定的职业背景,如律师、教师、工程师、医师等,因此,在教学方法、教学内容、授予学位的标准和要求等方面均与学术学位有所不同。到 2011 年 3 月,我国硕士专业学位达到 39 种,博士专业学位达到 5 种,基本覆盖了国民经济和社会发展的主干领域。学士专业学位目前有建筑学学士。

作会议上的讲话中指出：所谓“现代职业教育体系”，就是要适应经济发展方式转变、产业结构调整和社会发展要求，加快建立体现终身教育理念，中等和高等职业教育协调发展的职业教育体系。在这样的体系内，各类教育要科学定位、科学分工和科学布局，切实增强人才培养的针对性、系统性和多样化。发挥中等职业学校的基础作用，重点培养技能型人才；发挥高等职业学校的引领作用，重点培养高端技能型人才；探索本科层次职业教育人才培养途径，重点培养复合应用型人才；探索高端技能型专业学位研究生的培养制度，系统提升职业教育服务经济社会发展的能力和支撑国家产业竞争力的能力。

4. 高等职业教育属于终身教育

国际21世纪教育委员会在题为《教育——财富蕴藏其中》的报告中指出：所谓终身教育，是指与生命有共同外延并已扩展到社会各个方面的一种连续性教育。因此，任何层次、任何类型的教育都只是终身教育的一个部分。但由于高等职业教育的特殊性，在终身教育体系的构建中，高等职业教育具有非常重要的地位和作用。一是高等职业教育在职前教育和学历教育中，对全面提高学生素质，特别是专业素质，教会学生如何学习，培养学生可持续发展的能力具有直接的、长期的影响。二是高等职业教育可以从单纯的职前教育向职后教育培训延伸，在劳动者的在岗培训、转岗培训中发挥作用。三是高等职业教育可以由学历教育扩展到非学历教育，为各类人才的继续教育作贡献，从而最终将终结教育推进到终身教育。图3-8所示为终身教育的相关图片。

图3-8 终身教育

3.1.4 高等职业教育的基本特征

高等职业教育具有“高等”“职业”教育的双重属性。高等职业教育属于职业教育类型，在职业教育类型中又是高层次的职业教育。因此，高等职业教育具有相对独立的基本特征。

关于高等职业教育的基本特征，有许多学者提出了不同见解，但在若干主要方面的认识已日益趋同。主要可以概括为以下几个方面：

(1) 以培养适应生产、建设、服务第一线需要的高端技能型人才为根本任务。

(2) 以社会需求为目标、技术应用能力的培养为主线设计教学体系和培养方案。

(3) 以“应用”为主旨和特征构建课程和教学内容体系，基础理论教学以应用为目的，以“必需、够用”为度；专业课加强针对性和实用性。

(4) 实践教学的主要目的是培养学生的技术应用能力，应在教学计划中占有较大比例。

(5) 双师型师资队伍的建设是高职教育成功的关键。

(6) 产学结合、校企合作是培养人才的基本途径。

也有学者将高等职业教育的基本特征概述为：

(1) 职业教育。高等职业教育是按职业所需要的技术能力以及职业素质对受教育者所进行的教育，立足于培养面向生产、建设、管理和服务的第一线技术型应用型人才。

(2) 实践教育。高等职业教育培养受教育者的实践知识、实践技能和实践能力，强调受教育者的实际动手和操作能力。

(3) 创新教育。高等职业教育培养受教育者的创新思维、创新技能、创新品质和创新能力。

(4) 素质教育。高等职业教育是培养与社会经济发展、市场需求紧密联系的具有创新素质、创新能力和实践能力的高素质人才的教育。

(5) 终身教育。高等职业教育是对受教育者所进行的从业前和从业后的教育，它是阶段性职业教育的延续和发展，包括继续教育和自我教育两层含义，强调要终身就业，须终身接受在科学技术不断发展的客观形势需要的、持续性的职业教育。

应该说，上述两种观点，只是从不同角度对高等职业教育的基本特征所做的表述。

3.2 高等职业教育的人才培养目标

高等职业教育是一种就业教育，它是一类以突出技能培养为特色的教育。因此，高等职业教育不能单纯追求学科的完整性和系统性，而是应该按照岗位能力的要求，将教学体系分为理论教学和实践教学。高等职业教育培育出的毕业生应该重点掌握本专业领域实际工作的基本能力和专业能力。那除了这些我们还需要掌握哪些东西呢？高等职业教育具体的人才培养目标又是什么呢？

高等学校里任何一个专业的培养目标，就是这个专业教育活动的基本出发点和归宿，也是高等学校所培养人才在毕业时预期的素质特征。高职土建施工类专业人才的培养是分不同专业实施的，不同专业人才培养目标存在着差别，但作为同一类型、同一层次的专业人才在培养目标上具有一些共同的基本要求。

3.2.1 培养目标的概念

高等学校里任何一个专业的培养目标[82]，就是这个专业教育活动的基本出发点和归宿，也是高等学校所培养的人才在毕业时预期的素质特征。

人才培养目标主要是解决把受教育者培养成什么样的人的问题，是教育目的的具体化，是在教育目的的基础上制定出来的，使各类专业人才的培养有更明确具体的努力方向。

确定培养目标，就是预先确定要将受教育者培养成什么样的人，这种人是否适应社会的需要；其次是明确人才培养的质量和规格。大学生在学习过程中要按照这个目标接受教育，进行学习，在思想、知识、技能、能力、体魄等各方面严格要求自己。毕业时，用人单位将根据这个目标评价和选择每个毕业生；学生自己则要按照这个目标进行自我评价，选择适合自己发展的工作岗位。

3.2.2 高职教育的人才培养目标

一、高职教育人才培养目标探索时期

1978年改革开放以来，我国高职教育人才培养目标经历了20年的探索时间，根据人才培养目标的定位和社会生产力的发展水平，可划分探索前期（1978—1988年）和探索后期（1989—1998年）。

1. 以“基础性技术应用型”为特点的人才培养探索前期（1978—1988年）

20世纪80年代，高等职业教育人才培养目标定义为技术员、工艺性人才、专业技术人才。国家将1978—1988年的高职人才培养目标定位为技术型和应用型人才，目的在于培养符合工业生产线和生产车间需要的各类基础性应用型技术人员。1982年教育部《中国短期职业大学和电视大学发展项目报告》中指出，职业大学的人才培养目标是培养满足“地方需要”的技术员，由于职业大学在当时承担了相当一部分高等职业教育的任务，表明高等职业教育在诞生之初就将目标定位放在技术型人才培养上。

2. 以“高级性技术技能型”为特点的人才培养探索后期（1989—1998年）

20世纪90年代，高等职业教育人才培养目标定义为高级性、技术型、技能型。1991年10月国务院出台的《关于大力发展职业技术教育的决定》（国发〔1991〕55号）提出，高等职业教育要“为地方经济建设和社会发展培养高级实用技术、管理人才”。1995年，全国高等职业技术教育研讨会对高职教育培养目标的表述为：“高等职业技术教育是属于高中阶段教育基础上进行的一类专业教育，是职业技术教育体系中的高层次，培养目标是在生产服务第一线工作的高层次实用人才。这类人才的主要作用是将已成熟的技术和管理规范变成现实的生产和服务，在生产第一线从事管理和运作工作。这类人才一般称之为高级职业技术人才。”在这里，高职教育人才培养目标表述为“高级职业技术人才”。1996年6月的第三次全国职业教育工作会议上，时任国家教委主任的朱开轩提出，“高等职业教育主要培养高中后接受两年左右学校教育的实用型、技能型人才”。

二、高职教育人才培养目标成型时期（1999—2003年）

步入21世纪，高等职业教育人才培养目标除了基本技术技能标准外，还提出了系列化、国际化的健康要求、道德要求及较为宽泛的素质结构。因为此时我国经济、科技、商贸等领域同世界市场不断接轨，高职院校仅注重高层次技术技能的人才培养已不能适应国际社会的需要。1999年，国务院批转了教育部《面向21世纪教育振兴行动计划》（国发〔1999〕4号），提出“高等职业教育必须面向地区经济建设和社会发展，适应就业市场的实际需要，培养生产、服务、管理第一线需要的实用人才”。2000年，教育部在《关于加强高职高专教育人才培养工作的意见》中明确指出，高职高专教育培养“拥护党的基本路线，适应生产、建设、管理、服务第一线需要的，德、智、体、美等全面发展的高等技术应用性专门人才”。在这里，高职教育人才培养目标表述为“高等技术应用性专门人才”。

三、高职教育人才培养目标完善时期

1. 以“高技能”为特点的人才培养完善初期（2003—2007年）

2003年开始，高等职业教育人才培养目标定义为技能型人才，其中又细分为高技能、高端技能、高素质技能、复合技能、知识技能等。由原先的技能培养突出为高技能培养。人才培养水平上的提升并不意味着其类型上可以减少，从“技能型”向“高级技能型”转变，实现

了水平上的提升,从“高级技术技能型”向“高级技能型”转变,出现了类型上的减少。

2004年国务院印发的《2003—2007年教育振兴行动计划》(国发〔2004〕5号)中提出:高等职业教育要“大量培养高素质的技能型人才特别是高技能人才”。同年印发的《教育部关于以就业为导向深化高等职业教育改革的若干意见》指出:高等职业院校要坚持培养面向生产、建设、管理、服务第一线需要的,实践能力强、具有良好职业道德的高技能人才。

2006年,教育部在《关于全面提高高等职业教育教学质量的若干意见》(教高〔2006〕16号):高等职业教育作为高等教育发展中的一个类型,肩负着培养面向生产、建设、服务和管理第一线需要的高技能人才的使命,在我国加快推进社会主义现代化建设进程中具有不可替代的作用。在此,高职教育人才培养目标表述为“高技能人才”。

2. 以“技术技能型人才”为特点的人才培养回归期(2007年至今)

2012年6月教育部在“十二五”规划中将高职人才培养目标重新定位为“技术技能型”,这么做,不仅完善了初期的“高级技能人才”培养目标,而且也对高职教育人才培养目标的定位进行了回归。

2011年9月,教育部在《关于推进高等职业教育改革创新引领职业教育科学发展的若干意见》(教职成〔2011〕12号)中指出:高等职业教育具有高等教育和职业教育双重属性,以培养生产、建设、服务、管理第一线的高端技能型专门人才为主要任务。在此,高职教育人才培养目标表述为“高端技能型专门人才”。

2012年《国家教育事业发展第十二个五年规划》指出“高等职业教育重点培养产业转型升级和企业技术创新需要的发展型、复合型和创新型的技术技能人才。”2014年《国务院关于加快发展现代职业教育的决定》(国发〔2014〕19号)提出“培养服务区域发展的技术技能人才”等。

3.3 高等职业教育的人才培养模式

高等教育有四项职能:培养人才、科学研究、社会服务、文化传承与创新。对于大多数高校来说培养人才是首要的和主要的职能。高等教育在人才培养上可以归结为两大方面的问题:“培养什么样的人”和“怎么样培养”,即人才培养模式问题。在高等职业学院有一种很重要的人才培养模式——工学结合人才培养模式,这个模式有哪些具体要求?常见的培养模式又有哪些?本节我们将讨论这些问题。

3.3.1 人才培养模式的概念

“人才培养模式”是近年来教育实践领域频繁使用的词语。近年来,在各类学术刊物上以“培养模式”为题目的论文多达数百篇,由国家和各省市教育行政主管部门批准立项的各类研究课题也有很多,甚至还有一些研究学者出版了一些关于人才培养模式研究的著作。在众多的论著中,对于“人才培养模式”的概念界定可谓见仁见智。

教育部在1998年下发的《关于深化教学改革培养适应二十一世纪需要的高质量人才的意见》中,将人才培养模式表述为“学校为学生构建的知识、能力、素质结构,以及实现这种结构的方式,它从根本上规定了人才培养特征并集中地体现了教育思想和教育观念。”在这里,我们将“人才培养模式”界定为:在一定的现代教育理论、教育思想指导下,按照特定的培养目标和人才规格，以相对稳定的教学内容和课程体系，管理制度和评估方式，实施人才教育的过程的总和。它具体可以包括四层含义：

(1) 培养目标和规格。

(2) 为实现一定的培养目标和规格的整个教育过程。

(3) 为实现这一过程的一整套管理和评估制度。

(4) 与之相匹配的科学的教学方式、方法和手段。

3.3.2 工学结合人才培养模式

目前高等职业教育培养的毕业生与企业需求的矛盾日益突出，其主要原因是高职院校的教育与企业生产实际脱节，如何解决二者之间的矛盾，探索适应经济社会快速发展的职业教育发展道路，已经成为当前高等职业教育改革与发展的突出问题。在此形势下，工学结合在高等教育和职业教育领域越来越受到重视。从 1991 年 10 月 17 日国务院《关于大力发展职业技术教育的决定》最早提出“产教结合、工学结合”，到 2005 年 10 月 28 日《国务院关于大力发展职业教育的决定》，再次强调提出要改变以学校和课堂为中心的人才培养模式，大力推行工学结合、半工半读制度。工学结合人才培养模式改革是我国高等职业教育的发展重点由规模扩张向内涵建设转变的历史时期所作出的重要选择，是高等职业教育作为高等教育一个类型的规律性的组成部分，是各高等职业院校，尤其是各国家示范性高等职业院校今后相当长时间内的主要建设内容。图 3-9 为工学结合人才培养模式的相关图片。

图 3-9 工学结合人才培养模式的实施

一、工学结合的含义

工学结合是一种利用学校和企业的教育资源和环境，发挥学校和企业在人才培养方面的优势，将以理论知识讲授为主的学校教育与直接获取实际经验和技能为主的生产现场实训有机结合起来，使学生适应“在学中做、在做中学”的人才培养模式。这种模式中学习的内容是工作，通过工作实现学习。这里的工与学是相关联的，“工”是手段，“学”是目的。这种模式既具有国际职业教育的普遍规律，又具有中国职教特色。工学结合不仅是一种人才培养模式，更是高职教育赖以安身立命的生存方式。在人才培养的全过程中，它以培养学生的全面职业素质、技术应用能力和就业竞争力为主线，充分利用学校和企业两种不同的教育环境和教育资源，通过学校和合作企业双向介入，将在校的理论学习、基本技能训练与在企业实际工作经历的学习有机结合起来，为生产、服务第一线培养实务运作人才。

工学结合人才培养模式的特点是：学生在校期间不仅学习理论知识，而且参加企业的生产工作，是在真实的企业环境条件下学生作为社会从业人员参与企业实际生产。真实的企业环境应当保证具有固定的工作场所、稳定的生产任务和一致的产品规格。学生的工作作为学校专业培养计划的一部分。除了接受企业的常规管理外，学校有严格的过程管理和考核标准，并给予相应学分。

二、工学结合在职业教育中的作用

近年来，由于招生、就业、观念等方面的原因，高等职业教育的发展受到一定的制约。而与此同时，社会对高等职业技术人才的需求却不断攀升。这些问题一方面体现在毕业生找不到合适的工作，另一方面企业又招不到优秀的高素质技能人才。这一现状严重制约了我国经济和社会发展的速度与水平。出现这一现象的主要原因是学校教育与社会需求二者脱节，高等职业技术学院毕业的学生不能满足企业的要求。只有采取以就业为导向的工学结合人才培养模式，才能从根本上解决学校教育与社会需求脱节的问题，缩小学校和社会对人才培养需求之间的差距，增强学生就业竞争力。工学结合在高等职业教育中的作用主要如下：

（1）有利于加强专业建设和教学改革。这种人才培养模式要求企业参与学校的专业设置与人才培养方案制定和实施的全过程，因此有利于学校紧盯经济发展走向，紧跟行业发展需求，以就业为导向，进行专业结构和课程结构的调整和改革，使人才培养方案、教学计划及课程体系更贴近企业，贴近社会，贴近就业岗位。

（2）有利于全面提高学生的职业能力和综合素质。职业教育注重培养学生的职业能力。这种人才培养模式通过课堂学习和实际工作相结合，使学生既增加了理论知识，又锻炼了实际操作能力，有利于学生职业能力的培养。同时学生直接参加企业的生产和管理，有利于培养学生良好的综合素质，这主要包括工作态度、职业道德和企业责任。

（3）有利于学生增强就业竞争力，拓宽就业渠道。在这种人才培养模式中，企业全程参与了人才培养的全过程，因此，学生的知识结构和职业能力更加符合企业的要求，这样的毕业生更加容易受到企业的欢迎。同时如果学生在企业实习期间，了解并认同了企业，愿意到该企业工作，作为企业通常非常乐意接收在其单位实习的毕业生。

（4）有利于缓解家庭困难学生的经济负担。工学结合中，学生在企业顶岗实习，直接为企业生产产品，创造经济效益，企业为学生支付相应的报酬作为实习补贴，又可以缓解家庭困难学生的经济负担。

3.3.3 发达国家职业教育典型人才培养模式

在发达国家，职业教育已经出现了很多年，发达国家在多年的实践当中积累了丰富的办学经验，也创建了多种有效的人才培养模式，下面给同学们介绍几种主要的人才培养模式。

一、德国的“双元制”模式

德国产品以质量可靠而闻名，这主要是因为他们拥有一支高素质、高技术的生产一线员工队伍，“双元制”职业教育模式在这样一支队伍的建立中起到了重要作用。

“双元制”(dualsystem)模式是一种国家立法支持、校企合作共建的办学制度，同时也是学生在企业接受实践技能培训与在学校学习理论知识相结合的一种职业教育模式。“双元制”

其中一元是指主要传授与职业有关的专业知识的职业学校；另一元是指能够让学生接受职业技能方面专业培训的企业或公共事业单位等校外实训场所。图 3-10 所示为双元制模式。

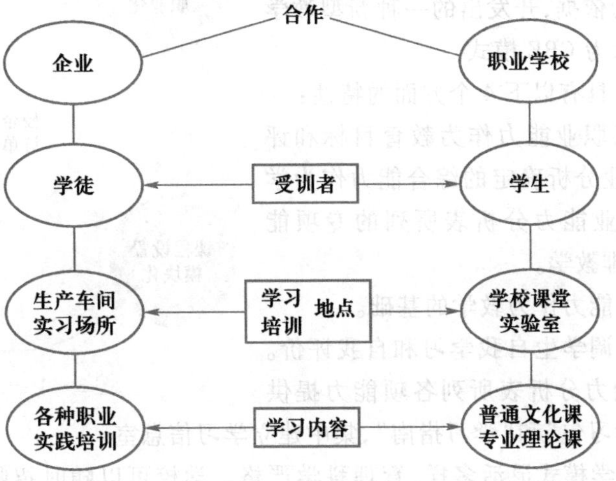

图 3-10 双元制模式

“双元制”模式是学校与企业分工协作，其中以企业为主，理论与实践紧密结合，以实践为主的一种职教模式。学员一般每周在企业里接受 3~4 天的实践教育，在学校里接受 1~2 天的理论教育。职业学校的教学任务主要是通过传授专业理论知识来辅导和提高学员在企业中的实践培训，加深和补充普通教育的功能，其中大约有 60% 是专业课程，40% 是普通教育课程。

“双元制”模式的“双元”特性主要表现在以下 6 个方面：

(1) 职业培训是在两个完全不同的机构（企业和职业学校）中进行的，并以企业培训为主。

(2) 企业的职业培训由行业协会负责监督与管理，它受职业教育法约束；职业学校的组织、管理则由各州负责，其法律基础是各州的学校法或职业义务教育法。

(3) 学员有双重身份。一方面是企业的学徒；另一方面，也是学校的学生。

(4) 教学文件由两部分组成。企业按照培训规章及培训大纲对学员进行实践技能的培训；职业学校遵循教学大纲、计划传授给学生文化素养及理论知识。

(5) 培训者由培训师傅和职业学校教师担任。

(6) 职业教育经费来源于两个渠道。企业及跨企业的培训费用大部分由企业承担，职业学校的费用则由国家及州或地方政府负担。

“双元制”实质上是向年轻人提供职业培训，从而使其掌握职业能力，这种职业能力既包括业务能力，也包括社会能力等方面的内容，而不是简单地提供岗位培训，有利于培养出既懂理论又有动手能力的生产和管理人员。

二、加拿大的“CBE”模式

“CBE”模式产生于第二次世界大战后，当时该模式在北美、加拿大、澳大利亚等发达国家和地区应用广泛。20 世纪 90 年代该模式逐步得以推广，目前约有 30 多个国家和地区正在学习和运用这种教学模式。

CBE（competency-based education）的意思为“以能力培养为中心的教育教学体系”。该教学模式是美国休斯敦大学以著名心理学家布鲁姆的“掌握性学习”和“反馈教学原则”以及“目标分类理论”为依据，开发出的一种新型教学模式。图3-11所示为 CBE 模式。

CBE 教学模式具有以下 4 个方面的特性：

（1）该模式以职业能力作为教育目标和评价标准；以通过职业分析确定的综合能力作为学习的内容；根据职业能力分析表所列的专项能力，从易到难地安排教学。

（2）该模式以能力作为教学的基础。

（3）该模式强调学生自我学习和自我评价。教师负责按职业能力分析表所列各项能力提供学习资源，编出“学习包”和“学习指南”，集中建立学习信息室。

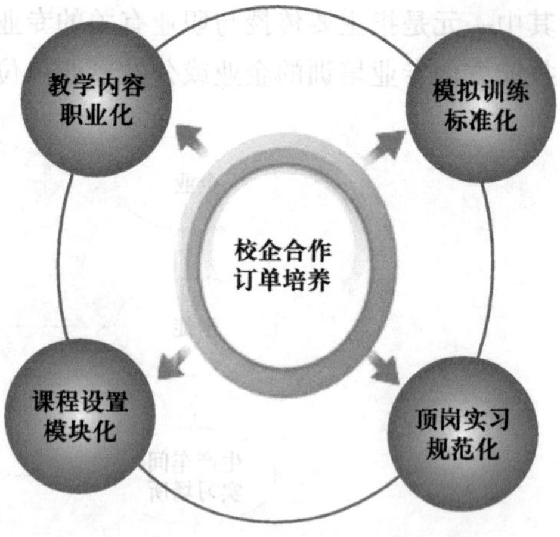

图 3-11 CBE 模式

（4）该模式办学模式灵活多样，管理科学严格。学校可以随时招收不同程度的学生，学生可以按自己的情况决定学习方式和时间，并且学生所学习的课程可以长短不一。

三、澳大利亚的 TAFE 模式

TAFE 模式是为各种行业培养和培训技术工人、技术人员和管理人员的一种职业教育体系。澳大利亚是积极应用 TAFE 模式的国家，并取得了显著的成效。图 3-12 为新南威尔士州课程开发系统系统图。

TAFE 是“技术与继续教育”（technical and further education）的简称，它是一个由澳大利亚政府直接经营和管理，提供全国性的职业技术教育和培训的教育体系。该体系在澳大利亚全国范围内得到认可并互通，由它颁发的学位证书被澳大利亚各大学所认可，文凭是全国通用的。TAFE 的学制一般为 2~3 年，绝大多数学校向毕业生颁发专科文凭，少部分学校的程度低于专科水平。取得专科文凭的 TAFE 毕业生如进入大学继续深造，一般的大学承认其在 TAFE 中取得的部分学分。

TAFE 教育模式具有以下两方面的特征：

（1）TAFE 模式的国家职业教育培训包。由两部分组成：第一部分为各种得到认可的能力标准、评估指南和资格证书；第二部分为学习策略、评估材料和专业建设材料等辅助材料。TAFE 课程开发的依据就是职业教育培训包，教学大纲以能力标准为基础。

（2）TAFE 模式的能力认可制度。主要包括：课程的认可；在一般培训课程与已认可课程之间的学分转移；培训主办者的注册登记；原有学习成果的认可以及能力评价等。

能力认可制度中最为重要的内容是目前西方正流行的 APL（accreditation of prior learning）或 RPL（recognition of prior learning）机制。能力本位评价的 APL/RPL 机制的一个突出特征就是主张学习者原来的学习经历经考核后予以认可。在 TAFE 教学大纲中，对 APL/RPL 明确规定：学员需要提供具备课程教学目标所要求获得的知识和技能的证明，包括正规培训和教育、工作经验和生活经历。职业教育体系灵活性的另一要求是认可学员的工作经验，并给予它们与学校正规课程同等的地位。在职业教育中引入 APL/RPL 机制，不仅可以缩短培训时间，减少学员和培训机构的培训费用，提高培训效率，而且有利于增强学员的学习动机，使职业教育具备更高的灵活性。

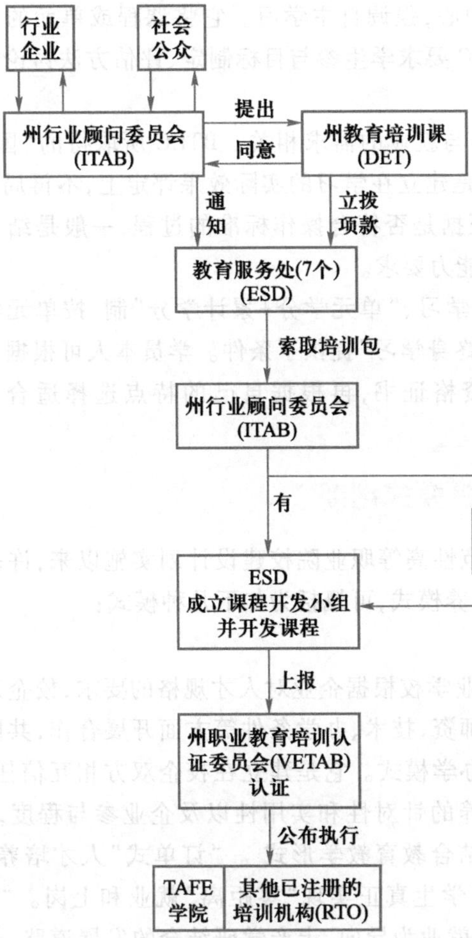

图 3-12 新南威尔士州课程开发系统系统图①

四、英国的 BTEC 模式

目前全世界共有 100 多个国家、5 700 多个中心在实施 BTEC 成功的课程教学和培训模式。BTEC 成立于 1996 年，是英国首要的资格开发和颁证机构，在中等、高等职业教育和人才培训方面居于世界领先地位，在关键技能教育的拓展方面有着卓越的表现和权威性。图 3-13 所示为 BTEC 教学采用的模式。

BTEC 教育项目是以“能力本位”为基础，以“终身学习”职教新观念为其指导思想的职教课程模式，它由一套完整的职业教育证书体系、课程体系、教学体系和评估体系组成。其中，最为突出的特征表现在以下几个方面：

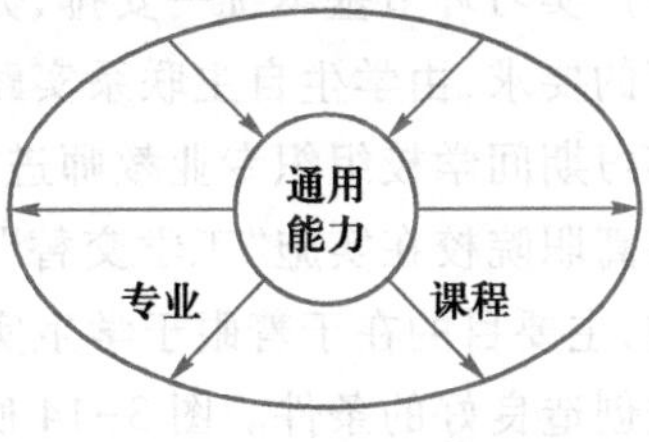

图 3-13 BTEC 教学采用的模式

(1) 以能力为本位，注重关键能力的培养。BTEC 项目所对应的“国家职业资格”证书，是一种以能力为基础的资格认定，是一项“能力说明”。

(2) 在教学组织形式方面，BTEC 项目最为突出的两个特点分别是以学生为中心和小

① 资料来源：郑晓青.《澳大利亚职业教育教学特色及借鉴》.《辽宁高职学报》，2003(1).

组工作。BTEC 教学过程以学生为中心,强调自主学习。它将课程或单元的所有权授予学生,使学生对自己的学习负责。BTEC 要求学生参与目标制定、评估方法讨论和制定以及评估过程。

(3) 在教学评估方面,评估标准与就业的需求相关。BTEC 所取得的“国家职业资格”与传统证书最大的不同之处在于它是建立在学习的实际效果评定上,不再局限于书面的纸笔测验,而是一个搜集证据并判断证据是否符合操作标准的过程,一般是结合多重评定方式来证明个人是否足以达到职业的能力要求。

另外,BTEC 项目还具有开放式学习、“单元学分+累计学分”制、按单元学习和评估以及学分可累积等特点,这些特点为“终身学习”提供了条件。学员本人可根据自己的就业或职业发展的需要选择相应的职业资格证书,再根据自己的特点选择适合自己的“学习机会”。

3.3.4 我国职业教育人才培养模式创新

近年来,特别是 2006 年国家示范性高等职业院校建设计划实施以来,许多高职院校积极探索校企合作、工学结合的人才培养模式,可概括为如下几种模式:

一、“订单式”人才培养模式

“订单式”人才培养模式是指职业学校根据企业对人才规格的要求,校企双方共同制定人才培养方案,签订用人合同,并在师资、技术、办学条件等方面开展合作,共同完成人才培养和就业等一系列教育教学活动的办学模式。它是建立在校企双方相互信任、紧密合作的基础上,以就业为导向,提高人才培养的针对性和实用性以及企业参与程度,实现学校、用人单位与学生三方共赢的一种工学结合教育教学形式 。“订单式”人才培养模式,既使用人单位充分地考查了学生,又促进了学生真正实现“零距离”就业和上岗。“订单式”人才培养模式对于坚持以服务为宗旨、以就业为导向、走产学研结合的发展道路,全面提升高等职业院校的办学水平,不断提高其服务经济社会发展的能力,有非常重要的现实意义。

二、“工学交替”人才培养模式

工学交替模式就是指把学生整个学习过程划分为在校学习和在企业工作交替进行的两部分教育形式。工学交替模式是在不突破现有学制的前提下,进行学习与工作实践的交替循环,不影响正常的教学计划和课堂学习,而且也能使学生的工作实践顺利进行。同时生产实习环节基本统一安排,分散进行,双向选择,灵活多样。主要是按照每个生产实践环节的要求,由学生自主联系实践单位,只要能满足工学结合教育教学的要求即可,学生生产实习期间学校组织专业教师进行巡查,与合作单位进行沟通,了解学生生产实习情况。许多高职院校在实施“工学交替”人才培养模式时是将顶岗实习时间主要安排在二年级完成的,主要目的在于着眼于学生实践能力和职业技能的提高,为学生将来找到更好的就业岗位创造良好的条件。图 3-14 所示为“工学交替”人才培养模式示意图。

三、现代学徒制人才培养模式

现代学徒制是通过学校、企业深度合作,教师、师傅联合传授,对学生以技能培养为主的现代人才培养模式。与传统的人才培养模式和以往的订单班、冠名班的人才培养模式不同,现代学徒制更加注重技能的传承,它以校企合作为基础,以学生(学徒)的培养为核心,由校企共同主导人才培养,设立规范化的企业课程标准、考核方案等。学生培养由传统的

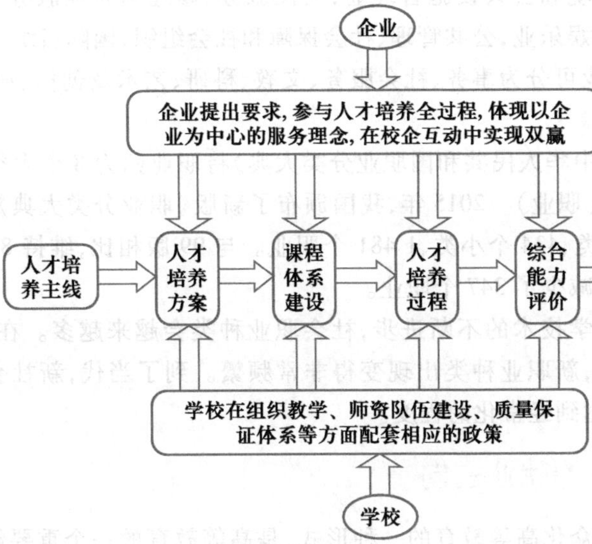

图 3-14 “工学交替”人才培养模式示意图

学校主体转变为学校、企业双主体,实现“招生即招工、入校即入厂、校企联合培养”。职业院校承担系统的专业知识学习和技能训练;企业通过师傅带徒形式,依据培养方案进行岗位技能训练,真正实现校企一体化育人。它的实施改变了以往理论与实践相脱节,理论知识与技能能力相分离的局面,是产教融合的有效实现形式。

现代学徒制有利于促进行业、企业参与职业教育人才培养全过程,实现专业设置与产业需求对接,课程内容与职业标准对接,教学过程与生产过程对接,毕业证书与职业资格证书对接,职业教育与终身学习对接,提高人才培养质量和针对性。

3.4 高等职业教育毕业生的就业

3.4.1 职业及其分类

职业是指社会成员根据社会分工的需要,并以此作为自己获取主要生活资料的手段,而从事的社会劳动或社会工作类别,它是社会发展的客观产物。

职业一词的英文“vocation”是由拉丁文衍生而来的,意为“生命的呼唤”。由此可见,我们说“就业是民生之本”是毫不过分的。

职业分类是指以从业人员所从事工作性质的同一性为依据,对所有社会职业进行的类别划分。

据统计,我国现有 1 万多种职业,都与国民经济的产业、行业有着十分密切的联系。根据不同的分类标准,职业有多种分类方式。

按产业划分,我国国民经济可分为三个产业:第一产业,指农业、林业、畜牧业、渔业等;第二产业,指采矿业,制造业,电力、热力、燃气及水生产和供应业,建筑业;第三产业,指除第一、二产业以外的其他行业,具体包括:批发和零售业,交通运输、仓储和邮政业,住宿和餐饮业,信息传输、软件和信息技术服务业,金融业,房地产业,租赁和商务服务业,科学研究和技术服务业，水利、环境和公共设施管理业，居民服务、修理和其他服务业，教育，卫生和社会工作，文化、体育和娱乐业，公共管理、社会保障和社会组织，国际组织。

按工作特点划分，职业可分为事务、社会服务、文教、科研、艺术及创作、户外管理、一般服务性职业等十多种类型。

1999年我国第一部《中华人民共和国职业分类大典》将职业归为8个大类，66个中类，413个小类，1 838个细类（职业）。2015年，我国颁布了新版《职业分类大典》，其职业分类结构为8个大类、75个中类、434个小类、1 481个职业。与99版相比，维持8个大类、增加了9个中类和21个小类，减少了347个职业。

随着社会的发展和科学技术的不断进步，社会职业种类会越来越多。在工业社会里，随着社会分工发展的加快，新职业种类出现变得非常频繁。到了当代，新社会分工的发生和新职业种类的出现，已达到经常化的程度。

3.4.2 高等职业教育的就业去向

高等职业教育作为大众化高等教育的一种形式，是高等教育的一个重要组成部分。高等职业教育是以社会需求为导向的就业教育，其目标是为国家和地方经济发展培养适应生产、建设、管理、服务第一线需要的数以千万计的高端技能型人才，因此毕业生去向的基层性是高等职业教育的显著特点之一，即培养出来的毕业生应该是市场上需要的、抢手的、有一技之长的高素质劳动者或者技术应用性专门人才，而非学术型人才。这是高等职业教育自身的特色，也是与本科教育的重要区别。因此高职教育应该建立以培养各岗位能力为中心的办学思路，注重学生的技术技能的培养，在整个教学过程中始终以适应岗位需求为目的，使学生毕业后能很快适应各技术岗位的工作。

3.5 我国高等职业教育的发展状况

3.5.1 我国专科层次大学教育的办学形式

一、短期职业大学

短期职业大学是由大中型城市利用地方财力和物力举办高职教育的学校，其办学宗旨是为地方培养急需的专门应用技术管理人才，办学方针是短期（一般为两年）、收费走读、不包分配、择优推荐就业。原国家教委于1980年批准金陵职业大学、江汉大学等13所职业大学挂牌招生，开创了我国高职教育的先例。目前，有些职业大学已转型或升格为其他类型的高等学校。

二、高等专科学校

自1929年南京国民政府颁布《专科学校组织法》以来，高等专科学校在我国已有70多年的历史。目前，专科教育究竟是普通教育还是职业教育，教育界的认识还不一致，基本上有两种意见：一种认为专科教育与普通高等教育性质相同，是专科层次的普通高等教育，属普通高等教育体系；另一种认为，从培养目标、人才培养设计方案、课程设置要求、师资队伍建设和教学基本要求等方面比较，专科教育类同高职教育，应属职教体系。国家的政策导向是，部分专科学校应改制成高职学校，或虽不改名，但应从事高职教育。目前，我国将高等专科教育和高等职业教育统称“高职高专教育”。

三、独立设置的成人高等学校

1998 年和 1999 年，教育部先后两次批准 383 所成人高等学校的 222 个专业试办高职班，是我国高职教育一个重要的组成部分。目前，一部分条件好的成人高校已改制成职业学院。

四、职业技术学院

职业技术学院的发展历史比较短，最早是 1997 年 3 月原国家教委批准邢台职业技术学校更名为邢台职业技术学院。2000 年年初国务院下放了高职学校审批权，授权省级政府审批设立职业技术学院，调动了地方政府的积极性，使职业技术学院有了较快的发展。

五、技术高等专科学校

原国家教委在原有 3 所技术高等专科学校的基础上，于 1994 年 10 月批准 10 所重点中专举办五年制高职班；于 1996 年 6 月又批准了 8 所；到 1997 年有 22 所学校。1997 年后，由于职业技术学院的兴起，部分五年制的技术高等专科学校和重点中专改为职业技术学院。

六、本科院校职业技术学院

1996 年年底同济大学成立高等技术学院，与上海市建委合作举办高等职业技术教育，并于 1997 年开始招生。这标志着一种新的高职教育的办学形式的诞生。这种新的高职办学形式，在《面向 21 世纪教育振兴行动计划》中得到了肯定。在国家宏观政策的引导下，在 1999 年高等教育大发展的形势下，全国约有 300 所本科院校设立了职业技术学院，举办高职教育。目前，国家已经不允许本科院校举办职业技术学院，这些职业技术学院已经成为了独立学院。

目前，我国高等专科层次的大学教育已基本走上了以培养高端技能型人才为目标的高等职业教育的发展轨道，统称为“高职高专”教育。

3.5.2 我国高等职业教育的发展

高职教育在我国起步较晚，但发展很快。从规模上看，高等职业教育已成为我国高等教育体系的半壁河山。据《2018 年全国教育事业发展统计公报》，2018 年，我国独立设置的高职院校已有 1 418 所，占普通高校的 53.2%；毕业生 366.47 万人，占普通高校的 48.6%；招生 368.83 万人，占普通高校的 46.6%；在校生 1 133.70 万人，占普通高校的 40.0%，而 1998 年高职院校在校学生规模仅 117 万人。基本形成了每个市(地)至少设置一所高等职业学校的格局。高等职业院校全日制培养的毕业生累计达数千万人，高等职业教育培养了大批高素质技术技能人才，为经济和社会发展、为实现高等教育的“大众化”都作出了积极的贡献。高等职业教育的快速发展，丰富了高等教育体系结构，完善了职业教育体系结构；顺应了人民群众接受高等教育的迫切需求，顺应了现代化建设对技术技能人才的迫切需要。一个适应我国社会主义现代化建设需要的高等职业教育体系已经初步形成。“我们正在举办着世界上最大规模的高职教育，而且形成了自己的特色”①。

高职土建类专业是办学规模较大的一个专业大类。近 20 年来经历了一个快速发展的过程。到 2014 年在校生达到历史峰值，全国开办高职土建类专业的院校数 1 238 所，专业

① 摘自吴启迪 2006 年 12 月 3 日在“国家示范性高等职业院校建设计划”2006 年度项目评审工作会议上的讲话。

点4 446个，在校生1 200 394人，在校生较2002年增加了790.68%。之后，呈持续下降趋势。2019年，全国开办高职土建类专业的院校数1 154所，较2014年减少6.79%；专业点4 514个，较2014年增加1.53%；在校生964 660人，较2014年减少19.64%。2002—2019年高职土建类专业办学规模见表3-1。2014—2019年高职土建施工类专业办学规模见表3-2。

表3-1 2002—2019年高职土建类专业办学规模

年度	专业点		招生		在校生	
	数量/个	增长率/%	数量/人	增长率/%	数量/人	增长率/%
2002	831		56 717		134 773	
2003	902	8.5	75 499	33.1	171 751	27.4
2004	1 375	52.4	116 896	54.8	280 805	63.5
2005	2 718	97.7	160 491	37.3	396 478	41.2
2006	3 000	10.4	187 210	16.6	483 112	21.9
2007	3 174	5.8	203 846	8.9	567 207	17.4
2008	3 249	2.4	238 683	17.1	650 072	14.6
2009	3 339	5.2	262 640	10.0	736 095	13.2
2010	3 425	2.6	306 537	16.7	827 986	12.5
2011	3 643	9.1	361 891	18.1	944 863	14.1
2012	3 875	6.4	359 275	-7.2	1 037 814	9.8
2013	4 208	8.6	396 316	10.3	1 132 858	9.2
2014	4 446	5.7	411 078	3.7	1 200 394	6.0
2015	4 648	4.5	340 934	-17.1	1 181 981	-1.6
2016	4 495	-3.3	268 687	-21.2	1 010 323	-14.5
2017	4 565	1.6	266 671	-0.7	900 876	-10.8
2018	4 568	0.1	272 797	2.3	851 074	-5.5
2019	4 514	-1.18	408 143	49.61	964 660	13.35

表3-2 2014—2019年土建施工类专业办学规模

年度	开办院校/所	毕业生/人	招生/人	在校生/人
2014	773	104 687	109 116	334 942
2015	714	101 773	79 625	305 834
2016	860	115 574	67 682	284 324
2017	859	113 424	66 210	242 736
2018	862	92 219	66 675	221 287
2019	861	75 648	117 734	257 224

“我国高等职业教育的发展总体是健康的，方向是正确的，成绩是巨大的。虽然我国的高等职业教育发展的历史并不长，但是，由于坚持了从经济社会发展的需要出发，从广大人

民群众的根本利益出发，在发展的过程中逐步明确了发展的理念、定位，得到了社会各界的认可。回顾十年来我国高等职业教育的成绩，可以概括为两个方面：一是事业实现了跨越性的发展，高等职业教育已经成为我国高等教育事业发展的新的增长点，成为我国职业教育事业发展的新的亮点；二是改革取得了突破性的进展，走出了一条中国特色的高等职业教育发展之路。高等职业教育虽然还存在着许多的困难，还存在着很多的问题，但经过这十年的努力，我们的发展方向是非常清晰的，我们前进的目标是非常准确的，从发展方向和目标来看，我国的高职教育要比美国的社区学院和日本的短期大学更清楚；从针对知识经济的兴起来看，我国的高职教育要比德国的双元制和澳大利亚的 TAFE 更胜一筹①。"

扩展资料

普通高等学校本科专业目录

《普通高等学校本科专业目录》是我国教育部（原国家教育委员会）制订与修订的有关普通高等学校本科专业的目录，是高等教育工作的基本指导性文件之一。它规定专业划分、名称及所属门类，是设置和调整专业、实施人才培养、安排招生、授予学位、指导就业，进行教育统计和人才需求预测等工作的重要依据。

改革开放以来，中国共进行了 4 次大规模的学科目录和专业设置调整工作。

《普通高等学校本科专业目录（2012 年）》是根据《教育部关于进行普通高等学校本科专业目录修订工作的通知》（教高〔2010〕11 号）要求，按照科学规范、主动适应、继承发展的修订原则，在 1998 年原《普通高等学校本科专业目录》及原设目录外专业的基础上，经分科类调查研究、专题论证、总体优化配置、广泛征求意见、专家审议、行政决策等过程形成的。该目录分设哲学、经济学、法学、教育学、文学、历史学、理学、工学、农学、医学、管理学、艺术学 12 个学科门类，92 个专业类，506 种专业（其中，基本专业 352 种，特设专业 154 种）。

2020 年 2 月 21 日，教育部发布《普通高等学校本科专业目录（2020 年版）》。该专业目录是在《普通高等学校本科专业目录（2012 年）》基础上，增补了近年来批准增设的目录外新专业而形成的，其中与高职土建类专业相关的专业目录见表 3-3。

表 3-3　与高职土建类专业相关的本科专业目录

专业代码	专业名称	备注
0810	**土木类**	
081001	土木工程	
081002	建筑环境与能源应用工程	
081003	给排水科学与工程	
081004	建筑电气与智能化	
081005T	城市地下空间工程	

① 摘自周济 2006 年 11 月 13 日在"国家示范性高等职业院校建设计划"视频会议上的讲话。

续表

专业代码	专业名称	备注
081008T	智能建造	2017年增设
081009T	土木、水利与海洋工程	2018年增设
081010T	土木、水利与交通工程	2019年增设
0828	**建筑类**	
082801	建筑学	
082802	城乡规划	
082803	风景园林	可授工学或艺术学学士学位
082805T	人居环境科学与技术	2017年增设
082806T	城市设计	2019年增设
082807T	智慧建筑与建造	2019年增设
12	**学科门类:管理学**	
1201	**管理科学与工程类**	
120103	工程管理	可授管理学或工学学士学位
120104	房地产开发与管理	
120105	工程造价	可授管理学或工学学士学位
1202	**工商管理类**	
120203K	会计学	
120207	审计学	
120209	物业管理	

注:专业代码后加T的专业为特设专业,专业代码后加K的专业为国家控制布点专业。

学习单元 4

走进土建施工类专业

■ **学习导引**

本单元主要介绍土建施工类专业的含义、培养目标、学习内容,以及本专业毕业生的就业前景及职业发展道路,最后介绍目前土建施工类专业的发展状况。通过本单元的学习可使大家能对土建施工类专业有一个全面的了解。

■ **学习目标**

了解土建施工类专业的定义及其在建筑工程人才培养中的地位;掌握土建施工类专业的培养目标;掌握土建施工类专业的学习内容;熟悉土建施工类专业的就业岗位及职业发展;了解土建施工类专业的发展状况。

4.1 什么是土建施工类专业

根据教育部 2021 年颁布的《职业教育专业目录(2021 年)》,土建施工类专业包括建筑工程技术、地下与隧道工程技术、土木工程检测技术、建筑钢结构工程技术、装配式建筑工程技术、智能建造技术 6 个专业①。

作为刚刚跨进大学校门并且选择了土建施工类专业的学子,一个迫切想知道的问题是:什么是建筑工程技术专业,或者什么是地下与隧道工程技术、土木工程检测技术等专业?

4.1.1 土建施工类专业的定义

为了回答什么是建筑工程技术专业、什么是隧道与地下工程技术,以及什么是土木工程检测技术等专业,我们先介绍土木工程的概念。

---

① 根据我国专业设置有关规定,学校可以按程序申请开设专业目录以外的专业(称为目录外专业)。因此,专业目录处于动态变化中。

土木工程[83]是一种工程分科①，指用钢材、石材、砖、木材、混凝土等各种建筑材料，修建各类工程设施的生产活动和工程技术。这种生产活动和工程技术包括对上述各类工程的勘测、设计、开发、施工、维护等活动，以及它们所需要的工程技术。土木工程，英语是“civil engineering”，直译是民用工程，它的原意是与军事工程（military engineering）相对应的，也就是除了服务于战争的工程设施以外，所有服务于生活和生产需要的民用设施均属于土木工程。但是现在，已经把军用的战壕、掩体、碉堡、浮桥、防空洞等防护工程也归入土木工程的范畴了。因此，土木工程的范围非常广泛，它包括房屋建筑工程、公路与城市道路工程、铁路工程、桥梁工程、隧道工程、机场工程、地下工程、给水排水工程、港口、码头工程等。

建筑工程[84]是为兴建房屋建筑物和附属构筑物设施所进行的规划、勘察、设计和施工等各项活动的总称，其中包含基础工程。“房屋建筑”指有顶盖、梁柱、墙壁、基础以及能够形成内部空间，满足人们生产、居住、学习、公共活动等需要的建筑物。桥梁、水利枢纽、铁路、港口工程以及不是与房屋建筑相配套的地下隧道等工程均不属于建筑工程范畴。建筑工程可以分为新建工程、扩建工程和改建工程（图 4-1~图 4-6）。所谓新建工程，是指从地

图 4-1 康斯特新建厂房

图 4-2 北川擂鼓八一中学（灾后重建）

图 4-3 首都机场扩建工程

图 4-4 某电力医院扩建工程

① 土木工程也指工程建设的对象，即建造在地上或地下、陆上或水中，直接或间接为人类生活、生产、军事、科研服务的各种工程设施，例如房屋、道路、铁路、运输管道、隧道、桥梁、运河、堤坝、港口、电站、飞机场、海洋平台、给水和排水以及防护工程等。

图 4-5 沈阳火车站改造工程

图 4-6 某大桥改建工程

基及基础开始建造的建设项目；所谓扩建工程，是指在原有基础上加以扩充，加高加层的建设项目；所谓改建工程，是指不增加建筑物或建设项目体量，在原有基础上，改进质量或方向，或改善建筑物使用功能、改变使用目的的建设项目。

地下与隧道工程[85]是为兴建地下建筑物和构筑物与隧道所进行的规划、勘察、设计和施工等各项活动的总称。

土木工程需要解决的问题，主要表现为以下四个方面：

一是要形成人类活动所需要的、功能良好和舒适美观的空间和通道；它既有物质方面的需要，又有精神方面的需要。这是土木工程的根本目的和出发点。

二是要能够抵御自然或人为的作用力。前者如地球引力、风力、气温和地震作用等；后者如振动、爆炸等。这是土木工程之所以存在的根本原因。

三是要充分发挥所采用材料的作用。土木工程都是应用石、砖、混凝土、钢材、木材等材料在地球表面的土层或岩层上建造的。材料所需的资金占土木工程投资的大部分。材料是建造土木工程的根本条件。

四是怎样通过有效的技术途径和组织手段，利用各个时期社会能够提供的物资设备条件，“好、快、省”地组织人力、财力和物力，把社会所需要的工程设施建造成功，付诸使用。这是土木工程的最终归宿。

为解决上述问题所进行的建筑活动，一般包括两个方面：一是技术方面，有勘察、测量、设计、施工、监理、开发等；二是管理方面，有制定政策和法规、企业经营、项目管理、施工组织、物业管理等。为了完成这些活动，需要培养不同层次、不同门类的专业人才。不同层次包括研究生、本科生、专科生、中职生，不同门类包括技术人才、管理人才、操作人才等。土建施工类专业的任务就是为建筑工程（其中包括基础工程）、地下工程、隧道工程施工一线培养技术和管理人才。于是，我们可以对土建施工类各专业定义如下：

建筑工程技术专业[86]是以培养建筑施工一线的技术和管理人才为主要任务的学业门类；

地下与隧道工程技术专业[87]是以培养地下工程、隧道工程施工一线的技术和管理人才为主要任务的学业门类；

土木工程检测技术专业[88]是以培养土木工程检测一线的技术和管理人才为主要任务的学业门类。

建筑钢结构工程技术专业[89]是以培养建筑钢结构工程施工一线的技术和管理人才为主要任务的学业门类。

装配式建筑工程技术专业[90]是以培养装配式建筑工程施工一线的技术和管理人才为主要任务的专业门类。

智能建造技术专业[91]是以培养智能建造工程施工一线的技术和管理人才为主要任务的专业门类。

4.1.2 土建施工类专业的培养目标与规格

由于行业的特殊性，土建施工类专业的培养目标定位有其特殊性，集中表现在它以培养一线技术与管理人才为主要任务，也就是说其人才类型更偏于技术型，因此，其对能力的综合性、知识的系统性要求与其他专业存在明显差异。

人才培养规格是人才培养目标的具体化。高职教育人才培养规格应当通过知识、能力、素质和职业态度四个方面来体现，应贯彻德、智、体、美全面发展的基本方针。在突出能力本位的前提下，还要遵循职业教育的规律，并充分考虑学生学习知识、掌握能力的合理程序。通过对培养人才应具备的知识、能力、素质的具体描述，使专业人才培养目标具体化，具有可靠的操作性。

一、建筑工程技术专业

1. 培养目标

建筑工程技术专业培养理想信念坚定、德技并修、全面发展，具有一定的科学文化水平、良好的职业道德和工匠精神、较强的就业创业能力，掌握本专业的基本知识和主要技术技能，面向土木建筑行业建筑工程施工领域，能够从事建筑工程施工与管理等工作的高素质技术技能型人才。

建筑工程技术专业培养目标与培养规格

2. 培养规格

建筑工程技术专业毕业生应在素质、知识和能力等方面达到以下要求。

(1) 素质

① 具有正确的世界观、人生观、价值观。坚定拥护中国共产党领导，树立中国特色社会主义共同理想，践行社会主义核心价值观，具有深厚的爱国情感和中华民族自豪感；崇尚宪法、遵守法律、遵规守纪；具有社会责任感和社会参与意识。

② 具有良好的职业道德和职业素养。遵守、履行道德准则和行为规范；崇德向善、诚实守信、尊重劳动、爱岗敬业、知行合一；具有精益求精的工匠精神，具有质量意识、环保意识、安全意识、创新意识和信息素养；具有较强的集体意识和团队合作精神，能够理解建筑行业发展、国家规划战略；具有职业生涯规划意识。

③ 具有良好的身心素质和人文素养。达到《国家学生体质健康标准》，具有健康的体魄、心理和健全的人格；具有良好的行为习惯和自我管理能力；对工作、学习、生活中出现的挫折和压力，能够进行心理调适和情绪管理；具有一定的审美和人文素养。

(2) 知识

① 掌握必备的自然科学知识、人文社会科学知识和信息应用技术知识。

② 掌握思想政治教育理论和唯物辩证法基本知识。

③ 掌握体育运动和科学健身基本知识。

④ 掌握本专业所必需的数学、力学、建设工程法律法规方面的知识。

⑤ 掌握投影、建筑识图与绘图、建筑构造、建筑结构的基本理论与知识。

⑥ 掌握建筑材料应用与检测、建筑施工测量、建筑施工技术、建筑施工组织与管理、建筑工程质量检验、建筑施工安全与技术资料管理、建筑工程计量与计价、工程招投标与合同管理方面的知识。

⑦ 掌握建筑信息化和计算机操作方面的知识。

⑧ 了解土建专业主要工种的工艺与操作知识。

⑨ 了解建筑水电设备及智能建筑等相关专业的基本知识。

⑩ 熟悉建筑新技术、新材料、新工艺、新设备方面的基本知识。

(3) 能力

① 能熟练识读土建专业施工图,准确领会图纸的技术信息,能绘制土建工程竣工图和施工洽商图纸,能识读设备专业的主要施工图。

② 能对常用建筑材料进行选择、进场验收、保管与应用,能进行建筑材料的常规检测。

③ 能应用测量仪器熟练地进行施工测量与建筑变形观测。

④ 能编制建筑工程常规分部分项工程施工方案并进行施工交底,能参与编制常见单位工程施工组织设计。

⑤ 能按照建筑工程进度、质量、安全、造价、环保和职业健康的要求科学组织施工和有效指导施工作业,并处理施工中的一般技术问题。

⑥ 能对建筑工程进行施工质量和施工安全检查与监控。

⑦ 能正确实施并处理施工中的构造问题。

⑧ 能对施工中的结构问题进行基本判断和定性分析,能处理一般的结构构造问题。

⑨ 能根据建筑工程实际收集、整理、编制、保管和移交工程技术资料。

⑩ 能编制建筑工程量清单报价,能参与施工成本控制及竣工结算,能参与工程招投标。

⑪ 能应用 BIM 等信息化技术、计算机及相关软件完成岗位工作。

⑫ 能进行 1~2 个土建主要工种的基本操作。

⑬ 能用文字、语言准确表达自己的意图,能与合作伙伴沟通、交往、协同,开展团队合作。

⑭ 能主动学习、养成终身学习习惯,适应岗位迁移的需求,能进取、善创新、可持续。

二、地下与隧道工程技术专业

1. 培养目标

地下与隧道工程技术专业培养理想信念坚定,德、智、体、美、劳全面发展,具有一定的科学文化水平,良好的人文素养、职业道德和创新意识,精益求精的工匠精神,较强的就业能力和可持续发展的能力;掌握本专业知识和技术技能,面向房屋建筑、土木工程建筑行业的土木建筑工程技术领域,能够从事地下与隧道工程施工技术与管理等工作的高素质技术技能人才。

2. 培养规格

地下与隧道工程技术专业毕业生应在素质、知识和能力等方面达到以下要求。

(1) 素质

① 坚定拥护中国共产党领导和我国社会主义制度,在习近平新时代中国特色社会主义思想指引下,践行社会主义核心价值观,具有深厚的爱国情感和中华民族自豪感。

② 崇尚宪法、遵法守纪、崇德向善、诚实守信、尊重生命、热爱劳动，履行道德准则和行为规范，具有社会责任感和社会参与意识。

③ 具有质量意识、环保意识、安全意识、信息素养、工匠精神、创新思维。

④ 勇于奋斗、乐观向上，具有自我管理能力、职业生涯规划的意识，有较强的集体意识和团队合作精神；具有职业生涯规划和终身学习的意识。

⑤ 具有健康的体魄、心理和健全的人格，掌握基本运动知识和一两项运动技能，养成良好的健身与卫生习惯，良好的行为习惯。

⑥ 具有一定的审美和人文素养，达到《国家学生体质健康标准》，具有健康的体魄、心理和健全的人格；具有良好的行为习惯和自我管理能力；能够形成一两项艺术特长或爱好。

（2）知识

① 掌握必备的思想政治理论、科学文化基础知识和中华优秀传统文化知识。

② 熟悉与本专业相关的法律法规以及环境保护、安全消防等相关知识。

③ 掌握体育运动和科学健身基本知识。

④ 熟悉本专业所必需的数学、力学、建设工程法律法规方面的知识。

⑤ 掌握工程识图与制图、建筑构造、建筑结构、工程地质、岩土力学、地下与隧道工程的基本理论与知识。

⑥ 掌握建筑材料应用与检测、地下工程测量、地下与隧道工程施工、地下与隧道工程试验检测、地基处理、基础工程施工、地下与隧道工程计量与计价、施工组织与项目管理、质量检验、地下与隧道工程施工安全管理方面的知识。

⑦ 掌握建筑信息化和计算机操作方面的知识。

⑧ 了解地下与隧道工程施工设备、工艺与操作知识。

⑨ 了解地下与隧道工程施工新技术、新材料、新工艺和新设备方面的基本知识。

（3）能力

① 具有探究学习、终身学习、分析问题和解决问题的能力。

② 具有良好的语言、文字表达能力和沟通能力。

③ 能够识读、绘制地下与隧道工程施工图、工程竣工图，准确领会图纸的技术信息。

④ 掌握地下与隧道工程施工现场常用建筑材料及制品选用、进场验收、性能检测和保管等能力。

⑤ 能够完成地下与隧道工程的控制测量、联系测量、施工测量和基本工程图测绘；能准确识读岩土工程勘察报告，预测工程地质问题并提出处理措施。

⑥ 具备按照规范对地下与隧道工程进行试验、检测的能力。

⑦ 具有编制专项施工方案和地下与隧道工程施工组织设计的能力，具有科学组织施工和有效指导施工作业，并处理施工中的一般技术问题的能力。

⑧ 具备地下与隧道工程进行施工质量和施工安全检查与监控的能力。

⑨ 掌握有关技术标准和法规，能够分析解决一般的施工技术问题。

⑩ 能根据工程实际编制、收集、整理和上交工程技术资料。

⑪ 具备编制工程量清单报价，参与工程招投标、施工成本控制及竣工结算的能力。

⑫ 能应用 BIM 等信息化技术、计算机及相关软件完成岗位工作。

⑬ 具备 1~2 个土木工程主要工种的基本操作能力。

⑭ 能主动学习、养成终身学习习惯,适应岗位迁移的需求,不断进取、善于创新、持续发展。

三、土木工程检测技术专业

1. 培养目标

土木工程检测技术专业培养理想信念坚定,德、智、体、美、劳全面发展,具有一定的科学文化水平,良好的人文素养、职业道德和创新意识,精益求精的工匠精神,较强的就业能力和可持续发展的能力;掌握本专业知识和技术技能,面向土木工程检测行业的工程材料检测、土木工程实体检测、桩基工程检测等技术技能领域,能够从事试验员等工作的高素质技术技能人才。

2. 培养规格

土木工程检测技术专业毕业生应在素质、知识和能力等方面达到以下要求。

(1) 素质

① 坚定拥护中国共产党领导和我国社会主义制度,在习近平新时代中国特色社会主义思想指引下,践行社会主义核心价值观,具有深厚的爱国情感和中华民族自豪感。

② 崇尚宪法、遵法守纪、崇德向善、诚实守信、尊重生命、热爱劳动,履行道德准则和行为规范,具有社会责任感和社会参与意识。

③ 具有质量意识、环保意识、安全意识、信息素养、工匠精神、创新思维。

④ 勇于奋斗、乐观向上,具有自我管理能力、职业生涯规划的意识,有较强的集体意识和团队合作精神。

⑤ 具有健康的体魄、心理和健全的人格,掌握基本运动知识和一两项运动技能,养成良好的健身与卫生习惯,良好的行为习惯。

⑥ 具有一定的审美和人文素养,能够形成一两项艺术特长或爱好。

(2) 知识

① 掌握必备的思想政治理论、科学文化基础知识和中华优秀传统文化知识。

② 熟悉与本专业相关的法律法规以及环境保护、安全消防等相关知识。

③ 掌握土木工程制图与识图、土木工程构造、土木工程结构的相关知识。

④ 掌握工程材料、土木工程结构的相关知识。

⑤ 具有土建施工技术和项目管理的一般知识。

⑥ 掌握工程材料检测、土木工程结构检测、桩基检测、室内环境检测等检测设备原理的相关知识。

⑦ 了解土木工程施工新材料、新工艺、新技术、新设备的相关信息。

⑧ 具有检测仪器设备安全操作知识。

⑨ 了解工程招投标、建筑经济、工程施工过程等相关知识。

⑩ 具有实验室质量管理等相关知识。

⑪ 掌握专业领域的信息技术和常用专业软件。

(3) 能力

① 具有探究学习、终身学习、分析问题和解决问题的能力。

② 具有良好的语言、文字表达能力和沟通能力。

③ 具有较强的工程识图能力。

④ 具有工程测量的能力。

⑤ 具有对施工现场常用材料及制品的选用、进场验收、保管能力。

⑥ 具有常用材料性能检测、试验及数据处理的能力。

⑦ 具有对土木工程实体的质量检测、评定的能力。

⑧ 具有从事工程与材料质量检测管理工作的初步能力。

⑨ 具有对室内环境、桩基等进行检测的能力。

⑩ 具有实验室质量管理和技术资料管理的能力。

⑪ 具有质量事故初步调查分析能力,并提出处理意见。

四、建筑钢结构工程技术专业

1. 培养目标

建筑钢结构工程技术专业培养理想信念坚定,德、智、体、美、劳全面发展,具有一定的科学文化水平,良好的人文素养、职业道德和创新意识,精益求精的工匠精神,较强的就业能力和可持续发展的能力;掌握本专业知识和技术技能,面向房屋建筑业、金属结构制造行业的工程技术人员职业群,能够从事钢结构详图设计、钢结构加工制作、钢结构施工及管理工作的高素质技术技能人才。

2. 培养规格

建筑钢结构工程技术专业毕业生应在素质、知识和能力等方面达到以下要求。

(1) 素质

① 坚定拥护中国共产党领导和我国社会主义制度,在习近平新时代中国特色社会主义思想指引下,践行社会主义核心价值观,具有深厚的爱国情感和中华民族自豪感。

② 崇尚宪法、遵法守纪、崇德向善、诚实守信、尊重生命、热爱劳动,履行道德准则和行为规范,具有社会责任感和社会参与意识。

③ 具有质量意识、环保意识、安全意识、信息素养、工匠精神和创新思维。

④ 勇于奋斗、乐观向上,具有自我管理能力、职业生涯规划的意识,有较强的集体意识和团队合作精神。

⑤ 具有健康的体魄、心理和健全的人格,掌握基本运动知识和一两项运动技能,养成良好的健身与卫生习惯,良好的行为习惯。

⑥ 具有一定的审美和人文素养,能够形成一两项艺术特长或爱好。

(2) 知识

① 掌握必备的思想政治理论、科学文化基础知识和中华优秀传统文化知识。

② 熟悉与本专业相关的法律法规以及环境保护、安全消防、文明生产等相关知识。

③ 掌握建筑制图基础、建筑工程施工图识读与构造、建筑材料应用与检测、建筑构件和结构受力分析、建筑工程测量等专业基础知识。

④ 掌握钢结构基本原理、钢结构加工制作、钢结构施工技术、钢结构预算与报价、建设工程项目管理等专业知识。

⑤ 掌握 BIM 建模及应用,能够熟练应用 AutoCAD、Tekla Structures 等软件。

⑥ 熟悉 PKPM、3D3S 等设计软件的基本应用知识,能够进行简单的钢结构构件设计。

⑦ 熟悉混凝土结构、砌体结构、地基与基础相关专业知识。

⑧ 熟悉装配式钢结构住宅施工专业拓展知识。

⑨ 熟悉建筑新技术、新材料、新工艺、新设备方面的基本知识。

⑩ 了解建筑水暖电设备及智能建筑等相关专业的基本知识。

(3) 能力

① 具有探究学习、终身学习、分析问题和解决问题的能力。

② 具有良好的语言、文字表达能力和沟通能力。

③ 具有识读钢结构中的门式刚架、钢框架、钢桁架、网架结构等施工图,准确领会图纸的技术信息的能力,具备绘制土建工程竣工图和施工洽商图纸的能力,能够识读建筑设备专业施工图。

④ 具有钢结构详图设计的能力。

⑤ 具有钢结构构件、零件的加工制作、质量检查的能力。

⑥ 具有门式刚架、钢框架、钢桁架、网架结构等工程的安装施工、质量验收的能力。

⑦ 具有钢结构构件检测、焊缝检测、涂层厚度检测、高强度螺栓力学性能检测、钢结构沉降变形检测等能力。

⑧ 具有收集、整理、编制建筑工程技术资料的能力。

⑨ 具有计算钢结构工程量并编制清单报价,参与施工成本控制及竣工结算的能力。

⑩ 具有运用相关软件完成工程 BIM 建模及应用的能力。

⑪ 了解运用 PKPM、3D3S 等结构设计软件,进行简单的门式刚架、多层钢结构框架和网架结构设计。

五、装配式建筑工程技术专业

装配式建筑工程技术专业培养理想信念坚定,德、智、体、美、劳全面发展,具有一定的科学文化水平,良好的人文素养、职业道德和创新意识,精益求精的工匠精神,较强的就业能力和可持续发展的能力;掌握本专业知识和技术技能,面向房屋建筑业等行业的建筑工程技术人员职业群,能够适应产业数字化转型升级,从事装配式建筑深化设计、装配式构件生产、装配式建筑施工等相关工作的高素质技术技能人才。

六、智能建造技术专业

智能建造专业培养理想信念坚定,德、智、体、美、劳全面发展,具有一定的科学文化水平,良好的人文素养、职业道德和创新意识,精益求精的工匠精神,较强的就业能力和可持续发展的能力;掌握本专业知识和技术技能,面向房屋建筑业等行业的建筑工程技术人员职业群,能够适应产业数字化转型升级,从事智能建造施工技术与管理等相关工作的高素质技术技能人才。

4.2 土建施工类专业的学习内容

4.2.1 相关概念

一、职业能力

按照现代职业教育的观点,职业能力由三大部分组成,即专业能力、方法能力和社会能力。专业能力[92]是指在职业业务范围内的能力,主要通过某个职业(或专业)的专业知识、技能、行为方式和职业态度而获得;方法能力[93]是指人们独立学习、获取新知识和新技能的能力,包括制订工作计划、工作过程、产品质量的自我控制和管理以及工作评价等能力;社会能力[94]是指人们与他人交往、合作、共同生活和工作的能力，包括工作中的人际交流、劳动组织能力、群体意识和社会责任心等内容，如图4-7所示。

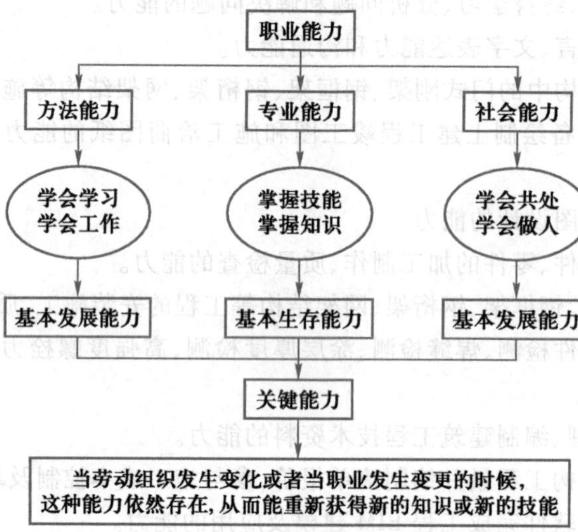

图4-7 职业能力

方法能力和社会能力是一种可迁徙的、跨职业的能力，在此基础上德国还将具体职业和专业课程以外的能力进行分析、综合，提出了关键能力的概念。

所谓关键能力，亦称为软技术能力，是除了精湛的职业能力以外，职业人才所应具备的跨岗位、跨专业、跨职业的基本素质，如人际交流能力、团队精神、责任心、创新思维能力等。目前，各国的职业技术教育都重视关键能力的培养，但对关键能力的构成与表述却有所差异。德国关于关键能力的主要内涵如表4-1所示。

表4-1 关键能力的组成与结构

分类	组织与完成生产联系任务	信息交流与合作	应用科学的学习与工作方法	独立性与责任心	承受力
职业教育目标	制订工作计划； 完成工作任务； 检验工作成绩	群体中的行为合作； 人际关系	学习行为信息的评估和处理	工作责任心	心理与生理要求
单项能力	目标坚定性； 细心； 准确； 自我控制； 系统工作方式； 最佳工作方式； 组织能力灵活性； 协调能力	口头表达能力； 写作能力； 客观性； 合作能力； 同情心； 顾客至上； 环境适应能力； 社会责任感； 公正； 助人为乐； 光明磊落	学习积极性； 学习方法； 识图能力； 逻辑思维能力； 触类旁通能力； 想象能力； 抽象能力； 系统思维能力； 分析能力； 创造能力； 理论应用能力	可靠性； 纪律性； 质量意识； 安全意识； 自信心； 决策能力； 自我批评能力； 评判能力； 全面处理事物的能力	精力集中； 耐力； 环境适应能力

从一般能力来讲，土建施工类专业毕业生是建筑企业所需要的实施层的技术、管理人才，即直接面对生产要素和施工对象的现场技术与管理人员，他们除应该具有基本的工程技术能力、信息技术应用能力、外语能力外，由于建筑工程本身就是项庞大的系统工程，因此，一般能力还应进一步横向拓展，即要求毕业生具有一定的市场开拓能力、组织管理能力、合作能力；科学技术的飞速发展，建筑投资的进一步扩大，特别是学习型社会的到来，使得人们要不断面对新情况，接受新知识，因此毕业生还应具有较强的自学能力。从专业能力来讲，毕业生不仅具有较强的岗位操作能力和问题解决能力，而且还应使专业能力进一步深化，即应具有一定的创新、创业能力。随着我国改革开放不断深入，建筑行业与其他行业一样，也进入了大规模的企业改制阶段。建筑企业改制后对高职人才提出了新的要求，即企业为了减少运行成本，提高生产效率，必然要求企业的工程技术人员一专多能。对应这种要求，高职学生除了要强化本专业职业技术能力外，对其他的相关专业也应有一定的了解，才能适应企业生产的需要。

二、课程与课程体系

课程（curriculum 或 course）是将宏观的教育理论和微观的教学实践联系起来的一座桥梁，是实现培养目标的重要手段，是学校一切教育和教学活动的核心。但是，对于课程，至今尚无公认的统一定义①。一般而言，狭义的课程[95]是指被列入教学计划的各门学科及其在教学计划中的地位和开设顺序的总和。广义的课程是指学校有计划地为引导学生获得预期的学习效果而进行的一切努力。两种定义相比，广义的课程既包括教学计划内的，也包括教学计划外的；既指课堂内的，也指课堂外的；它不仅指各门学科，更包括一切使学生学有所获的努力。可见，广义的课程突破了以课堂、教材和教师为中心的界限，使学校教育活动克服了以学科、智育为目标的唯理性模式的束缚，在更广阔的范围内选择教学内容。

什么是课程体系

按照学习心理和教学要求，兼顾科学知识的内在联系而组成的各门教学科目系统，称为课程体系[96]，它是人才培养的核心内容。

课程可从不同角度分类，人们惯常的分类方法主要有以下几种：

（1）以构建课程时的侧重点是在主体还是在客体来分，可分为学科课程和经验课程。学科课程把重点放在认识客体方面，即放在文化遗产和系统的客观知识的传授上，而经验课程则注重认识主体方面，即学习者的经验和自我发展需要。

（2）以学科是分科地组织还是综合地组织为标准，即从分科型或综合型的观点来分，可分为学科并列课程和核心（中心）课程。并列型课程注重系统知识的传授，以各门学科为中心；而核心（中心）课程则以旨在解决社会生活问题的综合经验为中心内容，并辅之以边缘学科。

（3）按层次结构来分，可将课程分为公共基础课程、专业基础课程和专业课程。

专业基础课又称技术基础课，是研究有应用背景的自然现象的规律的课程。它是与本专业有关的且与某些技术科学学科有关的知识组成的课程。专业基础课虽有应用背景但并不涉及具体的工程或产品，因而它的覆盖面较宽，有一定的理论深度和知识广度，还具有与工程科学有密切关系的方法论，因而它对培养工程专门人才打下坚实的理论基础十分有

① 在课程理论中，对“课程”一词有多种解释，例如，有的认为课程是学校在进行专业设置后，为实现培养目标而对一切教育和教学活动进行的总体设计方案，其结果的主要表现形式是以专业培养计划为主的一系列文件；有的认为课程是由庞大、复杂的教育教学活动所组成的一个课程系统……

用。如建筑力学、建筑制图就是典型的专业基础课程。

专业课程是有具体应用背景的与本专业有关的工程、产品类课程，或与本专业的工程技术、技能直接相关的课程，如建筑施工技术、建筑施工项目管理等课程。

（4）按课程对某一专业的适应性和相关性分，可将课程分为必修课程和选修课程。其中选修课程又可分为限制性选修课程（简称限选课程）和任意选修课程（简称任选课程）。

必修课是学生在校期间必须修习完的课程，它保证了培养专门人才在知识技能方面应有的标准（也称基本规格）。

选修课则是学生可以有选择地修习的课程，它们有的为了介绍科学技术的前沿，有的为了加深科学技术的基础理论，有的为了训练科学方法，有的为了拓宽知识面，有的为了满足学生的兴趣爱好等。其中限制性选修课为的是在必修课基础上拓宽某些学科领域的知识，而任意选修课则是为了适应学生中的个性差异，因材施教，发挥专长而设置的。

（5）根据课程主要是传授科学知识还是操作技能，可将课程分为理论课程和实践课程。理论课程是主要传授理论知识的课程，如建筑力学、建筑结构等。实践课程是培养技能和能力的课程，其教学目标是使学生获得将所学知识用于解决科学技术和工程实际问题的能力，密切学生和社会、工程之间的关系，是职业能力训练的重要组成部分。实践课程一般包括实验（如力学实验）、实训（如工种训练、综合训练）、实习（如认识实习、顶岗实习）、设计（如课程设计、毕业设计）等。

（6）根据课程是否具有明显的计划和目的，可将课程分为显露课程（显性课程）和隐蔽课程（潜在课程）。隐蔽课程利用有关学校组织、校园文化、社会过程和师生相互作用等方面给学生以价值上、规范上的陶冶和潜移默化的影响。

三、工作过程系统化课程的相关概念

近些年来，我国职业教育课程模式改革轨迹为：学科系统化课程→模块课程（理论模块、实践模块）→宽基础活模块课程→项目课程→工作过程系统化课程。

什么是工作过程系统化课程？这里的工作过程[97]是指在企业里为完成一件工作任务并获得工作成果而进行的一个完整的工作程序。每一工作程序一般由工作人员、工具、产品和工作行动四个要素所构成。生产复杂的产品可能需要经过多个“工作过程”，这多个“工作过程”则构成了生产该产品的“工作过程系统”。工作过程系统化课程开发模式将职业工作作为一个整体化的行为过程进行分析，而不是具体分析知识点、能力点，构建工作过程完整而不是学科完整的学习过程。在“工作过程系统化课程教学模式”中，学生首先对所学职业（专业）内容和工作的环境等有感性的认识，获得与工作岗位和工作过程相关的知识，然后再开始学习专业知识。学生获取知识的过程始终都与具体的职业实践相对应。

这种课程模式中，经常会看到行动领域、学习领域、学习情境等术语。对于第一次接触这些术语的学生难免感觉有些陌生。下面讨论什么是行动领域、学习领域、学习情境。三者之间的关系可以通过一个图形示意，如图 4-8 所示。

行动领域[98]是来自职业岗位的典型工作任务的集合。对于建筑工程技术专业来说，行动领域主要是针对施工方面的，如建筑工程施工项目承揽、建筑工程施工准备、基础工程施工、主体结构工程施工、装饰装修工程施工、屋面工程施工、竣工验收等。建筑工程技术专业毕业的学生主要的工作是施工员，因此现将施工员的行动领域列于表 4-2 中。

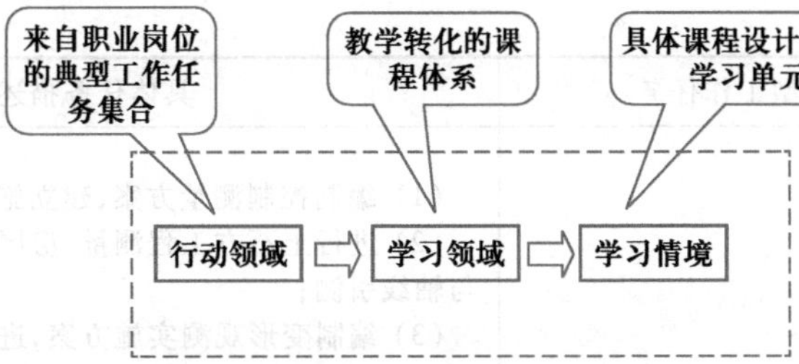

图 4-8 行动领域、学习领域和学习情境

表 4-2 建筑工程施工员行动领域

序号	行动领域典型工作任务		具体任务描述
1	工程项目任务承揽与合同管理		(1) 参与编制招标公告及资格审查文件; (2) 参与编制招标文件及标底; (3) 参与编制投标文件; (4) 参与合同谈判; (5) 参与编制合同文件、签订专用条款及补充协议; (6) 参与项目施工中合同管理、签证管理、违约责任认定及索赔。
2	施工准备	施工图识读、绘制	(1) 识读施工图(建筑施工图、结构施工图、设备施工图); (2) 绘制施工图(建筑施工图、结构施工图、设备施工图、竣工图); (3) 施工图的审读。
		图纸会审	参与图纸会审,编写图纸会审纪要。
		编制单位工程施工组织设计;编制专项施工方案	(1) 参与编制砖混结构工程施工组织设计; (2) 参与编制混凝土结构工程施工组织设计; (3) 参与编制钢结构工程施工组织设计; (4) 参与专项施工方案的编制。
		其他施工准备	(1) 参与组建施工项目经理部及各种管理组织机构,参与各项管理制度的建立,组织施工队伍进场; (2) 参与编写临时用电专项方案; (3) 对施工用水、电、道路、场地、临时设施进行现场准备; (4) 对工程施工所需的材料、机械、工具进行选择等准备工作; (5) 工程施工前进行任务交底、图纸交底、技术交底; (6) 根据规定进行开工报告及相关手续的报批工作。

续表

序号	行动领域典型工作任务	具体任务描述
3	施工测量	(1) 编制控制测量方案,建立施工测量控制网; (2) 进行土石方工程测量、房屋定位放线、标高传递与轴线引测; (3) 编制变形观测实施方案,进行建筑物变形观测。
4	分部分项工程施工	一、土方工程施工 (1) 阅读工程地质勘察报告; (2) 做常规土工试验,填写试验报告; (3) 组织一般土方工程开挖、基坑支护、回填施工。 二、地基与基础工程施工 组织浅基础施工。 三、主体结构工程施工 (1) 组织低层及多层砖混结构工程、混凝土结构工程、钢结构工程的主体工程施工; (2) 指导砖砌体、砌块砌体、石砌体的砌筑施工操作; (3) 指导模板工程、钢筋工程、混凝土工程施工操作; (4) 指导钢构件连接、钢构件制作、钢结构安装、压型金属板安装、钢结构涂装施工操作; (5) 解决主体工程施工过程中的简单施工问题。 四、建筑设备安装 (1) 选择建筑设备系统施工机具设备; (2) 对各设备安装施工及土建施工进行配合和协调; (3) 对安装成品采取正确的保护措施。 五、防水工程施工 (1) 组织常见类型的屋面工程施工; (2) 组织常见类型的屋面防水、地下防水、楼地面防水、墙面防水工程的施工。 六、装饰装修工程施工 组织装饰装修分部工程施工。 七、编制、收集、整理、归档分部分项工程的技术资料。
5	施工质量检查	(1) 对原材料进行进场验收、取样送检; (2) 对分部分项工程的施工质量进行检查; (3) 砌筑砂浆、混凝土、钢筋连接等试验件的取样送检。
6	施工安全管理	(1) 参与施工过程的安全检查; (2) 配合安全事故的调查和处理; (3) 参与安全文明标准化施工工地的建设。

续表

序号	行动领域典型工作任务	具体任务描述
7	工程造价管理	(1) 参与单位工程施工图的计量与计价； (2) 参与编制施工预算； (3) 参与编制竣工决算； (4) 参与施工过程中的成本控制； (5) 参与工料分析，总结、整理各项造价指标。
8	工程技术资料管理	编制、收集、整理、归档建筑工程资料。
9	工程竣工验收与移交	(1) 进行竣工验收前的准备工作； (2) 参加工程竣工验收； (3) 参加建筑工程移交。
10	工程保修	(1) 填写工程质量保修书； (2) 编写工程回访、保修计划； (3) 组织工程质量保修施工； (4) 指导土建工程保修的施工操作。

“学习领域”[99]是两个德文单词 lernen（学习）与 feld（田地、场地，常转译为领域）的组合 Lernfeld 的中文意译，是指一个由学习目标描述的主题学习单元。学习领域按专题划分单元，以职业任务和行动过程为导向。学习领域都是和行动领域相对应的。选择有教学价值的典型职业行动领域，按照职业能力成长规律由易到难排序，并进行教学转换，构建学习领域课程体系。

通俗地讲，学习领域实际上也是一种课程，因此也可称为“学习领域课程”，只不过它是一种理论和实践教学一体化的课程模式，所以学习领域名称的构成模式一般为：学习领域名称=工作对象+动作+补充或扩展（必要时）。

学习情境[100]是较学习领域更小的学习单元，主要指在学习获知过程中通过想象、手工、口述、图形等手段使获知达到高效，通常这种情景伴随时代的发展会有不同程度的创新。学习情境是以专题划分单元的，职业的行动过程、项目的一部分或者项目任务都是依据这些专题单元的，并且专题单元也是按符合教学法的方式而做出的选择和构建。

需要说明的是，学习情境不等于学习情景。学习情景是针对时间跨度相对较短、活动空间较小的教学活动，如某节课或某个具体问题进行的教学设计，是一种难度较低、涉及要素较少的教学活动场景。学习情境之中包含着学习情景。

4.2.2 土建施工类专业的课程体系

一、建筑工程技术专业

目前，建筑工程技术专业的学制一般为三年。虽然学制相同，但不同学校的课程设置有所不同。其中一种采用工作过程系统化课程模式，另一种采用传统的学科系统化课程模式。

建筑工程技术专业课程体系

1. 按工作过程系统化课程模式

(1) 课程体系。结合对施工员、质量员、安全员、资料员培养目标的要求，综合考虑职业基础学习和岗位拓展的需要，将整个课程体系设置为职业基础课程、职业岗位课程和职业拓展课程，详见图 4-9。

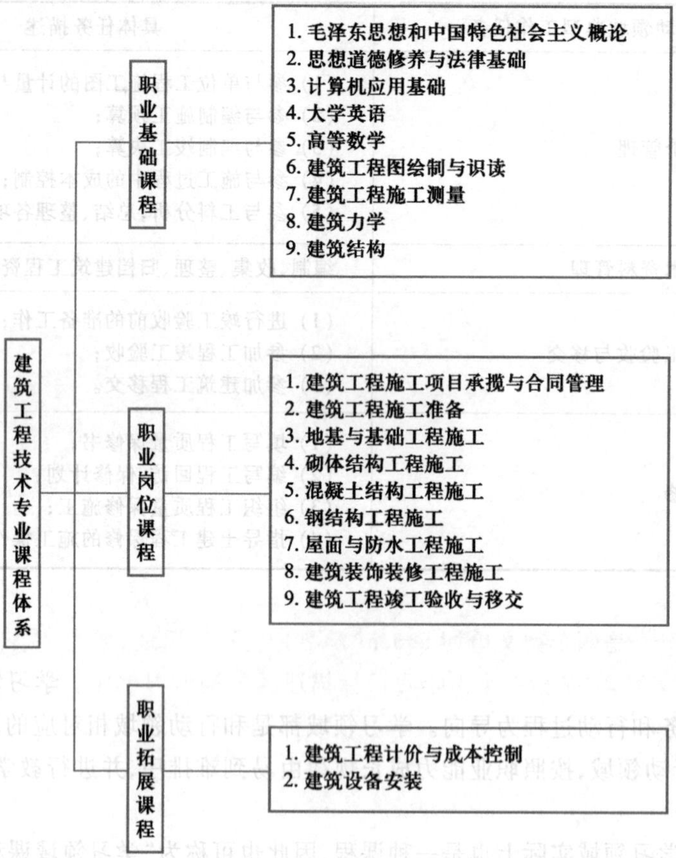

图 4-9 建筑工程技术专业课程体系框图

同学们在大学一年级主要进行职业基础课程学习，从大学二年级开始，将进入职业岗位课程和职业拓展课程学习。

（2）课程体系与职业能力的关系。建筑工程技术专业的毕业生主要从事建筑工程中的施工、质量控制与验收、材料检测、资料管理、施工安全、概预算、招投标、工程监理等技术和管理工作，也可以从事房地产开发、企事业单位的基建和一般房屋建筑工程的设计工作。根据这些单位对毕业生的素质要求，可以将素质模块分为基本素质、基础能力和职业能力，这些能力要求和上面的课程对应见表 4-3。

表 4-3 职业能力与课程设置

素质模块	能力要求	课程设置
基本素质	正确的世界观、人生观、价值观、法规观、职业观，有爱心，讲诚信，有社会责任感，善于协作，有健康的体魄	国防教育、军训；思想道德修养与法律基础；体育；形势与政策
基础能力	计算机基础操作能力	计算机基础
	英语阅读、听说能力	大学英语
	计算能力	高等数学

续表

素质模块	能力要求	课程设置
专业能力	分析建筑构件受力的能力	建筑力学
	建筑施工测量的能力	建筑工程施工测量
	绘制与识读建筑工程施工图的能力	建筑工程图绘制与识读
	基本建筑构件的验算及设计能力	建筑结构；地基与基础工程施工
	工程地质资料的应用能力	
	编制一般建筑工程施工组织设计的能力	工程项目承揽与合同管理；建筑工程施工准备；建筑工程竣工验收与移交；砌体结构工程施工；混凝土结构工程施工；钢结构工程施工；建筑设备安装；屋面与防水工程施工；建筑装饰装修工程施工
	施工技术文件的编制及技术资料归档能力	
	施工质量检验及一般质量缺陷的处理能力	
	安全施工的管理能力	
	编制施工图预算的能力	建筑工程计量计价

2. 按学科系统化课程模式

按学科系统化课程模式，构建以培养技术应用能力为主线的相辅相成的理论教学体系和实践教学体系，两个体系共同支撑培养目标。建筑工程技术专业课程体系见表 4-4。

表 4-4 建筑工程技术专业课程体系

文化基础课	军事理论、思想道德修养和法律基础、毛泽东思想和中国特色社会主义概论、时事及政策、高等数学、体育、外语、信息技术等
专业基础课程	建筑 CAD、建筑材料、建筑力学、建筑识图等
专业核心课程	建筑构造、建筑结构、地基与基础、建筑施工技术、建筑施工测量、建筑施工组织、建筑工程计量与计价等
专业拓展课程	建筑工程质量检测、建筑抗震、BIM 概论、BIM 建模、装配式建筑概论等
实践性教学环节	专业认知、识图实训、构造认知实训、测量实训、工种操作实训、CAD 操作实训、施工技术实训、施工组织实训、计量与计价实训、施工质量检验实训，建材实验、力学实验、土力学实验、结构实验，社会实践、综合实训与顶岗实习等

二、地下与隧道工程技术专业

地下与隧道工程技术专业课程体系见表 4-5。

表 4-5 地下与隧道工程技术专业课程体系

文化基础课	军事理论、思想道德修养和法律基础、毛泽东思想和中国特色社会主义概论、时事及政策、高等数学、体育、外语、信息技术等
专业基础课程	工程识图与绘制、建筑 CAD、建筑材料、地下工程测量、岩土力学、工程地质、BIM 技术应用等

续表

专业核心课程	建筑结构、地下建筑构造、钢筋混凝土结构施工、地基基础施工技术、地下工程施工技术、隧道工程施工技术、地下与隧道工程计量与计价、地下与隧道工程施工组织与管理等
专业拓展课程	建筑力学、隧道工程试验检测、地下工程灾害防护、装配式建筑概论、建筑法规、专业外语等
实践性教学环节	建筑材料检测实训、岩土力学实验、结构实验、岩土工程勘察报告识读实训、地下工程测量实训、地下工程施工实训、隧道工程施工实训、隧道工程检测实训、BIM 技术应用实训、工种实训、建筑 CAD 实训、施工图会审与放样实训、招投标与合同管理实训、施工方案编制实训、技术资料管理实训、顶岗实习等

三、土木工程检测技术专业

土木工程检测技术专业课程体系见表 4-6。

表 4-6 土木工程检测技术专业课程体系

文化基础课	军事理论、思想道德修养和法律基础、毛泽东思想和中国特色社会主义概论、时事及政策、高等数学、体育、外语、信息技术等
专业基础课程	工程制图与识图、工程力学、土力学与地基基础、土木工程结构、土木工程施工技术、工程测量、BIM 技术应用等
专业核心课程	工程材料与检测、土木工程结构实体检测、桩基工程检测、室内环境检测、工程质量检测管理、无损检测与电测技术等
专业拓展课程	施工内业资料与管理、检测仪器的使用与维护、试验室组建与管理、建筑节能检测、钢结构检测、工程项目管理等
实践性教学环节	实验、工程识图与构造综合训练、检测综合实训、跟岗实习、顶岗实习等

四、建筑钢结构工程技术专业

建筑钢结构工程技术专业课程体系见表 4-7。

表 4-7 建筑钢结构工程技术专业课程体系

文化基础课	军事理论、思想道德修养和法律基础、毛泽东思想和中国特色社会主义概论、时事及政策、高等数学、体育、外语、信息技术等
专业基础课程	建筑工程识图与构造、建筑 CAD、建设法规、建筑工程测量、混凝土结构与砌体结构、土力学与地基基础等
专业核心课程	钢结构基本原理、钢结构详图设计、钢结构加工制作、钢结构施工技术、钢结构检测、建筑工程项目管理、建筑工程计量与计价等
专业拓展课程	钢结构设计软件应用、钢结构施工验算、BIM 建模、建筑设备识图、空间网格结构、钢结构装配式住宅等
实践性教学环节	建材实验、力学实验、土力学实验、钢结构识图构造实训、测量实训、钢结构详图设计实训、钢结构检测实训、钢结构加工制作实训、钢结构施工实训、地基基础设计实训、BIM 建模与应用实训、毕业综合模拟、顶岗实习等

五、装配式建筑工程技术专业

装配式建筑工程技术专业课程体系见表 4-8。

表 4-8 装配式建筑工程技术专业课程体系

文化基础课	军事理论、思想道德修养和法律基础、毛泽东思想和中国特色社会主义概论、时事及政策、高等数学、体育、外语、信息技术等
专业基础课程	建筑构造与识图、建筑材料、土力学与地基基础、建筑力学、BIM 建模、建筑工程测量、建设工程法规等
专业核心课程	建筑结构、装配式建筑施工技术、装配式建筑深化设计、装配式构件生产与管理、装配式建筑计量与计价、建筑信息模型应用等
专业拓展课程	装配式建筑工程质量检测、装配式建筑工程项目管理、建筑抗震概论、工程监理概论、智能建造概论、施工机器人应用基础等
实践性教学环节	专业认知、识图实训、构造认知实训、测量实训、工种操作实训、施工技术实训、施工组织实训、计量与计价实训、社会实践、综合实训与顶岗实习等

六、智能建造技术专业

智能建造技术专业课程体系见表 4-9。

表 4-9 智能建造技术专业课程体系

文化基础课	军事理论、思想道德修养和法律基础、毛泽东思想和中国特色社会主义概论、时事及政策、高等数学、体育、外语、信息技术等
专业基础课程	建筑构造与识图、建筑材料、建筑力学、大数据与云计算、地理信息系统、建筑工业化技术等
专业核心课程	建筑结构、建筑信息模型应用、智能建造施工技术、自控技术与编程、智能机械与机器人、施工质量与安全管理等
专业拓展课程	智能建造施工项目管理、智能建造施工资料管理、建筑工程监理概论、建设工程法规等
实践性教学环节	专业认知、识图实训、构造认知实训、测量实训、工种操作实训、社会实践、综合实训与顶岗实习等

4.3 土建类专业毕业生的就业岗位及职业发展

4.3.1 就业岗位及应具备的专业知识

建筑工程技术专业毕业生的就业岗位

土建施工类专业毕业生就业领域为建筑业企业、房地产开发企业、建筑工程监理企业、建筑工程管理单位等相关企事业单位。一项调查表明，毕业生就业分布率最高的前 5 个岗位依次是：施工员、质量员、资料员、造价员、安全员，分别占被调查人数的 34.9%、20.5%、16.7%、10.7%、7.5%。但考虑到造价员主要由工程造价专业培养，因此确定土建施工类专业的核心职业岗位群时不考虑造价员。调查还发现，毕业生的就业岗位分布情况一是与就业企业的资质有关。特级、一级企业以质量员、资料员为主，二级及以下企业则以施工员为主；二是与就业地区经济发展水平有关。经济相对欠发达地区，就业于施工员岗位较多，甚至从事建筑、结构设计的尚占一定比例。

施工员、质量员、安全员、资料员的主要工作职责已在2.5节中介绍，应具备的专业知识见表4-10~表4-13。

表4-10 施工员应具备的专业知识

项次	分类	专业知识
1	通用知识	(1) 熟悉国家工程建设相关法律法规。 (2) 熟悉工程材料的基本知识。 (3) 掌握施工图识读、绘制的基本知识。 (4) 熟悉工程施工工艺和方法。 (5) 熟悉工程项目管理的基本知识。
2	基础知识	(6) 熟悉相关专业的力学知识。 (7) 熟悉建筑构造、建筑结构和建筑设备的基本知识。 (8) 熟悉工程预算的基本知识。 (9) 掌握计算机和相关资料信息管理软件的应用知识。 (10) 熟悉施工测量的基本知识。
3	岗位知识	(11) 熟悉与本岗位相关的标准和管理规定。 (12) 掌握施工组织设计及专项施工方案的内容和编制方法。 (13) 掌握施工进度计划的编制方法。 (14) 熟悉环境与职业健康安全管理的基本知识。 (15) 熟悉工程质量管理的基本知识。 (16) 熟悉工程成本管理的基本知识。 (17) 了解常用施工机械机具的性能。

表4-11 质量员应具备的专业知识

项次	分类	专业知识
1	通用知识	(1) 熟悉国家工程建设相关法律法规。 (2) 熟悉工程材料的基本知识。 (3) 掌握施工图识读、绘制的基本知识。 (4) 熟悉工程施工工艺和方法。 (5) 熟悉工程项目管理的基本知识。
2	基础知识	(6) 熟悉相关专业力学知识。 (7) 熟悉建筑构造、建筑结构和建筑设备的基本知识。 (8) 熟悉施工测量的基本知识。 (9) 掌握抽样统计分析的基本知识。
3	岗位知识	(10) 熟悉与本岗位相关的标准和管理规定。 (11) 掌握工程质量管理的基本知识。 (12) 掌握施工质量计划的内容和编制方法。 (13) 熟悉工程质量控制的方法。 (14) 了解施工试验的内容、方法和判定标准。 (15) 掌握工程质量问题的分析、预防及处理方法。

表 4-12 安全员应具备的专业知识

项次	分类	专业知识
1	通用知识	(1) 熟悉国家工程建设相关法律法规。 (2) 熟悉工程材料的基本知识。 (3) 熟悉施工图识读的基本知识。 (4) 了解工程施工工艺和方法。 (5) 熟悉工程项目管理的基本知识。
2	基础知识	(6) 了解建筑力学的基本知识。 (7) 熟悉建筑构造、建筑结构和建筑设备的基本知识。 (8) 掌握环境与职业健康管理的基本知识。
3	岗位知识	(9) 熟悉与本岗位相关的标准和管理规定。 (10) 掌握施工现场安全管理知识。 (11) 熟悉施工项目安全生产管理计划的内容和编制方法。 (12) 熟悉安全专项施工方案的内容和编制方法。 (13) 掌握施工现场安全事故的防范知识。 (14) 掌握安全事故救援处理知识。

表 4-13 资料员应具备的专业知识

项次	分类	专业知识
1	通用知识	(1) 熟悉国家工程建设相关法律法规。 (2) 了解工程材料的基本知识。 (3) 熟悉施工图绘制、识读的基本知识。 (4) 了解工程施工工艺和方法。 (5) 熟悉工程项目管理的基本知识。
2	基础知识	(6) 了解建筑构造、建筑设备及工程预算的基本知识。 (7) 掌握计算机和相关资料管理软件的应用知识。 (8) 掌握文秘、公文写作基本知识。
3	岗位知识	(9) 熟悉与本岗位相关的标准和管理规定。 (10) 熟悉工程竣工验收备案管理知识。 (11) 掌握城建档案管理、施工资料管理及建筑业统计的基础知识。 (12) 掌握资料安全管理知识。

4.3.2 土建施工类专业毕业生的继续深造

建筑工程技术毕业生的继续深造途径

改革开放以来，我国的高等教育蓬勃发展，现在全国已积累了上千万高职高专毕业生，随着社会主义现代化进程的加快，社会对高层次人才的需求不断增长，有些用人单位对员工提出了达到本科学历的要求，越来越多的高职高专毕业生要求提高学历层次。土建施工类专业毕业的高职高专生通过继续学习，不仅可以提升学历，同时可以使自己的专业知识更系统化，为以后的发展提供更大的空间。目前高职高专生继续深造的途径有两条，一是专升本，二是以同等学力的身份考取研究生。“专升本”招生是指具备大学本科办学资格的高校，根据国家下达的招生计划，以国民教育系列高等学校的高职高专毕业生为对象，举行普通本科院校组织的考试或高等教育自学考试，通过全国全日制普通高校“专升本”考试或成人高校“专升本”统一考试进行录取的本科招生类别，它与普通本科教育的最大区别是以专科为起点。

一、提升学历的重要性

1. 应聘工作

目前许多单位招聘对学历有要求，尤其是一些国有大中型建筑企业偏向于招聘较高学历者，故高职高专生由于学历原因，可能会丧失一些理想的工作机会。通过专升本后，取得本科及以上学历，有助于在就业中处于有利地位。当然，凡事都不是绝对的，高学历并不必然能事业成功，许多没有学历的人或学历不高的人一样创业很成功。

2. 考研

有了本科学历，不需学位证，就可以直接报考全国统招研究生了，而高职高专生只能在高职高专毕业满两年后以同等学力报考研究生，尽管国家规定允许高职高专毕业满两年后以同等学力报考研究生，但许多大学实际上却不愿招收高职高专生，会在许多方面设障碍，如要求发表论文，加试专业课，英语达到四级水平等。另外，在职获取硕士学位还要有学士学位，如果是高职高专，今后若想在职获取硕士学位，是没有机会的。

3. 考证

在建筑行业，为了自身的发展，在从事相关工作一定期限后，需要考取国家执业资格证，如果是本科以上学历，那么可以参加考试的年限将缩短。比如全国一级注册建造师考试，建筑工程类专科学历，需工作满 6 年才有资格报考，而本科学历只需 4 年后即可报考。早些获得的相关资格证书对自身的发展更有利。

总之，在当今社会，有个国家承认的本科学历甚至研究生学历很重要。平时看似没有用，当需要学历时，再去着手，不仅需要花更多的时间和金钱，重要的是人生的机遇也丧失了许多。所以建议在校高职高专同学一入校，应考虑自己该通过哪种途径获取更高学历。

二、专升本类别

专升本有多种类别，但可归为成人和普通两大序列。成人序列包括成考专升本、远程教育专升本、自考专升本，毕业时获得成人本科文凭；普通序列目前只有普通专升本一种形式，毕业时获得普通本科文凭。

1. 成考专升本

入学全国统一考试，考试科目为政治、数学(一)、英语三科。但考试相对容易，录取率较高，录取后学习较容易。目前已有不少成人学校开始实行注册入学，不用考试。

2. 远程教育专升本

不需入学考试，只要具有国民教育专科学历都可入学。但国家为改变办学混乱局面，要求必须通过教育部规定的英语和计算机基础统考才能毕业，相对增加了一些难度。

3. 自考专升本

自考专升本不需入学考试，学习也较自由。但由于自考是全国考试，而且无专职教师授课和辅导，所以学习难度较大。

4. 普通专升本

普高专升本一般由报考学校自己命题、自己组织考试，具体的考试科目并不统一，主要包括基础课程和专业课程两大部分。对于土建施工类专业的专升本考试，一般要有高等数学和英语作为基础课，另外可能会考材料力学、结构力学、建筑结构等专业课程。

从学生本人角度看来，普通专升本是有志提升学历的同学一个较为理想的途径。虽然从2006年起，国家规定普通专升本录取名额控制在当年应届专科生的5%~10%，但是只要认真备考还是可以被录取的；2008年出新规，且“211”“985”工程高校、独立学院取消专升本招生计划，各专业招生人数为当年应届毕业生的5%，且还需要专业对口，所以难度加大。每年报考的人很多，竞争很激烈，需要提前做好准备。

三、以同等学力的身份考取研究生

现在考研的热度是越来越高了，每年报名的人数都在创历史纪录。而且对于这么一件关系到自己前程的事情，很多高职高专同学都想知道自己能不能参加研究生考试。答案是肯定的，可以考。

教育部对报考硕士研究生的考生资格要求为：国家承认学历的应届本科毕业生及往届本科毕业生；国家承认学历的专科毕业生报考硕士研究生，须毕业两年（从专科毕业到录取为研究生当年的9月1日）或两年以上，并达到与大学本科毕业生同等学力。但是，招生单位有权根据本单位的实际情况，对考生的学历提出高于大专毕业的要求。所以，高职毕业生在选择报考院校前，应向招生单位研究生招生部门查询，确认所报单位是否允许高职毕业生报考。

要特别注意的是，很多学校对同等学力的考生还有一些另外的规定，比如要求有四级英语证书，或者要发表过相关领域的论文等。考生在确定报考哪一个学校时，一定要事先看看该学校最新的招生简章，以确定报考学校是否有上述附加要求。

授予博士、硕士学位学科目录见附录2。

4.3.3 土建施工类专业毕业生的职业发展

就像人们看到身边的高楼大厦正在不断地拔地而起、一条条宽阔平坦的大道向四面八方不断延伸一样，建筑行业对工程技术人才的需求也随之不断增长。人才市场招聘工程技术人员的企业共涉及100多个行业，其中在很多城市的人才市场上，建筑业的人才需求量已经跃居第一位。随着经济发展和城市基础设施建设工作的不断深入，工程技术人员在当前和今后一段时期内需求量还将不断上升。随着城市建设的不断升温，土建施工类专业的就业形势近年持续走高。因此，找到一份工作，对大多数毕业生来讲并非难事。但是，如何在大学阶段就做好职业生涯规划，找到正确的职业发展方向，为前途做好准备，这就不是每个大学生都明白的事情。

建筑工程技术毕业生的职业发展

同学们将来的职业发展主要有两种路径，一种是职务职称的晋升，一种是考取执业资格证书。

一、职务职称的晋升

施工员是每个工程项目必备的职位，对人才的需求量特别大。随着经济发展和路网改造、城市基础设施建设工作的不断深入，再加上个人住房市场的不断发展，可以说施工员有不错的就业前景。总体来看，施工员的工作比较辛苦，但发展路径颇为宽广，从以往的经验看，项目经理、设计师、结构工程师等大都要经历施工员这个阶段的磨炼。施工员的职业发展路径：施工员—项目技术负责人—项目经理—公司高层管理人员。

质量员是工程质量的第一个“把关人”。质量员也是每个项目必备的岗位，就业前景不错。因此，质量员选择在工程质量管理这条专业道路上发展应该不错。职业发展路径：质量员—项目质量负责人—项目经理—公司高层管理人员。从以往的经验看，质量员跳出施工单位，进入监理单位的不少，走另外一条职业发展路径：质量员—项目质量负责人—专业监理工程师—总监理工程师—公司高层管理人员。

安全员的工作就相对单纯一些，主要是执行国家、地方政府的各项安全管理规定，根据这些规定建立项目的安全保证体系和各项安全制度，再监督执行之。安全员的招聘一般要求求职者对建筑施工的安全操作规程非常熟悉，对现场的安全施工管理、安全用电、临时水电的管理有丰富经验，持有安全员证书。安全员职业发展路径，除了可以按照安全员—项目安全负责人—项目经理—公司高层管理人员路径发展外，还可以向着注册安全工程师方向发展。

资料员是建筑行业的基础岗位，是建筑施工不可缺少的管理人员，有着光明的就业前景。可以肯定地说，在未来几十年，资料员将在工程建设中大显身手。资料员的职业发展路径：可以向注册建造师、造价师方向发展。

二、考取执业资格证书

1. 我国建设行业执业资格制度

执业资格制度[101]是国家对某些承担较大责任，关系国家、社会和公众利益的重要专业岗位实行的一项管理制度。这项制度在发达国家已实行了一百多年，对保证执业人员素质、促进市场经济有序发展具有重要作用。随着我国经济社会的日益发展的需要，在越来越多的专业领域建立了执业资格制度。

取得相关专业的执业资格，不仅是对个人能力的认可，而且会对以后的职业发展产生重大影响，比如以后要做项目经理，那就必须得有注册建造师执业资格证。本节将介绍我国的执业资格制度的总体情况，以及本专业的学生适合参加哪些类别的执业资格考试，为今后的职业发展规划作参考。

（1）我国建设行业执业资格制度发展历程。我国建设行业执业资格制度始于 20 世纪 80 年代末的注册监理工程师。当时，随着改革开放步伐的加快，为规范市场秩序，保证工程质量，同时也为了推动我国建设行业走向国际市场和引进外资项目，建设部决定按照国际惯例拟在工程监理、建筑设计等领域建立工程师和建筑师执业资格注册制度。

建筑工程技术专业毕业生的职业发展

目前，已经建立的建设行业执业资格注册制度包括：

技术类：国家注册建筑师（一、二级）、勘察设计注册工程师（包括注册结构工程师、注册土木工程师、注册电气工程师、注册公用设备工程师等）、注册城市规划师；

管理类：国家注册建造师（一、二级）、国家注册监理工程师；

经济类：国家注册造价工程师、房地产估价师。

（2）我国建设行业执业资格制度的特点。执业资格制度是国际上的通行做法，但不同的国家和地区根据各自的实际情况在具体做法上也不尽相同。我国专业技术人员执业资格制度由人事部归口管理，建设行业执业资格制度在专业设置、认证体系、管理模式方面具有以下特点：

① 专业设置。执业资格是政府对一些责任较大，社会通用性强，关系公共利益的专业技术工作实行的准入控制；国家在建设行业中实行执业资格制度的专业都是行业中事关工程质量安全以及关系国家、社会和公众生命财产安全的专业。

② 认证体系。参照国际成熟做法，我国建设行业执业资格认证体系包括专业教育评估、执业实践、资格考试、注册管理、继续教育和信用档案六部分。

专业教育评估是执业注册制度的首要环节，是保证执业注册师在接受正规系统的专业教育时必须达到的专业理论知识能力和职业能力，是执业注册制度的基础。

执业实践标准规定了专业技术人员要想获得某专业的执业资格必须在该领域内工作一定年限，有的还规定了专业技术人员所负责的工程应达到的复杂程度。

资格考试是取得执业资格的主要方式，满足一定学历和实践要求的人员可报名参加全国统一组织的执业资格考试，考试合格者取得执业资格证书。

注册管理是执业资格制度的中心内容，是指取得执业资格证书的人员经注册机关审核批准颁发相应的注册证书后被允许以相应的名义执业，注册有效期一般为2~3年。

继续教育是执业人员能否继续注册执业的重要依据，对不断提高执业人员的专业技术水平具有重要意义。

建立执业人员信用档案，实施执业资格社会信用制度，是规范和整顿市场秩序的必要措施。

③ 管理模式。按照国际通行做法，对于关系公众生命财产安全，实行强制性准入控制的执业资格，由政府授权的机构依法进行教育评估及注册管理；对于非强制性的服务类的执业资格，由行业注册师协会实行自律管理。目前，建设行业执业资格制度除房地产经纪人由专业学会自律管理外都带有政府强制性，即只有取得执业资格并经过注册的专业技术人员才被允许以相应的名义执业，并享有相关的权利和义务，承担相应的法律责任。

(3) 我国建设行业实行执业资格制度的作用。建设行业实行执业资格制度以来，建设部、人事部及相关专家学者和有关方面为实施推动其发展做了大量而富有成效的工作，为推动建设事业的持续健康发展起到了重要作用。

① 促进了建设行业管理体制改革。执业资格制度是社会主义市场经济体制下行业发展和改革的客观要求，集中体现了市场经济公平、竞争、法治的原则。市场经济体制的建立，要求建设行业管理应以个人执业资格管理为主。在注册建筑师、注册结构工程师、注册监理工程师、注册造价工程师、注册房地产估价师、注册建造师等执业资格制度建立后，单位资质管理与个人执业资格管理相结合的市场准入管理机制已经形成，并为将来步入以个人执业资格管理为主的轨道铺平了道路。

② 提高了建设行业专业技术人员的素质。经过努力，我国的执业资格制度健康发展，不断规范和完善，成为社会最为关注、行业最为重视、个人最为迫切的一种人才选拔制度，同时通过教育评估有力推动了高校的专业建设，提高了其办学水平和人才培养质量。目前，我国建设行业执业人员队伍在逐步扩大，一支初具规模的高水平、高素质的人才队伍正在形成。通过严格的考试和注册管理，这些人员已成为建设行业的中坚力量，他们为规范市场秩序，促进行业发展做出了重要贡献。

③ 为建设行业参与国际竞争创造了条件。我国建设行业建立符合国际通行做法的专业技术人员执业资格制度，积极推进双边或多边执业资格的国际合作和交流工作，并就一

些执业资格开展了国际互认,逐步实现专业技术人才国际化,为我国建设行业实施"走出去"战略,积极参与国际竞争创造了条件。目前,我们的注册建筑师、注册结构工程师、房地产估价师等专业分别与美国、英国开展了试点互认工作,在国际上得到了广泛的认可;内地房地产估价师与香港测量师、中国一级注册建筑师与香港建筑师学会会员已经达成资格互认,与香港地区就注册结构工程师、注册监理工程师的资格互认工作也正在进行中。

概括地讲,实行执业资格制度有利于加快人才培养,促进和提高专业队伍素质和业务水平;有利于统一专业人员的业务能力标准,从而合理使用专业技术人才;有利于同国际接轨,推进资格互认工作,参与国际竞争,开拓国际市场。

2. 土建施工类专业相关执业资格考试简介

(1) 注册建造师

建造师是以专业技术为依托、以工程项目管理为主业的执业注册人员,近期以施工管理为主。建造师是懂管理、懂技术、懂经济、懂法规,综合素质较高的复合型人员,既要有理论水平,也要有丰富的实践经验和较强的组织能力。建造师注册受聘后,可以建造师的名义担任建设工程项目施工的项目经理、从事其他施工活动的管理、从事法律和行政法规或国务院建设行政主管部门规定的其他业务。

在行使项目经理职责时,一级注册建造师可以担任《建筑业企业资质等级标准》中规定的特级、一级建筑业企业资质的建设工程项目施工的项目经理;二级注册建造师可以担任二级建筑业企业资质的建设工程项目施工的项目经理。大中型工程项目的项目经理必须逐步由取得建造师执业资格的人员担任。

① 一级建造师考试:

a. 考试科目。一级建造师考试共设"建设工程经济""建设工程法规及相关知识""建设工程项目管理""专业工程管理与实务"四个科目。"专业工程管理与实务"科目设置10个专业类别:建筑工程、公路工程、铁路工程、民航机场工程、港口与航道工程、水利水电工程、市政公用工程、通信与广电工程、矿业工程、机电工程,考生在报名时可根据实际工作需要选择其中一个专业类别。

一级建造师执业资格考试实行2年为一个周期的滚动管理办法,参加全部4个科目考试的人员,必须在连续2个考试年度内通过全部科目的考试,方能获得一级建造师执业资格;免试部分科目的人员,必须在1个考试年度内通过应试科目,才能获得一级建造师执业资格。

b. 报考条件。凡遵守国家法律、法规,具备下列条件之一者,可以申请参加一级建造师执业资格考试:

取得工程类或工程经济类大学专科学历,工作满6年,其中从事建设工程项目施工管理工作满4年;

取得工程类或工程经济类大学本科学历,工作满4年,其中从事建设工程项目施工管理工作满3年;

取得工程类或工程经济类双学士学位或研究生班毕业,工作满3年,其中从事建设工程项目施工管理工作满2年;

取得工程类或工程经济类硕士学位,工作满2年,其中从事建设工程项目施工管理工作满1年;

取得工程类或工程经济类博士学位，从事建设工程项目施工管理工作满1年。

② 二级建造师考试：

a. 考试科目。二级建造师执业资格考试共设三个科目："建设工程施工管理""建设工程法规及相关知识""专业工程管理与实务"。

"专业工程管理与实务"科目的专业类别为：建筑工程、公路工程、水利水电工程、市政公用工程、矿业工程、机电工程，考生在报名时可根据实际工作需要选择其中一个专业类别。

二级建造师执业资格考试实行2年为一个周期的滚动管理办法，参加全部3个科目考试的人员必须在连续2个考试年度内通过全部科目的考试，方能获得二级建造师执业资格；免考部分科目的人员必须在1个考试年度内通过应考科目，才能获得二级建造师执业资格。

b. 报考条件。凡遵守国家法律、法规，并具备工程类或工程经济类中专及以上学历，并从事建设工程项目施工与管理工作满2年，可报名参加二级建造师执业资格考试。

符合以上报名条件，并取得建筑施工二级项目经理资质及以上证书，且符合下列条件之一可免考相应科目：

具有中级及以上技术职称，从事建设项目施工管理工作满15年，可免予"建设工程施工管理"考试；

取得一级项目经理资质证书，并具有中级及以上技术职称；或取得一级项目经理资质证书，从事建设项目施工管理工作满15年，可免予"建设工程施工管理"和"建设工程法规及相关知识"考试。

已取得某一个专业二级建造师执业资格的人员，可根据工作实际需要，选择另一个"专业工程管理与实务"科目的考试。

经国务院有关部门同意，获准在中华人民共和国境内从事建设工程项目施工管理的外籍及港、澳、台地区的专业人员，符合上述报考条件的，也可报名参加二级建造师执业资格考试。

(2) 监理工程师

监理工程师是指通过职业资格考试取得中华人民共和国监理工程师职业资格证书，并经注册后从事建设工程监理工作的专业技术人员。

国家设置监理工程师准入类职业资格，纳入国家职业资格目录。凡从事工程监理活动的单位，应当配备监理工程师。

监理工程师职业资格考试全国统一大纲、统一命题、统一组织，设置基础科目和专业科目。

① 考试科目。监理工程师职业资格考试设建设工程监理基本理论和相关法规、建设工程合同管理、建设工程目标控制、建设工程监理案例分析4个科目。其中建设工程监理基本理论和相关法规、建设工程合同管理为基础科目，建设工程目标控制、建设工程监理案例分析为专业科目。

监理工程师职业资格考试专业科目分为土木建筑工程、交通运输工程、水利工程3个专业类别。其中，土木建筑工程专业由住房和城乡建设部负责；交通运输工程专业由交通运输部负责；水利工程专业由水利部负责。

② 报考条件。凡遵守中华人民共和国宪法、法律、法规,具有良好的业务素质和道德品行,具备下列条件之一者,可以申请参加监理工程师职业资格考试:

a. 具有工程管理、土木工程、交通运输、水利大类专业大学专科学历(或高等职业教育),从事工程监理业务工作满 5 年;

b. 具有土木类、建筑类、交通运输类、水利类、管理科学与工程类专业大学本科学历或学位,从事工程监理业务工作满 4 年;

c. 具有建筑学、土木工程、交通运输工程、水利工程、管理科学与工程一级学科硕士学位或专业学位,从事工程监理业务工作满 3 年;

d. 具有建筑学、土木工程、交通运输工程、水利工程、管理科学与工程一级学科博士学位,从事工程监理业务工作满 1 年;

e. 具有工学、管理学门类其他学科专业相应学历或者学位的人员,从事工程监理业务工作年限相应增加 1 年。

在北京、上海等试点地区申请参加监理工程师职业资格考试,应当具有大学本科及以上学历或学位。

(3) 注册安全工程师

注册安全工程师,是指通过职业资格考试取得中华人民共和国注册安全工程师职业资格证书(以下简称注册安全工程师职业资格证书),经注册后从事安全生产管理、安全工程技术工作或提供安全生产专业服务的专业技术人员。

国家设置注册安全工程师准入类职业资格,纳入国家职业资格目录。注册安全工程师级别设置为:高级、中级、初级。

注册安全工程师专业类别划分为:煤矿安全、金属非金属矿山安全、化工安全、金属冶炼安全、建筑施工安全、道路运输安全、其他安全(不包括消防安全)。

中级注册安全工程师职业资格考试全国统一大纲、统一命题、统一组织。初级注册安全工程师职业资格考试全国统一大纲,各省、自治区、直辖市自主命题并组织实施,一般应按照专业类别考试。

① 考试科目。注册安全工程师职业资格考试设四个科目,即安全生产法律法规、安全生产管理知识、安全生产技术基础、安全生产专业实务。

② 报考条件。凡遵守中华人民共和国宪法、法律、法规,具有良好的业务素质和道德品行,具备下列条件之一者,可以申请参加中级注册安全工程师职业资格考试:

a. 具有安全工程及相关专业大学专科学历,从事安全生产业务满 5 年;或具有其他专业大学专科学历,从事安全生产业务满 7 年。

b. 具有安全工程及相关专业大学本科学历,从事安全生产业务满 3 年;或具有其他专业大学本科学历,从事安全生产业务满 5 年。

c. 具有安全工程及相关专业第二学士学位,从事安全生产业务满 2 年;或具有其他专业第二学士学位,从事安全生产业务满 3 年。

d. 具有安全工程及相关专业硕士学位,从事安全生产业务满 1 年;或具有其他专业硕士学位,从事安全生产业务满 2 年。

e. 具有博士学位,从事安全生产业务满 1 年。

f. 取得初级注册安全工程师职业资格后,从事安全生产业务满 3 年。

凡遵守中华人民共和国宪法、法律、法规，具有良好的业务素质和道德品行，具备下列条件之一者，可以申请参加初级注册安全工程师职业资格考试：

a. 具有安全工程及相关专业中专学历，从事安全生产业务满4年；或具有其他专业中专学历，从事安全生产业务满5年。

b. 具有安全工程及相关专业大学专科学历，从事安全生产业务满2年；或具有其他专业大学专科学历，从事安全生产业务满3年。

c. 具有大学本科及以上学历，从事安全生产业务。

(4) 造价工程师

造价工程师是指通过职业资格考试取得中华人民共和国造价工程师职业资格证书，并经注册后从事建设工程造价工作的专业技术人员。工程造价咨询企业应配备造价工程师，工程建设活动中有关工程造价管理岗位按需要配备造价工程师。

国家设置造价工程师准入类职业资格，造价工程师分为一级造价工程师和二级造价工程师。一级造价工程师职业资格考试全国统一大纲、统一命题、统一组织；二级造价工程师职业资格考试全国统一大纲，各省、自治区、直辖市自主命题并组织实施。

① 考试科目。一级造价工程师职业资格考试设建设工程造价管理、建设工程计价、建设工程技术与计量、建设工程造价案例分析4个科目。其中建设工程造价管理和建设工程计价为基础科目，建设工程技术与计量和建设工程造价案例分析为专业科目。

二级造价工程师职业资格考试设建设工程造价管理基础知识、建设工程计量与计价实务2个科目。其中建设工程造价管理基础知识为基础科目，建设工程计量与计价实务为专业科目。

造价工程师职业资格考试专业科目分为土木建筑工程、交通运输工程、水利工程和安装工程4个专业类别。其中，土木建筑工程、安装工程专业由住房和城乡建设部负责；交通运输工程专业由交通运输部负责；水利工程专业由水利部负责。

② 报考条件。凡遵守中华人民共和国宪法、法律、法规，具有良好的业务素质和道德品行，具备下列条件之一者，可以申请参加一级造价工程师职业资格考试：

a. 具有工程造价专业大学专科（或高等职业教育）学历，从事工程造价业务工作满5年；

具有土木建筑、水利、装备制造、交通运输、电子信息、财经商贸大类大学专科（或高等职业教育）学历，从事工程造价业务工作满6年。

b. 具有通过工程教育专业评估（认证）的工程管理、工程造价专业大学本科学历或学位，从事工程造价业务工作满4年；

具有工学、管理学、经济学门类大学本科学历或学位，从事工程造价业务工作满5年。

c. 具有工学、管理学、经济学门类硕士学位或者第二学士学位，从事工程造价业务工作满3年。

d. 具有工学、管理学、经济学门类博士学位，从事工程造价业务工作满1年。

e. 具有其他专业相应学历或者学位的人员，从事工程造价业务工作年限相应增加1年。

凡遵守中华人民共和国宪法、法律、法规，具有良好的业务素质和道德品行，具备下列条件之一者，可以申请参加二级造价工程师职业资格考试：

a. 具有工程造价专业大学专科（或高等职业教育）学历，从事工程造价业务工作满

2年；

具有土木建筑、水利、装备制造、交通运输、电子信息、财经商贸大类大学专科（或高等职业教育）学历，从事工程造价业务工作满3年。

b. 具有工程管理、工程造价专业大学本科及以上学历或学位，从事工程造价业务工作满1年；

具有工学、管理学、经济学门类大学本科及以上学历或学位，从事工程造价业务工作满2年。

c. 具有其他专业相应学历或学位的人员，从事工程造价业务工作年限相应增加1年。

4.4 土建施工类专业的发展状况

"建筑工程技术专业"是一个历史悠久的专业。1950年代初，我国学习苏联的教育体系，在本科、专科、中专学校开设工业与民用建筑专业。之后，曾经使用"房屋建筑工程专业""建筑工程专业"等名称。"建筑工程技术专业"的名称源自2004年教育部颁布的《普通高等学校高职高专教育指导性专业目录（试行）》。目前，建筑工程技术专业是我国规模最大、发展最快的专业之一。据2019年统计，全国开办建筑工程技术专业的院校达730所，年招生量达10.93万人，在校生23.68万人。

与建筑工程技术专业相比，地下与隧道工程技术专业、土木工程检测技术专业、建筑钢结构工程技术专业则是年轻并且规模小的专业。地下与隧道工程技术专业是2004年《普通高等学校高职高专教育指导性专业目录（试行）》颁布以后各校才陆续开办的，而土木工程检测技术专业、建筑钢结构工程技术专业是2015年纳入《普通高等学校高等职业教育（专科）专业目录（2015年）》的。然而，虽然它们的开办时间短、规模小，但其发展很快。装配式建筑工程技术专业、智能建造技术专业则是2021年纳入《职业教育专业目录（2021年）》的。

土建施工类专业2008年、2015年、2019年开设院校数、招生人数、在校生人数情况对比见表4-14。

表4-14 土建施工类专业2008年、2010年、2019年情况对比

项目 专业/年份		开设院校		招生		在校生	
		数量/所	增长率/%	年招生人数/人	增长率/%	在校生人数/人	增长率/%
建筑工程技术	2008年	484	—	59 703	—	165 370	—
	2015年	714	47.5	79 625	33.4	305 834	84.9
	2019年	730	2.2	109 343	37.3	236 800	−22.6
地下与隧道工程技术	2008年	16	—	758		2 301	—
	2015年	26	62.5	1 200	58.3	4 171	81.2
	2019年	51	96.2	2 829	135.8	8 236	97.5

续表

专业/年份		开设院校		招生		在校生	
		数量/所	增长率/%	年招生人数/人	增长率/%	在校生人数/人	增长率/%
土木工程检测技术	2008年	—	—	—	—	—	—
	2015年	13	—	908	—	2 413	—
	2019年	35	169.2	3 478	283.0	7 450	208.7
建筑钢结构工程技术	2008年	—	—	—	—	—	—
	2015年	14	—	608	—	1 828	—
	2019年	30	114.3	731	20.2	2 386	30.5

建筑业受国家政策影响较大，近几年，中国拉动经济内需，建筑业就业形势良好，目前国家提出保障房政策，也会带动建筑业的发展。建筑施工方向是多数土建施工类专业毕业生的就业选择，但依然有少数毕业生从事设计、工程概预算工作。建筑业企业数量庞大，市场业务众多，人才需求量大。但无论哪个专业，其就业前景好与不好都是相对的。即使所学专业不易就业，对于在大学期间学习到了真知识、真本领的学生来说，也是容易就业的。而那些在大学里没有学到东西的学生，其专业就业前景再好，恐怕就业也很困难。目前，建筑类专业毕业生的整体素质还有待提高。

随着国民经济的发展和人民生活水平的不断提高，建筑行业发展的势头越来越好。各项基础设施的建设得到了大力发展，如房地产开发、地下工程建设、通信工程、文娱体育休闲设施建设、绿化工程、环保工程等。此外，随着国家经济开发的战略转移，辽阔的西部经济将得到大力发展，与之俱来的大量设施基础建设将展开，如公路建设、铁路建设、桥梁建设、基础生活生产设施建设、水利工程建设、涵洞的开凿及西气东输工程等。这些都需要大量懂得高新建筑技术，具有较强实践能力及具有较高综合素质的建筑技术人才。随着我国城市化进程的加快，房地产业以及建筑业的发展突飞猛进，高职土建施工类专业既面临着极好的发展机遇，也面临着严峻的挑战。

扩展资料

土木工程专业本科培养方案①

一、培养目标

本专业培养适应社会主义现代化建设需要，具有国际视野和科学发展观，掌握土木工程学科基本理论、基本知识和必要实践能力，获得工程师基本训练，能在铁道工程、公路工程、桥梁工程、建筑工程、隧道与地下结构工程等部门从事规划、设计、施工、管理和科学研究的创新型、复合型高级土木工程专业人才。

① 此方案为土木工程专业典型培养方案，各校会有所不同。

二、培养要求

1. 政治思想和品德要求

热爱社会主义祖国,拥护中国共产党的领导,理解马克思主义、毛泽东思想和中国特色社会主义理论体系;愿为社会主义现代化建设服务,为人民服务,有为国家富强、民族昌盛而奋斗的志向和责任感;具有敬业爱岗、艰苦奋斗、遵纪守法、团结合作的品质,具有良好的思想品德、社会公德和职业道德。

2. 身体素质要求

具有一定的体育和军事基本知识,掌握科学锻炼身体的基本技能,养成良好的体育锻炼和卫生习惯,受到必要的军事训练,达到国家规定的大学生体育和军事训练合格标准,形成健全的心理和健康的体魄,能够履行建设祖国和保卫祖国的神圣义务。

3. 主要知识与能力要求

(1) 具有基本的人文社会科学理论知识和素养。

(2) 具有较扎实的自然科学基本理论知识,了解当代科学技术发展的主要方面和应用前景。

(3) 具有土木工程学科扎实的基础知识和基本理论,掌握工程力学、流体力学、岩土工程的基本理论,掌握土木工程材料、工程地质、施工技术和施工组织、工程经济与管理的基本知识,掌握工程制图((含计算机绘图)、工程测量、测试与试验的基本技能,掌握一种计算机程序语言及其应用的能力。

(4) 可选择在土木工程某一方向(业务范围),掌握该方向工程项目的规划、勘测、设计、施工、养护、管理的基本知识和能力,具有一定的研究和应用开发的创新能力。对其他两个或两个以上方向的工程对象也有一定的了解。

(5) 具有综合应用各种手段查询资料、获取信息的基本能力。

(6) 了解土木工程建设的主要法规。

(7) 掌握一门外国语。能顺利阅读本专业的外文资料,并具有听、说、写的初步能力。

三、主干课程

高等数学(微积分、线性代数、概率论、数理统计)、工程力学(理论力学、材料力学)、工程制图、结构力学、流体力学、工程测量、土力学、基础工程、土木工程材料、混凝土结构设计原理、钢结构设计原理、铁道工程、道路工程、桥梁工程、隧道工程、房屋工程。

四、毕业合格标准

本大类学生应达到学校对本科毕业生提出的德、智、体、美等方面的要求,完成培养方案规定的各教学环节的学习,最低修满 190 学分;其中必须修满规定的必修课程学分,毕业设计(论文)答辩合格,方可准予毕业。

五、学制与学位

标准学制 4 年,学习年限 3~6 年

学位:工学学士

六、课程设置及学分

1. 公共课程(表 4-15)

表 4-15 土木工程专业公共课程

课程名称	学分数	备注
基础英语	12	必修课程
思想道德修养与法律基础	3	
大学生心理健康教育	1	
中国近现代史纲要	2	
马克思主义基本原理	3	
毛泽东思想和中国特色社会主义概论	5	
形势与政策	1	
体育	4	
体育课外测试	1.5	
军训	2.5	
毕业教育	0.5	
全校性选修课程	10	分散在全学程

2. 大类课程(表 4-16)

表 4-16 土木工程专业大类课程

课程名称	学分数	备注
微积分 I A	5.5	必修课程
微积分 II A	3	
微积分 III A	1.5	
线性代数 I	2	
概率论 B	2	
数理统计 II	1.5	
大学物理 II	7.5	
物理实验 II	1.5	
工程制图	4.5	
计算机程序设计基础	3	
土木工程概论	1	
大学计算机基础实践	1	
计算机程序设计实践	2	
普通化学 II	2	选修课程
大学计算机基础	2.5	
科学计算与数学建模	4	
科学计算与 MATLAB 语言	3	

续表

课程名称	学分数	备注
多媒体技术与应用	3	选修课程
网络技术与应用	2	
网页设计技术与应用	3	
高级英语	4	

3. 专业课程(表 4-17)

表 4-17 土木工程专业专业课程

课程名称	学分数	备注
理论力学Ⅰ	4.5	必修课程
材料力学Ⅰ	4.5	
力学基础实验	0.5	
结构力学	5.5	
流体力学	2.5	
工程测量	4	
土木工程材料	3.5	
工程地质	2.5	
土力学	2.5	
基础工程	2.5	
混凝土结构设计原理	4.5	
钢结构设计原理	3	
结构试验	2	
工程经济与管理	1.5	
铁路选线设计	3	铁道方向必修课程
轨道工程	3	
路基及支挡结构	2	
道路勘测设计	3	公路方向必修课程
路基路面工程	3.5	
道路施工	1.5	
桥渡设计	1.5	桥梁方向必修课程
混凝土桥	4	
钢桥	2.5	

续表

课程名称	学分数	备注
地下建筑物规划设计	2.5	隧道方向必修课程
隧道工程	3	
地下铁道	2.5	
混凝土结构及砌体结构	3	建筑工程方向必修课程
房屋钢结构	1.5	
高层建筑结构设计	2	
建筑施工技术	1.5	
铁道工程	2	选修课程
道路工程	2	
桥梁工程	2	
隧道工程	2	
房屋工程	2	
岩土工程	2	
现代预应力技术	1.5	
钢-混凝土组合结构	1.5	
结构抗震设计原理	1.5	
土木工程检测	2	
工程结构可靠度	1.5	
建筑节能工程	1.5	
电工学Ⅱ	2	
建筑功能材料	2	
建设法规	1	
施工组织及概预算	1.5	
机械设计基础Ⅱ	3.5	
土建安全工程	1.5	
土木工程监理	1.5	
工程机械	2	
防灾减灾概论	1.5	
数据库技术与应用	3	
弹性力学及有限元	1.5	
交通工程	2	
道路工程	1.5	
地基加固与处理	1.5	

续表

课程名称	学分数	备注
高速及重载铁路	2	铁道方向选修课程
城市轨道交通	1.5	
高速公路	2	公路方向选修课程
城市道路设计	2	
沥青及沥青混合材料	1.5	
桥梁建造	1.5	桥梁方向选修课程
桥梁振动	2	
桥梁文化与美学	1.5	
岩体力学	2	隧道方向选修课程
爆破工程	1.5	
房屋建筑学	3	建筑工程方向选修课程
特种结构	1.5	
土木工程认识实习	1	必修课程
勘测实习	4	
工程地质实习	2	
生产实习	4	
计算机辅助设计(CAD)实践	1	
混凝土结构设计原理课程设计	1	
钢结构设计原理课程设计	1	
基础工程课程设计	1	
铁路选线课程设计	1	铁道方向必修课程
铁路轨道课程设计	1	
道路勘测课程设计	1	公路方向必修课程
路基路面工程课程设计	1	
桥渡课程设计	0.5	桥梁方向必修课程
混凝土桥课程设计	1	
钢桥课程设计	0.5	
隧道工程课程设计	1	隧道方向必修课程
地下建筑物规划课程设计	1	
房屋建筑课程设计	0.5	建筑工程方向必修课程
混凝土结构课程设计	1	
建筑施工课程设计	0.5	
毕业实习与毕业设计(论文)	16	必修课程

4. 课外研学

至少修满8个学分，时间分散在全学程。

七、主要实践性教学环节

课程设计、社会调查、实习、毕业(设计)论文、军训、公益劳动等。

八、说明

土木工程专业在第六学期开始，分为铁道工程方向、公路工程方向、桥梁工程方向、隧道及地下结构工程方向、建筑工程方向，但毕业时均作为土木工程专业毕业生。

学习单元 5

—— 走进大学学习 ——

■ **学习导引** ………………………………………………………………… ■

学习活动，历来是人类赖以生存、发展和维持社会进步的必要活动。随着社会的发展，知识的迅猛增长，学习活动也越来越复杂。什么是学习？学习有什么作用？该怎么学？古今中外有哪些学习理论？本单元将阐述这些问题。

■ **学习目标** ………………………………………………………………… ■

熟悉学习的过程及作用，了解学习的基本原理；掌握大学与中学学习的差别，了解大学学习的特点，掌握大学学习的重要性，掌握目前大学生在学习中存在的主要障碍，掌握大学学习的一般要求；了解专业教学论与教学方法，了解行动导向的教学方法，掌握土建施工类专业的学习方法。

5.1 学习的原理

5.1.1 什么是学习

> 什么是学习？
> 学习过程包括哪几个环节？

学习的定义有多种。从词源学角度讲，“学”的意思是模仿，“习”是指鸟频频起飞，“学习”就是指小鸟反复学飞。《现代汉语词典》（商务印书馆，2016 年第 7 版）将学习解释为“从阅读、听讲、研究、实践中获取知识或技能”。《心理学大辞典》对学习的解释是：经验的获得及行为变化的过程。我国著名心理学家潘菽曾对人类的学习下了这样的定义：人的学习[102]是在社会生活实践中，以语言为中介，自觉地、积极主动掌握社会和个人的经验的过程。古今中外很多教育大家对学习都有深刻的见解。

弗朗西斯·培根（FrancisBacon，1561—1626，图 5-1），英国近代唯物主义哲学家、思想家和科学家，被马克思称为“英国唯物主义和整个现代实验科学的真正始祖”。培根出生于英国伦敦的一个贵族家庭,从小酷爱学习,13岁进入著名的剑桥大学学习。他的一生经历了诸多磨难,复杂多变的生活经历丰富了他的阅历,同时也使他思想成熟,言论深邃,富含哲理。他的整个世界观是现世的而不是宗教的。他是一位理性主义者而不是迷信的崇拜者,是一位经验论者而不是诡辩学者。在政治上,他是一位现实主义者而不是理论家。他的主要著作有:《新工具》《学术的进步》《新大西岛》等。代表作《新工具》,在近代哲学史上具有划时代的意义和广泛的影响,哲学家由此把它看成是从古代唯物论向近代唯物论转变的先驱。

图5-1 培根

培根名言

- 读史使人明智,读诗使人灵秀,数学使人周密,物理学使人深刻,伦理学使人庄重,逻辑修辞之学使人善辩;凡有所学,皆成性格。
- 真理是时间之产物,而不是权威之产物。
- 读书不是为了雄辩和驳斥,也不是为了轻信和盲从,而是为了思考和权衡。

伯特兰·罗素(BertrandRussell,1872—1970,图5-2)英国哲学家、数学家、逻辑学家、历史学家、社会学家,也是20世纪西方最著名、影响最大的学者和社会活动家。1872年生于英国威尔士一个贵族世家。罗素一生兼有学者和社会活动家的双重身份,以追求真理和正义为终生之志。他的主要贡献首先是在数理逻辑方面,他由数理逻辑出发,建立了逻辑原子论和新实在论,这使他成为现代分析哲学的创始人之一。在对真理的求索中,罗素从无门户之见,善于向各方面学习,善于自我省察,不断修改自己的观点。罗素一生完成了40余部著作,涉及哲学、数学、科学、伦理学、社会学、教育、历史、宗教以及政治等各方面。1950年,罗素获诺贝尔文学奖,以表彰其“多样且重要的作品,持续不断的追求人道主义理想和思想自由”。

图5-2 罗素

罗素名言

- 使人生愉快的必要条件是智慧,而智慧可经由教育而获得。
- 从错误中吸取教训是教育重要的一部分。

蔡元培(1868—1940,图5-3),字鹤卿,浙江绍兴山阴人,原籍诸暨。中国近现代革命家、教育家、政治家。“中华民国”首任教育总长,1916—1927年任北京大学校长,革新北大,开“学术”与“自由”之风;1920—1930年,蔡元培同时兼任中法大学校长。蔡元培的一生,始终信守爱国和民主的政治理念,致力于废除封建主义的教育制度,奠定了我国新式教育制度的基础,为我国教育、文化、科学事业的发展作出了富有开创性的贡献,被毛泽东同志誉为“学界泰斗,人世楷模”。他提出了“五育”(军国民教育、实利主义教育、公民道德教育、世界观教育、美感教育)并举的教育方针和“尚自然”“展个性”的儿童教育主张。其教育论著有《蔡元培教育文选》《蔡元培教育论著选》等。

图5-3 蔡元培

蔡元培名言

- 大学为纯粹研究学问之机关,不可视为养成资格之所,亦不可视为贩卖知识之所。学者当有研究学问之兴趣,尤当养成学问家之人格。

陶行知名言

- 中国教育之通病是教用脑的人不用手，不教用手的人用脑，所以一无所能。中国教育革命的对策是手脑联盟，结果是手与脑的力量都可以大到不可思议。
- 教师的职务是“千教万教，教人求真”；学生的职务是“千学万学，学做真人”。
- 要把教育和知识变成空气一样，弥漫于宇宙，洗荡于乾坤，普及众生，人人有得呼吸。

黄炎培名言

- 凡用教育方法，使人人获得生活的供给及乐趣，一面尽其对群众之义务，此教育名曰职业教育。
- 要使动手的读书，读书的动手，把读书和做工两下联系起来。
- 理论与实际并行，知识与技能并重。

陶行知（1891—1946，图5-4），徽州歙县人，教育家、思想家，民主主义战士，伟大的共产主义战士，爱国者。他是中国人民救国会和中国民主同盟的主要领导人之一。曾任南京高等师范学校教务主任，继任中华教育改进社总干事。先后创办晓庄学校、生活教育社、山海工学团、育才学校和社会大学。陶行知以“捧着一颗心来，不带半根草去”的赤子之忱，为中国教育探寻新路。最可贵的是，他不仅在理论上进行探索，又以“甘当骆驼”的精神努力践行平民教育，30年如一日矢志不移，其精神为人所同钦，世所共仰。他提出了“生活即教育”“社会即学校”“教学做合一”三大主张，生活教育理论是陶行知教育思想的理论核心。著作有：《中国教育改造》《斋夫自由谈》《行知书信》《行知诗歌集》。

图5-4 陶行知

黄炎培（1878—1965，图5-5），号楚南，字任之，笔名抱一。江苏川沙县（今属上海市）人。黄炎培是中国近现代著名的爱国主义者和民主主义教育家，中国近代职业教育的创始人和理论家。他以毕生精力奉献于中国的职业教育事业，为改革脱离社会生活和生产的传统教育，建设中国的职业教育，作出了重要贡献。他在《东西两大陆教育不同之根本谈》一文中认为，中国的教育“乃纯乎为纸面上之教育。所学非所用，所用非所学”，改良之道“不独须从方法上研究，更须在思想上研究”。他的结论是采取实用主义，发展职业教育。1918年8月，他在上海市创立了中华职业学校，设木工、铁工、珐琅、纽扣四科，并附设工厂。后来又添设土木、留法勤工俭学、染织、师范、商业等科。黄炎培亲订了“劳工神圣”“双手万能”“手脑并用”的办学方针和“敬业乐群”校训，并进一步明确说明职业教育的目的是为个人谋生之预备，为个人服务社会之预备，为世界及国家增进生产能力之预备。

图5-5 黄炎培

学生的学习有广义和狭义之分。广义的学习主要包括三方面内容，即思想意识和行为习惯的培养、知识和技能的获得、智力和能力的提高。这三个方面是有机地联系在一起的，只能相对地加以区分。狭义的学习专指获得知识和技能、提高智力和能力的过程，即一般讲的学校智育所应实现的目的。

学生的学习具有以下三方面属性：

（1）学习由学习的主体（人）和学习的客体（学习对象）两个方面组成。

（2）学习主体是在一定环境中进行学习的；学习是主体、客体和环境相互作用的结果。

（3）学习主体通过学习必定会产生某些变化，而这些变化在时间上是相对持久的。

学生的学习具有以下特征：

（1）目的性。学生的学习以满足社会发展需要和自身发展需求为目的。

(2) 间接性。在学校的环境里,主要通过书本,接受前人早已积累下来的已有知识和技能,而不是主要通过直接的实践活动获得知识和技能。

(3) 系统性和集中性。在学校制订的教学计划安排下系统地组织进行;学生在校的全部时间基本上都要集中到与学习有关的活动上。

(4) 指导性。学生是在教师指导下学习的,即使强调大学生应该做到自主性学习,这种自主学习也应该在教师指导下进行。

5.1.2 学习的过程

对学习问题进行理论上的探讨时不仅要研究学习是什么,而且要研究学习是如何发生和如何进行的。这就需要了解学习的过程。

苏联著名心理学家列昂节夫依据对活动结构的分析认为,一切活动的结构都是环状的,学习过程最基本的结构也是一种环状结构,包括定向、行动、反馈三个环节。

1. 定向环节

定向环节也叫"感受环节或内导系统、输入系统"。定向环节的活动开始于来自环境的刺激作用,其中包括主体的感受器官及中枢的一系列反应动作。这些动作的结果在于揭示刺激本身的特性及其意义作用,达到认知新的环境,建立调节行为的定向映像,解决行为的定向问题。定向环节对刺激与行为之间的联系起着中介作用。它是一个中介性环节,在学习过程中占有主导地位。

2. 行动环节

行动环节也叫运动环节、执行环节或输出系统。行动的动作是紧接定向环节的动作而来的,是在定向映像的调节支配下发生的。行动环节的作用,在于把新环境的定向付诸实现,对动作的对象施加影响。

3. 反馈环节

反馈环节指的是执行环节动作结果的回归式导向作用。反馈环节的功能在于校正行动。

随着现代信息技术,特别是计算机科学和技术的飞速发展,也使学习理论受到了影响。越来越多的人接受了计算机模拟的思想,认为人类的学习过程与计算机处理信息的过程相似,并把学习过程类比为计算机的信息加工过程,用信息流程来描述人类的学习过程。在诸多理论中,最著名的是美国教育心理学家加涅(Gagne,R.M.)根据现代信息加工理论提出的学习过程的基本模式,这一模式展示了学习过程的信息流程,如图 5-6 所示。

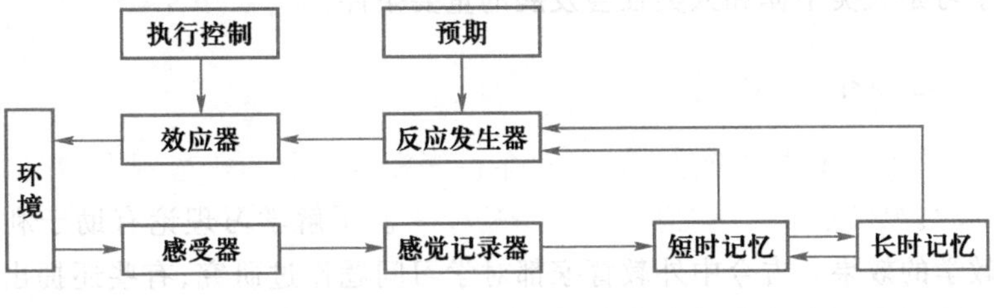

图 5-6 学习过程的一般模式图

这个模式图的环行流程部分描述的是信息流,即信息连续地从一个假设结构流入另一假设结构的过程。学习者从环境中接受刺激,这个刺激作用于感受器并转变为神经信息而进入感觉记录器。信息在这里逗留的时间不到一秒钟，随即进入短时记忆。信息在这里逗留的时间，一般只有 5~20 秒钟，最长约可持续 30 秒钟。如果学习者进行复述，信息能保持稍长时间，经过编码便进入长时记忆。长时记忆中的信息，经过检索可能恢复而回到短时记忆，它具有一种“工作记忆”的特性。短时记忆中的信息或直接来自长时记忆中恢复的信息，作用于反应发生器就会转换成一定的动作或行为，亦即激起效应器的活动，并表现在环境中。这种动作或行为的表现表明学习者有所习得，学习确已发生。

在这个模式的顶部为“执行控制”和“预期”两个重要结构。“执行控制”的过程就是学习者运用认知策略控制信息流程的加工处理过程。“预期”代表学习者所要达到学习目标的动机，对学习活动具有定向作用。

这一模式对于帮助人们理解学习过程及其内在机制有一定价值，但它没有明确解释“执行控制”和“预期”是如何同其他结构相互联系的。此外，该模式仅仅通过感知、记忆、反应等环节来表现信息流程或信息的转换，难以全面揭示信息加工过程是怎样进行的。

5.1.3 学习的作用

1. 学习是个体适应环境和与环境保持动态平衡的重要手段

无论是动物还是人类，学习对于个体的有效生存都起到一定的作用。当然，由于物种进化水平不同，学习在其中的作用也不同。学习在低等动物生活中的作用较小，许多动物在一出生时就具有一生中所必需的大部分动作，行为的先天成分与后天的自然成熟起主要作用，其学习能力较低。随着物种进化水平的提高，学习能力及其学习在生活中的作用都不断提高，本能行为的作用相对减弱。人类处于物种进化的最高水平，人类的学习能力及其学习在人类生活中的作用是一切动物所不能比拟的。

2. 学习可以促进个体的身心发展

个体的生理发展受“用进废退”的自然法则支配，“用”即意味着后天的学习，学习可以促进个体的生理发展。同样，个体一生的心理发展也是在不断的学习过程中得以实现的。从一个近乎无能的生物个体发展到一个具有某种能力和健康个性的社会适应良好的社会成员，这一切都不是自发和自然形成的，而是通过不断的学习实现的。

3. 学习可以促进人类社会的进步

学习是人类进化的助推器，人类有史以来就离不开学习，而人类将来的发展和演化更需要学习。人类发展史从某种意义上讲就是人类的学习史。学习与人类生存同步，与社会发展同步。学习是人类个体和人类社会发展的重要条件。

5.1.4 学习的基本理论

学习理论[103]是关于学习的本质、过程、条件等根本问题的一些观点，它试图说明学习是如何发生的，其规律是什么，如何有效地进行学习。了解学习理论有助于利用学习规律提高学习与教学的效果。古今中外教育家都对学习问题作过研究，有些还提出了比较系统的理论观点。这里主要介绍中国古代的学习理论和西方现代的学习理论。

一、中国古代的学习理论

中国有悠久的教育历史，古代教育家们就提出过丰富的教育思想和学习理论。从孔子到王夫之，从《论语》《学记》到《朱子读书法》《教童子法》都有许多关于学习的论述，其中有些内容至今仍然值得我们借鉴。

1. 关于学习过程

中国古代关于学习过程的理论主要有二阶段论、三阶段论、四阶段论、五阶段论等观点。其中二阶段论和四阶段论有内在的联系。

(1) 二阶段论。二阶段论认为，学习过程包括“学”与“习”两个方面。这两个方面又可以分为“学”“思”“习”“行”四个阶段。如孔子从他毕生的经验中提炼出“学而时习之，不亦说乎”的名言，也发出了“学而不思则罔，思而不学则殆”的谆谆告诫；还要求人们“多闻，择其善者而从之，多见而识之”，要学以致用，要言行一致，“君子欲讷于言而敏于行”，“君子耻其言而过其行”。可见，“学”是“闻”“见”，属于感知阶段；“思”是理解，属于加工阶段；“习”是熟练、巩固阶段；“行”是应用、实践阶段。“学”和“思”是获取知识和技能的过程；“习”与“行”是形成能力与德行的过程。从“学”到“行”的过程就是学习的过程。

(2) 三阶段论。三阶段论认为学习要历经“学”“思”“行”三个阶段。

(3) 四阶段论。四阶段论以先秦时期著名思想家荀子为典型代表。荀子把学习视为一个“闻、见、知、行”的过程。他认为“不闻不若闻之，闻之不若见之，见之不若知之，知之不若行之；学至于行之而止矣。行之，明也”。“闻”“见”是学习的基础，是间接地和直接地获得感性经验的过程。“知”在“闻”“见”的基础上，通过对学习材料的分析、综合、抽象、概括等一系列心理活动，将感性经验上升为理性经验。“行”是将所学的经验加以应用的过程。荀子特别强调“行”的重要性，认为只有“行”，才能使学习落到实处；只有通过“行”，才能真正理解、掌握所学内容，达到学习的最高境界。

(4) 五阶段论。五阶段论认为学习要历经“学”“问”“思”“辩”“行”五个阶段。战国后期的著名论著《中庸》对学习过程的描述是五阶段论的典型代表。《中庸》认为，学习过程就是“博学之，审问之，慎思之，明辨之，笃行之”这样一个节节反馈、层层深入的过程。这种认识反映了学习过程的一般规律，包含了许多合理的因素。在这里，所谓“博学”就是要多闻、多见，上至“天地万物之理”，下至“修己治人之方”，皆在“博学”之列。所谓“审问”就是要多问、善疑。王夫之认为审问是学习进步的前提：“善问善答，则学日进矣。”朱熹也指出“读书无疑者，须教有疑。有疑者却要无疑，到这里方是长进。”所谓“慎思”就是要推究穷研，深沉潜思，知其所然。所谓“明辨”就是要在思考的基础上分清真假、善恶、美丑、是非。所谓“笃行”就是将“学”“问”“思”“辨”的结果付诸实践，见诸行动。

2. 关于学习修养

学习要取得成就，离不开学习者一定的心理条件作保证。因此，必须加强学习者自身的修养。比如孔子，在学习修养的问题上就曾提出过多方面的要求，他既强调学生要“志学”，将远大志向作为推动学习的巨大动力，还特别强调好学与乐学，认为“知之者不如好之者，好之者不如乐之者①”，主张学生养成学习的浓厚兴趣和热烈而深厚的情感。与此同时，孔子还要求学生要有持之以恒的学习精神和不耻下问的学习态度。再如孟子，曾用两人学下棋的故事说明了注意力集中、专心致志对于学习的重要意义。可见，中国古代学者在研

① 《论语·雍也》。

究学习问题的时候，的确涉及志向、注意、兴趣、情感、意志等心理因素与学习的关系，并据此提出了加强学习修养的富有见地的观点。概括起来就是：志向要远大；注意要集中；兴趣要稳定；情感要热烈；意志要坚强；态度要谦逊。

二、西方现代学习理论

西方现代学习理论主要有联结派的学习理论、认知派的学习理论、联结—认知派的学习理论、人本主义学习理论四种代表性的观点。

1. 联结派的学习理论

联结派的学习理论主要强调学习是某种刺激与某种反应之间建立联系、联结的过程，有关学习的见解具体反映在以下三种有代表性的观点和经典研究中。

桑代克-著名的饿猫迷笼实验

将饿猫关入笼中，笼外放一条鱼，饿猫急于冲出笼门去吃笼外的鱼，但是要想打开笼门，饿猫必须一气完成三个分离的动作。首先要提起两个门闩，然后是按压一块带有铰链的踏板，最后是把横于门口的板条拨至垂直的位置。

经观察，猫第一次被放入迷箱时，拼命挣扎，或咬或抓，试图逃出迷箱。终于，它偶然碰到踏板，逃出箱外，吃到了食物。在这些努力和尝试中，它可能无意中一下子抓到门闩或踩到踏板或触及横条，结果使门打开，桑代克记下猫逃出迷箱所需时间后，即把猫再放回迷箱内，进行下一轮尝试。猫仍然会经过乱抓乱咬的过程，不过所需时间可能会少一些，经过如此多次连续尝试，猫逃出迷箱所需的时间越来越少，无效动作逐渐被排除，以致到了最后，猫一进迷箱内，即去按动踏板，跑出迷箱，获得食物。根据实验，可以画出猫的学习曲线。

桑代克把猫在迷笼中不断地尝试、不断地排除错误最终学会开门出来取食的过程称为尝试错误学习，并提出了学习的“尝试-错误”理论。

(1) 巴甫洛夫的经典性条件反射理论。巴甫洛夫·伊凡·彼德罗维奇（图5-7）是俄国生理学家、心理学家、医师、高级神经活动学说的创始人，高级神经活动生理学的奠基人。条件反射理论的建构者，也是传统心理学领域之外而对心理学发展影响最大的人物之一，曾荣获诺贝尔奖。

图5-7 巴甫洛夫·伊凡·彼德罗维奇

经典性条件反射是指将不能诱发反应的中性刺激（即条件刺激）与一个能诱发反应的刺激（即无条件刺激）相匹配（一次或多次），致使中性刺激最终能诱发同类反应的过程。该现象最早由苏联生理学家巴甫洛夫实验发现。

(2) 桑代克的联结学习理论。桑代克（Thorndike, E. L. 1874—1949，图5-8）是美国著名心理学家，他以动物为对象研究其学习过程，较著名的实验是饥饿的猫打开迷箱。根据实验结果，桑代克提出了学习的联结观点：

图5-8 桑代克（Thorndike, E.L）

① 学习的实质是建立某种情境（S）与某种反应（R）之间的联结，即建立S—R联结。对于猫而言，即建立迷箱情境与触动开门设施这一反应之间的联结。

② 联结的建立是一个盲目尝试并不断减少错误的渐进的过程，简称尝试错误过程或试误过程。

③ 联结的建立遵循一些学习规律，桑代克提出了准备律、练习律、效果律等学习的三条主律和多重反应律、定势律、优势要素律、类比反应律和联想转移律等五条学习的副律。

(3) 斯金纳的操作性条件反射。美国心理学家斯金纳(Skinner, B.F.1904—1990，图 5-9)认为，在实际情境中像穿衣、说话与写字等许多行为似乎没有明显的刺激引发，是自发产生的。斯金纳将自发产生的行为称为操作行为，以区别于由明显的刺激引发的应答行为。通过对操作行为的形成进行的系统研究，斯金纳提出了操作性条件反射学说。

图 5-9 斯金纳
(Skinner, B.F)

操作性条件反射是指在某种情境中，由于个体的自发反应产生的结果而导致反应强度的增加，并最终与某一刺激间建立起新的联系的过程。学习的实质就是形成这种操作性条件反射的过程。而在这个过程中起决定作用的是对某种行为的强化。

斯金纳根据强化原理提出了程序教学的思想。他在《学习的科学与教学艺术》一文中提出了传统教学模式的四大缺点：一是控制学生行为的方式是消极的，令人反感的，因为它是依靠发脾气、训斥、告诉家长等惩罚手段对待学生。二是在行为反应和强化之间的间隔时间过长，学生的作业收取批改时，间隔的时间往往长达一天甚至几天之久。三是缺乏一种逐步接近最终目标的程序，学生不知道每天做的事情距离要达到的目标还有多远。四是强化太少，在班级教学中，具体到每个学生很难及时获得有关自己活动真实效果的反馈信息。为了克服传统教学模式的缺点，斯金纳提出了程序教学的模式，主张：把教材分成有逻辑联系的“小步子”；让学生做出积极的反应；对学生的反应及时强化；不强求进度一律，让学生根据自己的情况自定步调；尽量使学生有可能每次都做出正确的反应，使错误率降到最低。

程序教学思想为机器教学奠定了基础。现在，人们使用的学习机器就是按照程序教学的思想设计和制造出来的。斯金纳认为，机器教学的优点是能及时对正确答案进行强化；能免除学生对教师的恐惧心理；每个学生可以自己确定学习进度和学习速度；教师可以了解学生刚刚做了什么，可以在最有利的时机给予必要的补充与强化；由于机器可以记录学生错误的数目，教师可以不断修改程序教材，使学生尽可能做出正确反应。70 年代以后，由于计算机及其相关信息加工技术的发展，原先用在机器教学中的程序设计已在计算机辅助教学(CAI)中得到广泛应用。

联结派的学习理论正确反映了动物和人类某些低级的学习训练的规律，但由于排除了对学习认知过程的研究，有很大的片面性。不过，从总体上说，这种学习理论仍有以下积极意义：对传统教学模式的批评是中肯的；对培养和训练学生的操作活动能力有重要启示；强调了强化对学习的促进作用，为科学使用强化手段提供了指南；对促进机器教学的发展有不可磨灭的贡献。

2. 认知派的学习理论

认知理论是与联结理论相对立的学习观点，它更强调学习的内部过程及认知结构的建立，强调个体的意识。认知学习理论从其诞生至今，其间也发生了许多变化，提出了各种不同的认知观点。

(1) 格式塔学派的顿悟学习理论。格式塔心理学派 1912 年创始于德国，其主要代表人物有韦特海墨、考夫卡(图 5-10)、苛勒。尤其是苛勒对黑猩猩的学习过程进行了一系列实验研究，提出了顿悟学习理论。根据实验，苛勒认为，学习是一个顿悟的过程，而非试误的过程。顿悟即突然觉察到问题解决的办法，它是通过个体理解事物之间的关系、结构与性质实现的。在格式塔心理学家看来，顿悟的过程是一个知觉的重新组织过程，从模糊的无组织的状态到有意义、有结构、有组织的状态，这就是知觉重组，也是顿悟产生的基础。

（2）布鲁纳的认知发现理论。布鲁纳（Bruner，J.，图5-11）是美国著名的教育学家和心理学家，他强调认知学习与认知发展，提倡发现学习。他的主要学习观点如下：

图5-10 格式塔心理学代表人物考夫卡

图5-11 布鲁纳（Bruner，J.）

① 学习就是主动地形成认知结构的过程。所谓认知结构是由人们过去的经验所印入的，由动作、肖像、符号三种形式所组成的可以再现出来的表征系统。它既包括已经获得的知识经验，也包括与这些知识经验相联系的活动方式。认知结构是理解新知识的基础，也是对新的信息进行认知加工的依据。布鲁纳认为，学习过程实际上就是人们利用已有的认知结构对新的知识经验进行加工改造并形成新的认知结构的过程。新的经验不是纳入原有的认知结构（同化过程），就是引起原有认知结构的改组（顺应过程）而产生新的认知结构。这个过程不是被动地产生的，而是一种积极主动的过程。

② 认知学习过程包含着同时发生的三个过程。布鲁纳认为，学生不是被动的知识接受者，而是积极的信息加工者。学生的学习包括三个几乎同时发生的过程，即新知识的获得、转化和评价。所谓新知识是指与已往所知道的知识不同的知识，或者是已往知识的另一种表现形式。新知识的获得过程是它与已有知识发生联系和相互作用的过程，是主动接受和理解的过程；新知识的转化是对它的进一步加工，使之成为认知结构中的有机构成部分并适应新的任务的过程；对新知识的评价是指对它的检验和核对。

③ 学习的核心内容应该是各门学科的基本结构，如基本的概念与原理、基本的态度与方法等。因为这些基本的知识结构可以使学生易学、易记、易迁移，同时也有利于学习动机的激发与学生智力的发展。

④ 发现学习也应成为学生学习的主要方式之一。布鲁纳认为，发现并不只限于那种寻求人类尚未知晓的事物的行为，而且还包括用自己的头脑亲自获得知识的一切形式。他提倡独立思考，发展学生探索新情境的态度。因此，他非常重视发现教学法的运用。

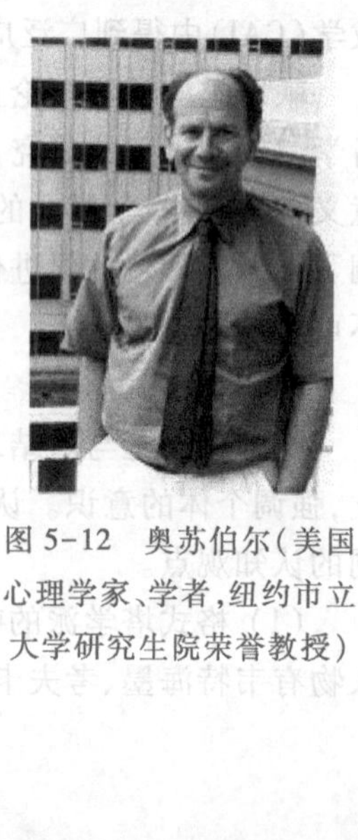

图5-12 奥苏伯尔（美国心理学家、学者，纽约市立大学研究生院荣誉教授）

（3）奥苏伯尔的认知同化理论。奥苏伯尔（图5-12）也是认知学习理论的主要代表人物，但他更关注学校课堂情境中学生的学规

律,他认为学生的学习具有一定的特殊性,是一种有意义的接受学习。他的主要观点有:

① 学生的学习是一种有意义的学习,而不是机械的学习。他认为,有意义的学习即新知识与原有的认知结构之间能产生实质性的联系,而不是表面的、任意的联系。

② 学生的学习是接受学习,这与布鲁纳提倡的发现学习的观点相反。奥苏伯尔认为,学生的学习是通过教师的传授来接受事物意义的过程,是一种有意义的接受。接受是课堂学习的主要形式。

③ 有意义的接受学习是通过同化过程实现的,即把新信息纳入原有的认知结构中去,用原有的知识来解释新知识,或者以新知识充实、改组原有的认知结构。

3. 联结—认知派的学习理论

联结与认知是西方教育心理学中的两大对立派别,在其早期的对抗过程中,曾形成了一个折中的联结—认知学派。该学派试图兼收并蓄,以期更合理地解释学习现象。这里主要介绍美国两位心理学家的较有代表性的观点。

(1) 托尔曼的认知目的说。早期的联结主义者认为,学习即建立外显的刺激(S)与外显的反应(R)之间的联结,且 S-R 联结是直接的。托尔曼(Tolman,E.C.1886—1959,图 5-13)则认为,S-R 联结是间接的,其间存在一个"中介变量",即心理过程。因此,他认为学习所建立的联结应该是S-O-R,其中,O 即中介变量。基于这种思想,托尔曼提出了学习的一些基本观点:

图 5-13 托尔曼(Tolman,E.C.)(美国心理学家,新行为主义代表人物之一,目的行为主义的创始人)

第一,学习是有目的的,而非盲目的。学习就是形成对目标的某种认识与期待,即在头脑中形成如何达到目标的一些"认知地图",而不是形成某种反应。

第二,外在的奖励、强化不是学习产生的必要条件,即使不给予外在强化,学习也可以产生。为此,托尔曼提出了潜伏学习的概念,并以实验加以证明。所谓潜伏学习即没有外显的行为表现的一种学习。个体在得到外在奖励之前,头脑中已经形成认知地图,产生某种认识,即已产生学习,只是潜伏于记忆中而没有表现出来。当强化物出现时,这种学习即通过外在的操作表现出来。所以,学习并不是 S-R 的直接联结,而是形成某种认知和期待。

托尔曼的学习理论重视学习的中介过程,强调认知,对后来的认知心理学的发展起到了重要的促进作用。

(2) 班杜拉的社会学习理论。班杜拉(Bandura,A.,图 5-14)认为,以往的学习理论家经常忽视社会变量,只关注动物如何逃出迷津,这对于作为社会成员的人而言没有多大的研究价值。他强调应该研究自然的社会情境中的人的行为。社会学习理论的主要观点如下:

图 5-14 班杜拉(Bandura,A.)

① 个体、环境和行为这三者是互相联系的一个系统,一般而言,三者是"你中有我,我中有你"。三者的关系是交互决定的,即行为、个体和环境是作为相互交错的决定因素而起作用的,这些决定因素双向的相互影响,而影响的强度可能因不同的活动、不同的个

体和不同的环境条件而有所不同。

② 人类学习不仅可以通过直接的经验产生学习，而且还可以通过观察他人即榜样的行为产生学习，获得间接经验。观察学习在人类学习中占有重要地位。因此，班杜拉的社会学习理论又称观察学习理论。

③ 观察学习受到一系列的相互联系的心理过程的支配，具体讲，包括注意、保持、动作复现与动机这四个子过程。注意过程是观察学习的首要条件，其中榜样的特征及其观察者的特征都影响着观察学习的程度。保持过程即在观察榜样示范的基础上，将所观察的行为以表象和言语的形式保留在记忆中。动作复现过程即把观察到的并保持在头脑中的信息转化成相应的行为的过程。动机过程指个体因表现出所观察到的行为而受到强化、奖励。

班杜拉的社会学习理论一方面强调外显的行为及其强化，另一方面也强调观察学习和内部认知过程，强调内部因素与外部因素的相互作用，因此是一种联结—认知理论。并且他强调观察学习、榜样的示范作用和替代强化，对实际教育工作有很大的指导意义。

4. 人本主义的学习理论

人本主义学习理论主张从人的直接经验和内部感受来了解人的心理，强调人的本性、尊严、理想和兴趣，认为人的自我实现和为自我实现而进行的创造才是人的行为的决定性力量。人本主义学习理论以罗杰斯（Carl Rogers）的“以学习者为中心”的学说为代表，其基本观点如下：

（1）学习是有意义的心理过程，而不是机械地刺激和反应的总合。罗杰斯认为，要了解考察人的学习过程，只了解外部情境和外部刺激是不够的，更重要的是要了解学习者对外部情境或刺激的解释和看法。

（2）学习是学习者潜能的发挥。罗杰斯认为，人类是具有学习的自然倾向和学习潜能的，是一种自发的有目的、有选择的过程。所以，教学的任务就是创设一种有利于学生潜能发挥的情景，使其潜能得到充分发挥。教学内容和方法的确定都应以学生为中心，教师的任务是帮助学生增强对变化的环境和自我的理解。

（3）学习的内容应是对学习者有价值的知识经验。罗杰斯认为，只有当学生了解到他所学内容的用处时，学习才可能成为最好的、最有效的学习。所以，教师要尊重学生的兴趣和爱好，尊重学生自我实现的需要。

古往今来都有哪些关于学习的理论？

（4）学习要注意学习方法的学习和掌握。罗杰斯指出：“只有学会如何学习和学会如何适应变化的人，只有意识到没有任何可靠的知识，唯有寻求知识的过程才是可靠的人，才是有教养的人。”他还强调，在学习过程中获得的不仅仅是知识，更重要的是获得如何进行学习的方法和经验。

5.2 大学学习

走进大学（访谈）

学生的学习是整个人类学习的重要组成部分。但是，学生的学习与一般意义上的人类学习也是有差别的。学生的学习，是在特定的环境中，在一段较为集中的时间内，在教师的指导下，有目的、有计划、有组织、有系统地进行的，是一种特殊的认识活动。这种学习具有集中、快速和高效的特点，并需要全社会物质和精神方面为之创造众多的条件，因此十分宝贵和难得。

同学们刚刚步入大学，那么大学阶段的学习与中学阶段的学习有什么不一样？大家可能会遇到什么样的困难？应该怎样去应对？本节我们引领同学们来学习这些内容，可为以后的学习起指导作用。

5.2.1 大学与中学学习的差别

从学习的客观条件看，中学教育与大学教育有普通基础教育和高等专业教育之别，在教育任务、教育内容、教育方法上都有很大的不同。

1. 学习任务不同

中小学是普通基础教育，其学习的主要任务是掌握科学文化基础知识，为今后的升学或就业做准备；大学生则是以培养高级专门人才为目标，使学生在中学学习普通文化科学知识的基础上，进一步学习和掌握专业知识和专门技能，把他们培养成各部门各行业所需要的高级专门人才。这种专业的目的性，更具体地体现了社会的需求，体现了大学学习与社会需要的密切联系。

2. 学习内容不同

中学是多科性、全面性、不定向的，课程设置没有层次的区分，学习的内容以经典知识为主，相对而言少而浅；大学则是一种定向的专业教学，学习内容多、广、深的特点。大学期间，一般要学习数十门课程，这些课程所涉及的知识，既有经典知识，也有学科发展的前沿；既有纵向系统的知识体系，也有横向的广博的知识面。不仅如此，围绕掌握这些知识的学习活动，还要学习许多关于技能的训练课程。所以，不了解学习内容方面的这些特点和要求，往往就会感到无所适从，陷入被动，不能掌握大学学习的主动权。

3. 学习方法不同

中小学一切教学活动基本上全由教师安排，由教师“领着走”，学生在学习活动中已形成了被动性、依赖性的学习习惯，方法比较简单。大学老师的教学，立足于学生自学，注重培养学生的自学能力，上课时一般不会面面俱到，只讲解重点、难点。且注重培养专业，培养学生独立学习的能力，对学生的学习过程不像中、小学管得那么具体、细致，学生可以通过专业实验、社会实践、毕业论文或设计或案例分析等形式独立研究问题，开展科学研究。这种教学方法的变化致使不少学生在入学初不能适应大学的学习方法。

4. 学习的主观条件不同

中学生处在未成年期，大学生则以飞快的步伐迈向人生的成年期并迅速走向成熟，在他们身上出现了成人的某些特点。生理和智力上趋于成熟，为他们迅速有效地获取新知识、解决新问题创造了条件；辩证思维发展达到较高水平，加上大学生与社会的接触比中学生更密切、更直接，这些都促使他们以全面的、发展的、独立的、批判的、科学的方法去思索、去学习，愿意主动地探索客观事物的本质及规律，对复杂问题能从不同侧面加以理解；同时大学生在生理机能和思维能力的发展过程中，逐渐发展了成熟的个性心理品质，思想上和行为上都日益具有明显的独立性，逐步确立了自己的人生观和世界观。

5.2.2 大学学习的特点

以上主客观条件决定了大学学习不同于中小学教育。大学学习与中学的学习相比较，无论在学习任务、学习内容和学习方法上都发生了很大的变化，它是一种与专业需要直接挂钩的、层次更高的、需要进一步发挥积极主动精神的学习。表5-1是大学与中学学习特点的比较。

表5-1 大学与中学学习特点的比较

项目		高中	大学
学习目标		基本素质的培养	成为优秀高级人才
学习要求		掌握基本知识,为将来的深造打基础	具备高级全面素质,掌握专门知识与专门能力,课程成绩优良
学习自主性		自主学习范围小,预先教师安排多	自主学习范围大,课外学习由学生自己安排,要求学习生活的独立能力强
课程内容	层次性	课程不分层次	大致分为三层(阶段):基础课(基础理论),应用基础(技术科学),专业课(应用技术)
	数量质量	少而浅	多而深
	时代性	粗浅的经典知识	深层的经典知识与现代科技前沿知识
	选修课	少	课程多,内容广,人类知识无所不包(是学生因材施教的重要阵地)
实践性教学形式		少	多
学习方法		自学少。外化学习到理解为止	自学多(是培养自学能力)外化学习要求联系实际、解决实际问题
思维方式		模仿、记忆多,一般性理解多	深层次理解多,创造性学习多

大学学习的主要特点在于以下几点。

(1) 计划性。学生的学习活动是在教育情境中进行的,而教育是有目的、有计划地培养人的活动。因此,学生的学习必须根据培养目标的要求,在教师的指导下,按照一定教育计划的具体要求进行的。学习安排具体,有严密的计划性和阶段性。

(2) 专业性。大学学习是以专业理论知识和基本技能方法的掌握为主要任务,围绕具体专业而展开的活动过程。虽然大学学习与中学学习都是学习继承历代积累起来的知识经验,但是大学学习所传递与接受的除了经典知识外,还有较为高深的专业理论知识,是本学科的前沿理论知识。这就既与中学学习的一般文化知识技能区别又与职高和中专的专业学习相区别。尽管职高和中专也有专业性特点,然而在专业培养目标的层次与规格上,二者的区别是显而易见的。这种专业性特点决定了大学教学和学习的全过程;从计划教学和制定大纲、设置课程和安排学时、编写教材和选择内容,以及组织教学的形式、方法和手段等,都要围绕具体专业而展开,大学学习的理论基础课、专业基础课、专业课和选修课,也要紧紧围绕培养系统、高深、宽广、扎实的专业理论知识为指向。

(3) 独立性。大学学习过程是运用科学的教学形式及方法,培养学生独立地学习知识、掌握专业理论、从事科学发现的实践活动。大学学习的独立性贯穿于教学的每个阶段和环节。中学学习基本上是以简略的、有秩序的方式掌握基本的间接知识,因而是在教师全面而直接指导下学习。大学生在学业上已开始走向自立,教师在学习过程中的主导作用只起着指点性的“引导”而非全面直接的指导。这种独立性以大学生的身心发展趋于成熟为基础，以大学学习的教学目的及相适应的组织形式和教学方法为表现。较为充足的自学时间，较为广泛的自学内容，都大大增强了大学学习的独立性，要求大学生在学习阶段掌握学习方法论，培养独立学习、独立工作和独立探索的能力。

(4) 创造性。大学学习中，学生在继承掌握前人积累的专业理论知识基础上，从事探索活动、发展创造能力、获得科学方法和创新精神的过程。大学生的自身条件和大学生的教育是奠定大学学习走向创造性的基础。此外，国家发展和社会进步的需要，也要求大学生必须具有创新能力，进入社会后成为一支创造性力量。这就决定了大学教学过程中，教师必须把他们自己的研究成果和国内外本学科或专业的最新动态、成果介绍给学生，并介绍学术争论、各种观点和有待深入探索尚未成熟的理论，使学生站在学科发展前沿，激发学生的创造热情和冲动。故此，创造性是大学学习的基本特点之一。

(5) 实践性。大学学习是学生将高度抽象的专业理论知识，运用于具体实践活动，以发展学生应用技能和改造世界能力的过程。大学生学习知识认识世界的目的是为了改造世界，而这一目的只有实现了理性认识向感性实践能力的转化才能达到。中学的教学实践活动和大学学习的实践性有显著区别，前者是为学生从具体认识上升到抽象认识提供支撑点，后者是将抽象专业知识运用于具体实践的活动，是认识的较高层次，两者无论在内容、形式、结果和意义上都无法比拟。

新入学的大学生只有充分了解和掌握大学学习的特点，才能充分把握和珍惜大学学习的宝贵时光，圆满地完成学习这一整个大学阶段的中心任务。但是近几年，大学校园也曾一度出现了一股“经商风”和“厌学风”。有的同学认为，考上大学，文凭已唾手可得，因而不愿意把主要精力放在紧张繁重的学习上，信奉“60分万岁”，追求“潇洒走一回”；还有的同学在经济大潮中眼红心动，幻想先发财，后成才，过早地忙着“下海”，其结果，或被海水所呛，招致经济损失；或虽不再“囊空如洗”，但头脑却逐渐“空空如也”。这种为眼前蝇头小利而牺牲终生大业的风气和倾向，于国于己都是十分有害的。

5.2.3 大学阶段对于人生的重要性

高等学校是培养适应社会主义现代化要求的高素质人才的园地，大学生毕业后将成为我国各个领域的栋梁之材，代表了中国的未来和希望，所以当代大学生能否树立起正确的人生价值观，将直接影响到我国社会主义建设事业的成败和中华民族的兴衰。大学阶段是人生发展的重要时期，是人生世界观、人生观、价值观形成，道德意识形成、发展和成熟的一个重要阶段，对人的一生影响极为重要。

1. 大学阶段是身心发展的成熟期

生理发展是心理发展的物质基础。大学生的一般年龄是18~23岁，与中学生相比，正处于生长发育的第二高峰的后期，骨骼生长逐渐完成，身体形成日益定型，各器官各系统的机能日益完善成熟，性意识进一步发展，这种生理发展不仅为他们独立生活和学习提供了必要的生理前提，而且也直接影响着心理的发展，使心理发展迅速走向成熟。智能发展达到高峰，情绪情感日益丰富，自我意识增强，自我认识、自我评价、自我控制进入了一个新的阶段。这些身心发展为大学学习奠定了良好的基础，通过大学学习，大学生的理智感、道德感、美感得到了升华，学习能力进一步提高。

贺世民的故事

贺世民，河北邯郸人，5岁时双臂被电压器击伤，从此失去了双臂，但他没有气馁，靠着自立自强的精神，学会了用双脚吃饭、穿衣、写字。2002年以高考613分，邯郸市文科第四名的优异成绩，被北京师范大学文学院录取，这样的成绩即使是一个普通学生也是需要花费极大的努力才能取得的。而作为一个失去双臂的残疾学生，他更是付出了常人所无法想象的艰辛，因此人们都称他为"邯郸二中的奇迹"。

进入北师大文学院后，他用4年时间打下了扎实的文字功底。而对于心理学的兴趣，又促使他利用两年的时间完成了心理学的辅修课程学习。选择了辅修，也就意味着放弃了两年的周末，而这一切在贺世民看来都是值得的，不仅满足了自己的兴趣，也为后来学习教育学打下了扎实的基础。

选择读研对于贺世民来说，是在进入大学之初就立下的目标。他认为，作为一个残疾人，要想在未来的激烈竞争中站稳脚跟，就必须把自己做到最大最强。这一次，北师大给了贺世民最轻松的一条路——保研，并且从文学院转到了教育学院的特殊教育专业，师从钱志亮教授。这个选择也是钱教授给他的建议，希望他在就业时能有更好的前程。从文学本科加心理辅修再到特教硕士，虽然坎坷艰辛，但贺世民能够同时涉猎北师大三个排名全国前列的专业，可谓来之不易。

在求学期间，贺世民就为就业有意识地锻炼自己，研究生在读期间，他参与成立了学生社团组织博为实习就业社，并担任副社长，希望为帮助北师大学生解决就业的问题做出力所能及的贡献。他负责社团的宣传和外联工作，与同学一道组织了北师大首次"实习就业周"活动，他制作了很多宣传海报，取得了很好的效果。研究生毕业之后，通过努力，他最终得到了盲文出版社的工作，并且解决了北京户口，也为自己多年的付出划上的圆满的句号。

2. 大学时期是主动学习习惯的养成期

大学与中学最大的不同在于，中学的学习是在老师的安排下被动进行的，主要任务是向学生传授全面的科学文化知识，培养和开发学生的智能；而大学的学习更强调主动性和创造性，更注重综合素质和能力的培养。大学时期是培养创新思维能力、成为高素质人才的关键阶段。大学时期的青年，身心发展基本成熟，智能发展渐趋高峰，在这个阶段，各项智力因素已达到成熟水平，由于知识的丰富，经验的积累，独立思考能力的增强，思维的方式出现了很大的变化，他们不再满足于现象的罗列，而主动地探究事物的本质与规律，由以具体形象思维为主转向理论性思维为主，辩证思维、逻辑思维迅速发展，并开始摆脱原先单一的求同思维与被动的接受性思维，出现了合理的、抽象的和怀疑的思考，思维的独立性与批判性明显增强。与之相应，在记忆力上也由原先的以机械记忆为主，转而进入逻辑记忆飞跃发展的阶段。但是学习的自主性和创造性并不是自发形成的，思维能力也并不能够自发增强。青年思维方式的变化也可能转向片面、多疑、偏执、脱离现实、盲目自大的非社会、反社会的不科学思维方式。因此，在这一关键阶段能接受良好的高等教育，获得良师的指导，在富有探索性、创新性与实践性的教学与高校浓郁的学术氛围的熏陶下，再加上自己的努力，对于形成自主学习和创造性思维，从而成为高素质人才是非常有利的。从这个意义上说，大学时期是影响一个人人生价值的创造与实现的关键准备阶段，是培养主动学习的关键时期。美国的英才教育委员会认为，一流人才和三流人才的分水岭，就在于有没有创造性，有没有主动学习的进取精神。一个人的一生能有多大的作为，是和他接受教育的程度、拥有知识的多少、思维方式的优劣等密切相关的，而最重要的就是要看他如何度过大学学习期间这个人生发展的关键阶段。

3. 大学时期是社会角色的准备期

人才的成长过程一般分为学习准备期、创造活动期、事业成功期等三个阶段。社会角色是指与人的社会地位、身份相适应的一整套权利、义务和行为模式。在社会分工日益复杂的今天，职业成为人们获得社会角色的载体形式。职业，它既是人们赖以谋生及创造和实现人的价值的最主要的社会实践活动方式，也是人们承担社会责任的最基本方式。大学教育与中学教育在培养目标上的根本不同，就在于大学教育具有明确的专业方向，而专业方向正是为由以学为主的学生生活转向职业生活而设置的。尽管教育的发展方向是终身教育,但不能否认的是,对学生而言,在人生历程中,开始进入职业生活时代毕竟是以大学时期为转折点的。尽管个人终身必须不断学习、不断"充电",但是以学为主的学生时代对绝大多数人来说,毕竟是人生最为重要的一个黄金阶段。所以,大学教育属于人生发展中学习准备的最后阶段,是成才的重要阶段。为了能够更好地谋生,更大地创造和实现自身的人生价值,承担起社会责任,在大学时期就必须完成专业知识的积累和技能的培养,这与中学时期的学习任务是截然不同的。因此,有没有接受高层次的专业知识和技能的教育与培养,以及大学时期对专业知识和技能学习的状况如何,将直接影响着将来能否谋得理想的职业,能否承担起一定的社会责任,以及能否在激烈的社会竞争中很好地生存、立足与发展。

大学阶段属于学习准备的最后时期,是知识更新、人才发展的关键阶段。从个体发展的角度来看,一般来说,大学生正处于青年期向成年期的转变阶段,这一发展特点决定了大学生活将是同学们逐渐走向成熟、走向独立的重要历程。大学期间,将面临一系列人生重大课题,如专业知识储备、智力潜能开发、社会化初步完成、个性品质养成、思想道德塑造、就职择业准备等,而这些人生课题的完成与大学的学习有着密切的关系。

4. 大学时期是世界观的塑造期

大学生随着知识的增长、视野的开阔、生活范围的扩展、思维方式的转变,开始把注意力由外部世界转向内心世界,自我认识、自我评价、自我体验等进入了一个新的阶段,开始对人生的意义、人生的价值,从多角度、多层次、多维的方式进行新的理性的探索、思考和认识,从原先对人生观、价值观偏重感性的认识层面,开始逐渐上升到理性认识的层面。一个人科学的人生观、价值观不会自发形成,在接受高等教育期间,通过系统的理论学习,正确的教育与引导,大学生一般摒弃原先感性认识中的一些偏颇,在理性认识的基础上确立起科学的人生观、价值观。当然,这还取决于大学生的学习态度、学习动机。如果不能抓住接受高等教育的良好机遇,认真学习科学的理论,就可能始终在感性认识中盲目摸索,不仅不能纠正一些偏颇的认识,相反,还可能产生一些错误的认识,很难形成科学的人生观、价值观,最终影响自己今后的人生道路。

5.2.4 大学学习的重要性

学习,是联系主客观世界的一种活动,是把社会和个人联系起来的纽带。大学学习是在大学这样一个特殊阶段和特殊环境下进行的学习,是人类学习活动的重要部分,也是人生旅途的重要部分。

1. 学习是促进学生自身全面发展的动力

学生德智体各方面的发展,无不和学习紧密相连。只有勤奋学习,才能促进大脑的进化、智力的发展,并利用它们去吸收人类创造的知识和技能;只有用人类创造的全部知识和技能来充实自己,才具备全面发展自己的一切能力。

2. 学习是学生形成个性特征的基础

学生的个性包括:

(1) 心理活动的特征,指气质;

(2) 行为方面的特征,指性格;

大学阶段的学习对于人生有什么样的深刻影响?

(3) 活动倾向的特征,指兴趣和理想;

(4) 具备知识技能的特征,指特长;

(5) 完成活动潜能的特征,指能力。

它们的形成虽受到社会历史条件的制约,但却是学生在社会和学校环境中长期经历学习生活的结果。

3. 学习是学生继承人类精神文明精华的捷径

人类的精神文明,即文化科技方面成就的继承和延续,在很大程度靠在校学习的青年一代。青年学生在完成这个历史使命中存在一对矛盾:人类积累精神文明的无限性和个人时间的有限性。正确利用在校的学习时光,使自己在一生中最美好的青年时期,以最充沛的精力,认真学习人类千百年来积累的精神文明,为将来的个人发展打下坚实基础,对社会发展作出应有的贡献。

4. 学习是学生具备创新精神和创新能力的基石

创新,是事业开拓进取的灵魂,是国家兴旺发达的动力,也是社会发展进步的标志。航空工程的先驱者冯·卡门有句名言:"科学家研究已有的世界,工程师创造未有的世界。"作为未来工程师的工科大学生,今后在事业中要有所发现、有所革新、有所创造,无不依赖于有广阔的思路、丰富的想象和开拓的意识。所有这些品质都是以在校学习时的勤奋态度、严谨学风和深厚知识技能基础为根基的。

由此可以看出,工科大学生学习的基本任务有五个方面:

(1) 扎实地学好基础理论知识,刻苦地钻研有关专业工程技术知识,广泛地学习相应科技文化知识。

(2) 努力参与各种科学实践、工程实践和社会实践活动,如实验、设计、实习、劳动操作、社会调查等,勇于探索实践中的未知领域。

(3) 在学习知识和实践训练中发展智力、培养能力、掌握技能。

(4) 培养良好的道德情操,科学的世界观,严谨的学风,坚实的工程意识,健全的体魄。

(5) 实现德智体全面素质的提高和个性特征的充分发展。

5.2.5 学会学习的重要性

学会学习,就是要掌握科学的思维方法和科学的学习方法,科学地支配时间,科学地制定学习计划,科学地组织自己的每个学习环节活动;学会探索,迅速而准确地接收所需要的知识信息加以鉴别、筛选和分析,在整个学习过程中学会有意识地,自始至终地进行自我调节。学习能力是关键能力,学会学习比学习本身更重要,因知识变化,必须不断地学习。

现代社会对人才的素质要求越来越高,不仅要有强健的身体、精湛的业务、先进的思想、良好的道德,还必须具有良好的心态。在现代的社会环境中,人们心理素质的重要性更为突出。面对如此严峻的社会现实,人们怎样做才能适应社会发展的需要呢?出路只有一条,那就是学会学习。这是因为学习活动,历来是人类赖以生存、发展和推动人类社会进步的一个重要的客观现实。当今社会,学习不仅体现在一个人的学习时间上,而且体现在国家对学习环境和学习条件的创造上;学习不仅仅是个人的行为,也是企业和社会行为,企业要成为学习型的组织,社会将要成为学习型社会;学习不再仅仅在学校进行,现代信息技术的发展使得人们可以在自认为合适的时间、地点进行学习。应该说,这是与当今世界科学技术进步,信息革命迅猛发展,知识经济时代到来的大好形势是分不开的。

在知识经济中,学习是极为重要的,可以决定个人、企业乃至国家的命运。人们学习新技能和应用它们的能力是吸取和使用新技术的关键。“教育将是知识经济的中心,而学习将成为个人或组织发展的有效工具。”正如1972年联合国教科文组织编著的《学会生存》一书中所指出的那样:“我们再也不能刻苦地一劳永逸地获取知识了,而需要终生学习”。联合国教科文组织21世纪教育委员会于1996年发表的另一个报告:《教育——财富蕴藏其中》对“学会学习”的意义做了进一步阐述,指出:“这种学习更多的是为了掌握认识的手段,而不是获得经过分类的系统化知识。既可将其视为一种人生手段,也可将其视为一种人生目的。作为手段,它应使每个人学会了解他周围的世界,至少是使他能够有尊严地生活,能够发现自己的专业能力。作为目的,其基础是乐于理解、认识和发现。”可见学会学习不仅是适应继续学习的需要,更是适应人的未来生存的需要。这其中的道理你看完下列几组数据便不言自明。

(1) 知识量的递增速度愈来愈快。新科技的发明与发现在20世纪60年代到70年代的十几年里超过了过去两千年的总和还多。据美国科学家詹姆斯·马列丁的推测:人类的知识在19世纪大约每隔50年翻一番,到20世纪初30年翻一番,到50年代10年翻一番,到70年代5年翻一番,而20世纪末起大约3年就翻一番。

(2) 学科不断分化和综合,边缘学科和横断学科大量涌现。有学者测算,在人类业已掌握的全部知识中,约有3/4是近50年内取得的,在此之前的几千年内逐步积累起来的仅占1/4。据预测,今天的科学知识只不过是2050年科技知识的1%。

(3) 知识老化周期愈来愈短。所谓知识老化,是指随着知识年龄的增加,知识本身渐渐失去了科学依据的价值,从而可供利用的机会愈来愈少。据统计:18世纪知识老化周期为80~90年;19世纪到20世纪初为30年;近50年降为15年;目前进一步缩短为5~10年。

(4) 职业与工作岗位变动频繁。在过去的15年里,在工业发达国家消失了8 000多个技术工种,同时出现了6 000多个新的技术工种;在美国,人均一生工作岗位流动12次,经济合作与发展组织(OECD)国家人均流动5次。

(5) 知识成为社会的核心。现在的社会是知识的社会。知识社会是一个以创新为主要驱动力的社会,是一个大众创新、共同创新、开放创新成为常态的社会。在知识社会,知识、创新成为社会的核心。根据世界银行报道,现在世界上64%的财富由人力资本构成。有人推断,在21世纪,美国所有工作中,80%以上的工作在实质上属于“脑力”工作。在美国,新型的知识劳动者约占人口数的1/5,而收入却超过其余4/5的劳动力的总和。达尔·尼夫在《知识经济》一书中指出:在知识经济时代,“最能利用其知识优势的人或组织获取财富和成功的可能性远远超出他人或组织。”

我国著名科学家周光召曾指出:“以灌输知识,获取谋生手段为主的教育已不能适应科技和生产力快速发展时代的需要。一个不能自己创新知识和更新知识的人,在知识经济时代很快就会因所学知识的过时而遭淘汰,更谈不上如何发挥自身潜能,提升自身价值,做一个大富的人了。”在这样的形势下,不论国家、企业间的竞争,还是个人的发展都要依靠创新,创新依靠知识,而知识的获取和更新需要“学会学习”,于是,使人们对“学会学习”和“终身学习”重要性的认识超过了历史上的任何时代。

在迎接挑战的各种对策中,最有效又最紧迫的对策是:在教育系统中确立和传播新世纪的文化价值观念,并据此反思和超越现代化教育体系的结构、功能、体制,在新一代人身上塑造未来社会所必需的品格、能力、思维与行为方式,使广大教师和学生尽快适应日新月异的数字化生存新环境,创建用现代信息技术武装起来的终身教育体系和学习型的社会。这是世界教育改革发展的大趋势。

在飞速发展的信息时代,信息日益成为社会各领域中,最活跃、最具有决定意义的因素,基本的学习能力实际上体现为对信息资源的获取、加工、处理以及信息工具的掌握和使用等;其中不涉及信息伦理、信息意识等。开展信息教育、培养学习者的信息意识能力,成为当前教育改革的必然趋势。在这样一个背景下,信息素养正在引起世界各国越来越广泛的重视,并逐渐加入从小学到大学的教育目标与评价体系之中,成为评价人才综合素质的一项重要指标。

信息素养这一概念是信息产业协会主席保罗·译考斯基于1974年在美国提出的,它包含诸多方面:传统文化素养的延续和拓展;使受教育者达到独立自学及终身学习的水平;对信息源及信息工具的了解及运用;必须拥有各种信息技能:如对需求的了解及确认,对所需文献或信息的确定、检索,对检索到的信息进行评估、组织及处理并做出决策。综上所述,完整的信息素养包括三个层面:文化素养(知识层面)、信息意识(意识层面)、信息技术(技术层面)。

学习型社会是信息化社会,为了给人们提供最佳的学习和发展机会,使其成为出色的终身学习者和未来劳动者,就必须使其成为一个有信息素养的人,亦即能熟练运用计算机获取、传递和处理信息。而培养学生的信息素养也就成为教育的首要课题,教学必须以"信息素养"作为新的立足点。

信息素养的核心是信息加工能力,它是新时代的学习能力中至关重要的能力。信息加工能力主要包括:寻找、选择、整理和储存各种有用信息;言简意赅地将所获取的信息从一种表达形式转变为另一种表达形式,独立地解决该问题;正确地评价信息,重组、应用已有信息,比较几种说法和方法的优缺点,看出它们各自的特点、适用的场合以及局限性;利用信息做出新的预测或假设:能够从信息看出变化的趋势、变化模式并提出变化的规律。我觉得不少同学在这方面能力不足,一是信息吸收能力差,二是信息加工能力差,不能很快将各种信息变成知识。

总之,学会学习是新世纪的核心竞争力,终身学习是21世纪的生存概念,是一种生活方式,学习型社会是社会发展的必然趋势。学会学习是现代社会生存的需要。

5.2.6 目前大学生在学习中遇到的主要障碍

据有关资料分析,目前大学生在学习上还遇到一些障碍,对于高职高专学生来说障碍就更大了,其主要障碍有下面几个方面。

1. 心理障碍

考上大学后,一些人学习目标出现断层,失去学习动力,学习努力程度骤然降低;学习环境的变化,人际关系处理不好,想念亲人和朋友,造成学习注意力不集中;加之自我控制能力不强,致使学习出现了被动局面。面对困难产生了气馁,进而失去学习的信心和勇气。

2. 方法障碍

许多新同学反映,他们感到最不适应的是老师讲课进度快、内容多,而且课程门数也多,于是整天忙于赶作业,学习处于极其被动的局面。究其原因,问题出在学习方法上。一是许多同学上大学后,仍习惯于“听课——做作业”的学习方法,开始也许还可以,不久就会发现,许多基本概念不清楚,造成上课听不懂、作业不会做、学习跟不上,有困难重重之感;二是不会合理安排时间,造成学习的忙乱。

3. 思维障碍

中学里学习的内容与大学相比,不但少而较简单,且其教学活动几乎全由老师“包揽”下来了,学生只要抱着几本书,紧跟着老师转就可以了,也不大需要学生自己考虑过多的问题;而在大学,教学内容繁且多,且教学和学习方式灵活多了,“教无定法,学则靠己”,这就需要同学们自己动脑筋,自己安排学习计划,在这种情况下,同学们的思维就遇到障碍,主要体现在两个方面,一遇到问题不会动脑筋,不大会思维,经常面对新问题茫然无绪;二在中学里形成的思维方式不大适用于新学科的学习。

4. 知识障碍

因现在的大学教育,由精英教育转变为大众教育,招生人数急剧增加,不少在中学学习不怎么好的学生,也有机会进入大学学习。对于这部分同学,由于在中学的基础打得不扎实,在大学学习中就会遇到困难;再者由于客观条件所限,有些同学中学时英语听、说、训、练不够,首先遇到的就是英语学习困难。

5. 认识障碍

部分大学生对“当代大学生”的认识上的误区而产生了认识障碍。他们进入高职院校后,认为自己终于“圆了大学梦”,忘了自己原有的学习基础,迷失了学习奋斗的目标,认为自己应该充分享受“当代大学生”的生活了。于是造成自己在行为目标上的错位,将自己的主要精力不是用在学习方面,而转移到于学业无益的其他方面去了。

6. 生活障碍

同学们在中学学习时,多数都是跟父母生活在一起,有的甚至达到“饭来张口,衣来伸手”的境地,生活、学习很安逸;而在大学,多数同学住校,吃、喝、住、学,样样都得自己操心;再者,中学里的同学,多数都是本地学生,有的甚至是从小长大的小伙伴,可以无话不谈,生活起来很惬意;但到了大学,同学们来自四面八方,生活习惯不同,语言不通,性格也不同,还要在一起生活,有的还要住在同一间房子里,造成某些生活中的障碍。

5.2.7 大学学习的一般要求

一、尽快适应大学学习和生活

我们的大学生中,有相当一部分在离开家乡和父母,进入一个他们事先并不熟悉的大学后,并不能较快地适应新的生活和学习。并且,也有相当一部分同学在入学前对大学所持的期望值过高,以至于入学后造成理想与现实之间较大的反差。拓维文化编著的《大学生心理问题调查》一书中引用了北京一位大学生所描述的考进大学后的失落心情:进了大学,原以为生活将如小说所描绘的那样绚丽动人,然而面对现实,我发觉自己是何等天真。人都说学校是净土,这不假,相对于社会来说,学校确实没有许多世俗的丑恶之处,然而学校也是个小社会,形形色色的人都有。学风不正,课堂教学不理想,专业不理想等都使我对专业知识的学习缺乏热情，完全是被动地学习。

可以说，这种理想与现实之间的情理落差在一定程度上又加剧了大学新生的不适应。

那么，怎样尽快适应大学的生活与学习呢？

1. 调整惯性思维

很多大学生在入学前，都会把大学想象得十分完美。优美的生活环境，高效的学习方式，活泼的课外活动，有意义的社会实践，有朝气的社会交际……但入了大学校门，一旦发现实际并非如此时，就会产生不适应感。也有的大学生，特别是高职高专学生以为自己没有考上理想的大学，是高考的失败者，于是产生失落感，甚至自暴自弃。这时，重要的是调整自己的惯性思维。要知道，世界上的事物都没有你想象得那么好，也没有你想象得那么差。实际上，大学并不是"理想的天堂"和"生活的乐园"，而是刻苦学习和艰苦磨炼自己的场所。调整思维，摆正心态，就会减少不适应感。

2. 熟悉自然环境

新生一入校，要好好利用入学教育的机会，尽可能熟悉自己将要生活和学习的自然环境，如校园、宿舍、教室、图书馆、资料室、实验室以及周围有关的商店、书店、医院等。大学的校园并不是"世外桃源"，其所处的社会环境也不会尽如人意。因此，不要过分苛求，而要尽量了解和适应。

3. 创造人文环境

人对环境的适应不仅包括自然环境，更重要的是包括由人、事和信息等构成的人文环境。马克思说："哲学家只是以不同的方式解释世界，而问题在于怎样改变世界。"

因此，要充分发挥自己的主观能动性，创造出一个有利于自己学习、生活和成长的人文环境。譬如，以虚心求教、尊重师长的态度，处理好自己与班主任、辅导员、任课老师和学校其他工作人员的关系；以严于律己、宽以待人的态度，处理好自己与同学的关系。这样，你也会减少很多不适应感。

4. 学会驱除孤独

孤独感和寂寞感是人人都会有的。在这样的时候，要以适当的方式予以排除，而不要独自一人去苦思冥想。心情不好的时候，可以听听音乐，锻炼一下身体，和谈得来的同学散散步，找老乡聊聊天，到图书馆找一本有趣的书或志杂看一看，如此等等，你的心情就会好多了。

5. 摸索学习规律

大学学习与中学学习有不同的规律和特点，要注意摸索，逐渐形成符合大学特点和自己实际的学习方法，从而使自己的学习变得轻松愉快，以减少学习上的烦恼，增强适应性。

二、认识和适应大学新环境

大学生活与中学生活相比，不论衣食住行，还是学习、交友乃至认识社会和人生，都需要更多地依靠学生自己的知识和能力去思考、判断、选择和行动。了解、认识了这些变化了的客观环境，有助于加速适应过程。

1. 生活环境的变化

生活环境的变化体现在生活方式、生活习惯、生活范围等方面。中学时代，同学大多居住在家中，居住条件、生活条件相对舒服，起居由家人料理，使得学生能有更多的精力投入学习，但同时也在生活上养成了极大的依赖性和生活随心所欲的不良习惯。大学生活是一种集体生活，饮食起居都是集体性的，住宿舍、吃食堂，凡事要靠自己安排，并且学校都有严格的制度。对这一切，初来时一般都有新鲜感，但由于饮食方面的差异，作息制度与生活习惯的不同，气候和语言环境的变化，起居条件与家中环境巨大的反差，不少人会感到不习惯、不适应，甚至产生抱怨情绪。更有甚者，还会因一些小事与同居一室的同学产生矛盾，以至于在进校初期就开始影响自己的学业。此外，生活范围变大，课余时间增多，原来单一的学习生活被丰富多彩的大学生活取代。但由于是刚入学，环境的陌生加之经验的欠缺，有的就如同刘姥姥进了“大观园”，茫然而无所适从。

大学新生应该适时地认识到，大学时期，是由依附家庭到自立于社会的过渡阶段，要在大学生活里学会生活，学会合理地安排时间，养成良好的生活习惯，培养自己的处理能力。既要会安排学习时间，也要会安排休息、娱乐与锻炼时间，要学会集体生活与学会自理，尽快地摆脱原先生活上的依赖性。

2. 人际环境的变化

人际环境的变化主要体现在人际交往的方式和对象、人际交往的要求等方面。进入了新的生活环境，接触到新的群体，将在校的环境和新的群体中生活相当长的一段时间，不能不重视人际环境的变化问题。如前所述，中学生多数是家居生活，接触与交往的对象主要是父母、亲朋、同学和老师。在家与父母的交往内容主要在生活、情感方面，在校与同学、老师交往的内容主要在学习方面，与同学、老师的交往也主要局限于在校时间，一般广义的人际交往并不很多，即使在校与同学、老师之间有了矛盾冲突，回到家中还能对父母诉说，以求得精神上的慰藉。然而，进入高校，新的伙伴，新的环境，各自有各自的习俗爱好，各操各的方言俚语，不论相互之间是否适应，都要同处一班，甚至同居一室，朝夕相处，这就难免会使个人已习惯的行为模式受到一定的冲击，人际关系失去了往日地缘关系的优势。远离父母，师生关系也不像中学那么密切，有时几天见不到面，失去了情感交往的对象及精神慰藉的场所。加上大学交往需求和愿望强烈，而又缺乏交往技巧，难以建立友好的协调关系，容易感到孤独苦闷。正因为如此，在每届新生中都有一些同学热衷于找老乡，投身于地缘性人际关系的半封闭圈子，寻求生活和情感交往的场所；也有一些同学频频向父母打电话，倾诉自己种种的“不幸”；还有一些同学开始沉湎于网上聊天，希望通过与素未谋面的“网友”交谈求得情感的慰藉。凡此种种，都表明大学新生应当重视对已经变化了的新环境的适应，适时学会开展人际交往，不然，就会影响身心的健康、学业的完成。

大学生人际交往案例分析

小张是大一新生，性格较内向，从来没有住过校，从小都住在属于自己的房间里，进大学后与7名同学同住，在条件优裕的环境中成长的他，看不惯的是同寝室同学“不良”的卫生习惯，更不喜欢他们随便的作息制度，尤其不喜欢他们的高谈阔论，总之，看谁都不顺眼。

由于内向的他本来就不擅长与人沟通，再加之看不起那些同学，于是，就以独来独往来减少与同学们的交往，时间一长，他发现寝室同学说说笑笑，进进出出都结伴而行，似乎视他不存在，他开始感到失落了，孤独感油然而生，曾经多次萌发过主动与他们交往的念头，可都事与愿违。他回寝室时总觉得同学们都在议论他，对他评头品足，还窃窃私语，一副嘲笑、鄙视的模样，他觉得受不了了，想过换寝室，但没有得到批准。为了不和他们交往，他很少回寝室，只有睡觉时才回去，即使这样避开他们，似乎还是没有减少他们对自己的议论与不满，他开始失眠，食欲下降，精神状态越来越差，身体急剧消瘦，在寝室，话越来越少，甚至连笑声都很少听见，他感觉到听课的效率也越来越差，最后终于病倒了。

在住院期间，寝室同学轮流守护在病床旁，看到那些平时让自己反感透顶的同学都忙着照顾他，送水喂饭，就像自己的家人生病了似的，他的心被震撼了。他把内心的苦闷与孤独告诉了他们，才知道原来一切都是自己“想”出来的，同学们只是觉得他不愿与他们交往，并不知道由此引发了他内心如此大的震荡。

应该看到，人际环境的变化，对大学生来说是一个难得的学习和锻炼的机会，及时适应这种变化了的环境，从中增长知识和才干，对将来步入社会是一种很好的准备。大学有着众多的专业，不同年龄的师生员工，众多的学生社团，来自全国各地甚至国外的友人，这是一个高文化品位的环境，对于人才的锻炼成长是一个极为有利的条件，适应这种人际环境的变化，学会与这些不同的人进行沟通、相处与交往，不仅对完成学业十分有利，而且对今后走上社会工作，参加社会交往也是大有裨益的。

及时认识和适应大学的新环境，也是适应时代发展的需要。随着社会的发展，随着全球经济一体化进程的加快和知识经济时代的到来，人际交往的范围和模式、人际关系的观念和纽带都会发生很大的变化，具备良好的人际交往能力也越来越被人们重视。良好的人际关系，能够使主体较快地与他人沟通，被新群体认同和接纳，与他人展开有效的协作，这无疑会有助于事业的成功。因此，从适应将来社会发展需要和大学生实现自己人生价值的需要角度看，适时认识和适应大学生活的新环境，也是十分必要的。

3. 学习环境的变化

学习环境，可分为内在环境和外在环境两种不同的形式。这里所说的学习环境并不是指大学的教学大楼、图书馆等外在的环境，而是指大学的学习内容、学习方式、管理制度等内在的环境。中学学习的具体内容，是由国家统一规定的，参考读物、复习资料等都是由教师、家长选定的。教师的教学是依据课本进行具体细致的分析与讲解，学生掌握和巩固所学的知识主要是依靠听课、复习和做作业。从小学到中学的十多年学习生活，学生已经习惯了这种具有极大依赖性的教学和学习模式。

而大学生和中学生的教学和学习则有着重要的不同。教师的教学多为提纲挈领地指导启发，以重点、难点加以详细说明，强调学生自学和独立思考。大学的教学内容一般都突破了教材的范围，所涉及的相关专业的内容不仅比较广，而且一般都具有一定的深度，人文社会科学方面的专业和课程更是这样。大学的教学，特别是高年级的教学，授课教师在教学过程中还时常介绍学科或课程的前沿问题，有的还介绍自己的“一家之言”，这些体现研究性、探索性特点的教学内容，在教材上是找不到的。教师这样做的目的，是为了开阔学生的视野，激发学生的思考，培养学生的学科兴趣和思维能力。这就要求学生不仅学会，更要会学。事实证明，不少大学新生由于受到长期形成的依赖的学习习惯的影响，缺乏及时转变学习与思维方式的自觉意识，不能及时地适应已经变化了的学习环境，而在最初阶段处于被动的学习状态。他们初听大学教师讲课，如坠云雾之中，一堂课下来不知教师讲了一些什么，自己听懂什么，或者担忧自己如此下去会掉队，或者抱怨大学教师还不如中学教师教得好，由此而出现情绪波动，影响正常学习。

在教学管理方面，大学与中学的差别也是很明显的。在中学时代，不用说班主任老师，即使是任课老师也直接参加教学管理，及时督促检查上课纪律，管理环节既具体又细致。而回到家中，还有父母检查督促，面面俱到，要求严格。大学的教学管理，相对来说要“松”得多，不要说教学环节上督促，即使是课堂纪律，老师直接过问的也不多，几乎全凭学生自觉。与中学相比，大学生的课外自习、阅读的时间相对增多。学生对这些学习时间的支配和利用，包括自习学习计划的制订、学习资料的选择等，教师一般很少指导和提出什么具体意见。这些特点，往往会使刚入学的新同学产生这样的错觉：大学的学习太自由了。因而会感到突然之间失去了以往的压力，变得不知所措，或者感到失去了学习动力，放弃了对自己的严格要求和主观努力。而一旦发现这是一种错觉时，往往已经造成了不易挽回的损失，使自己在学习上陷入被动。从这个意义上说，大学新生应该高度重视学习环境的变化，把适应学习环境的变化看作是一个学会学习、掌握学习主动权的极好机遇。

三、认识与转换新角色

认识和适应新的环境，离不开认识和转换新的角色，这是一个问题的两个方面。环境与人的关系是一个互动的过程。对环境的认识的把握最终还要取决于人，因为人是环境的主体，是环境变化的主导方面。因此，一定意义上可以说，大学新生能否适时地认识和适应新的环境，关键还是要看能否适时地认识和把握新的角色，实现向新角色的转换。

角色，是社会学的特定范畴。在社会生活中，不同的人承担着不同的社会角色，社会角色本质上是体现在特定环境中的不同个体和不同环境中的同一个体的基本标志。一个人，在学校的环境中他是学生的角色，承担着学习成才的特定责任，在家庭的环境中则是子女的角色，承担着孝敬父母的特定责任，而在社会公共场所又是公民或游客的角色，相对承担着作为公民或游客的责任，如此等等。这里需要注意的是，一个人在自己的一生中会随着环境的变化而不断地变换着其角色，但在这些角色中都会有一种基本的角色占据着主要的角色位置，人们平时正是根据这一点来区分不同的人的社会角色的。

大学生角色与中学生角色虽然在类别上都属于学生这一类社会角色，但是大学生与中学生毕竟不一样。刚进入大学，并不意味着就是名副其实的大学生，要想成为一个名副其实的大学生，就需要有个对新角色的认识、转换与适应的过程，只有完成了这一过程才能使自身产生质的飞跃。反之，如果对这一点没有认识、角色不能及时地转换，那就会陷入种种不适应，产生一系列的不良后果。

从根本上说，大学生与中学生虽然在承担社会责任方面的角色是一样的，他们都是国家和民族的未来和希望，承担着学习成才、振兴中华的历史重任。但是，大学生与中学生的角色又有着许多的重要的不同。中学生的培养目标是基础教育意义上的，大学生的培养目标是专业教育意义上的，两者虽然都强调全面发展的素质教育，但后者更重视一专多能。正因为如此，大学生与中学生在直接意义上承担的学习任务和责任不同。中学生的学习，直接的任务和责任是全面学好文化基础课，为将来深造打下良好的基础；而大学生学习的直接任务和责任是掌握专门的知识的技能，为将来的就业做准备。也正因为如此，从社会期待看，大学生与中学生的人格特征也不是一样。实行改革开放和大力推进社会主义现代化建设的历史时期，要求高校培养的人才必须具有独立自主、乐于竞争又严于自律的人格特征，大学生在校期间就应当注意在老师的指导下加强自主人格的培养和锻炼，使自己逐渐具有社会所期待的人格特征。

把握大学生与中学生在角色方面的差异，确立新的角色意识，是认识和转换角色的前提。不少新生，就因为未能认清大学生与中学生的角色差别，以中学生角色来承担大学生的责任，甚至以家中独生子女的角色来对待已发生很大变化的生活环境，所以难以适应变化了的学习环境和人际环境，在整个大学学习期间长期处于一种被动的状况。有些大学生在临近毕业时发出这样的感慨：刚刚明白大学生应当怎样做，大学是怎么一回事，却要脱下学生装，离开大学了，真希望再上一回大学，再做一次大学生！这种感慨正是没有及时地转换角色，因而没有及时地适应大学生活新环境的心灵表白。由于认识模糊，大学新生往往会走入一些角色定位的误区，最主要的有以下三种。

1. 分不清大学生角色与中学生角色质的区别

进入大学了，仍然以旧有的中学生角色规范自己的思想行为，表现在生活上，学习上仍然存在较大的依赖性、被动性和他律性。

2. 以成人角色自居

这在不少大学生身上都有不同程度的表现，认为自己已经长大成人，又脱离了家庭的监护，是一个独立自主的成年人了。成人意识的培养应该是正常的，也是好事情，然而不可因此忽略了成人角色深层次的方面，只是盲目地模仿成人表层的行为，比如抽烟，喝酒等。更为可怕的是有的无视校纪校规，拒绝听从老师的指导、劝告，似乎听了别人的教诲便失去了成人的自尊与主见，认为自己“完全有自制能力”，不需要学校的各项规章制度来约束，个别同学还认为学校的各项规章制度对他们是一种“强制”，甚至是一种“管制”，对此表现出强烈的抵触情绪和逆反心理。个别人提出“要自由安排时间”，“干自己想干的事情”，“充分地享受当代大学生生活”等。于是课堂上“没有兴趣，学不进去”，课堂外“玩得太晚，睡眠不足”，“校外租房，作息无序”，“网吧过夜，夜不归宿”等放任自己的行为出现了，使自己由成人又变成了一个不懂事而又任性的孩子。实际上，越是试图以成人自居，往往越是显露出不成熟的一面。在大学生同时承担的多种社会角色中，占主导地位的毕竟还是大学生角色，因此刻意追求成年人的角色，反而会损害大学生的角色形象。

3. 满足于不自觉的角色自我定位

所谓不自觉的角色，是指主体虽然知晓自己所承担的角色应尽的责任，应当遵循各种规章制度，但未能从思想上真正认识领会这些责任和规范对自己成才的作用及社会意义，或者仍未摆脱旧有角色行为模式的惯性影响，只是在有约束、有监督的情况下，甚至是唯恐受到某种惩处、谴责的外在压力下，被动地“照章办事”，因此一旦失去监督约束和外在压力，又会故态复萌。这种情况表明，中学生的角色模式的影响，在一些大学生的身上依然很深，他们并没有真正完成新角色的转换。要转换新角色，除了提高对新角色的认识以外，还需要学习、理解和遵守大学生的角色要求和行为规范。这样的规范要求集中地体现在国家教育部颁布的《普通高等学校学生行为准则》和各校制定的规章制度里，这是国家、人民和学校对大学生在政治、思想道德、学习、生活等方面提出的基本要求和努力方向。

四、正确处理好几个方面的关系

大学的教学活动是一个系统工程，学生应注意处理好以下几个方面的关系。

1. 基础与专业的关系

所谓基础，指的是教学计划中安排学习的理论基础知识和专业技术基础知识。专业，是指专业知识。基础与专业的关系，是相辅相成、缺一不可的辩证统一关系。在具体的专业之中，各自具有其独立的功能。有人把基础比喻是树根，专业则是树之花、树之果。有人用塔来形象地说明两者的关系，基础知识是塔基，专业（技术）基础知识是塔身，专业知识是塔顶。基础是基本的，专业是基础的应用和延伸。

国内外很多研究表明，大学生正处在由学生角色向独立的社会工作者角色转化的过程，是人生中的一个独特阶段，也是成才的关键阶段。因此大学学习主要是打好基础，扎实地掌握有关的基础理论、基础知识与基础技能。这不仅是科学技术发展的客观要求和进一步学好专业知识的需要，同时也有利于提高未来工作的适应性和后劲。但这绝不意味着可以放松或者削弱专业知识的学习。相反，还要加强专业知识的学习，拓宽专业的知识面，因为专业课程是结合专业特点去巩固、扩大、加深基础知识，并且使学生学会综合利用基础知识去独立解决问题的技术与方法，所以学好专业知识也是十分重要的。

2. 理论与实践的关系

理论源于实践，又应用于并指导实践。大学生要成为新时期的创新人才，必须具备扎实、系统、精深的理论知识，又必须具有解决实际问题的本领，因而在学习过程中，既要重视理论学习，又要重视实践知识和技能方面的学习，把两者有机地结合起来，养成理论联系实际的好学风。对于高职院校尤其要特别强调重视实践教学活动。所谓实践教学是相对理论教学而言，它是除理论教学形式之外，其他教学形式的总称，包括实习、实验、设计、劳动等。实践教学直观性操作性强，与生产、科研和社会生活联系紧密，有助于培养学习兴趣，增强学习的主动性、积极性和适应性，同时有利于培养创造性思维能力、独立工作能力、实践操作能力和交往能力。通过实践教学还可以了解到生产过程、观察到生产管理人员和技术人员在第一线的作用，不仅可以学到书本上难以学到的现场知识，还可以提高职业兴趣、巩固专业思想。

3. 共性与个性的关系

所谓共性与个性的关系实质上就是实现基本规格与发挥个人专长的关系。

大学培养人才是按照一定的目的，有组织、有计划、按专业进行的，国家根据不同时期的政治、经济、科技发展等方面的要求，对大学培养的人才素质提出总的要求，这个总的要求就是培养目标和培养基本规格（或培养基本要求）。培养目标和基本规格是一致的，前者在表述上比较概括，而后者是前者的进一步具体化，更具有操作性、可检测性。培养目标和基本规格是大学教育工作的出发点和归宿，是学校具体制定各专业教学计划、组织安排教学工作、检查和评价教学质量的重要依据。

基本规格是国家对大学生成才提出的基本要求，是每个大学生都应该达到的。然而，现实表明，在学生群体中，由于遗传素质和后天生活环境有差异、智力水平有高低、能力发展有快慢、身体有强弱，兴趣、性格、爱好等方面的千差万别，所以，学生个性发展中表现出的不平衡性是客观存在的，这对于社会人才结构的多样化也是必要的。若个个都只是局限和满足于基本规格，而不敢积极合理发展自己的兴趣、爱好和专长，势必会影响自己潜能的发挥，最终影响成才目标的实现，有悖于教育改革的精神。事实上在学校制订教学计划，已充分考虑并给学生预留了充分发挥个性特长的空间，如实行学分制，开设选修课等。关键在于处理实现基本规格和发挥专长的关系时，首先要认真完成教学计划规定的学习任务，做到全面发展，保证基本规格的实现，在此原则下，尽量创造或寻找条件发挥自己的特长，决不能本末倒置。

4. 第一课堂与第二课堂的关系

第一课堂指学校教学计划以内安排的学习活动。第二课堂是指教学计划之外安排的学习活动，包括校内的各种社团活动（如歌咏、舞蹈、武术、书画、摄影、集邮、讲演、外语之角、科技协会或科技小组以及各种沙龙活动等）和各种校外的社会实践活动（如科技服务、社会调查、勤工俭学等）。

第一课堂的学习活动是学校统一安排的，具有强制性和明确的目标要求，它是保证实现基本规格，人人都必须完成的。第二课堂的学习活动通常是由学生团体组织个人自愿参加的，具有独立性和灵活性的特点。第一课堂和第二课堂的关系是相辅相成的。第一课堂是学习的主渠道,第二课堂内容丰富、形式多样,能够为个性差异、学习能力和方法不同的学生,发展他们的各种兴趣和特长提供一个广阔的天地,有利于开发智力和因材施教。同时第二课堂又是第一课堂的延伸和补充,在第二课堂,学生可以学到比第一课堂更为广泛的知识,扩展和延伸第一课堂所学的基本知识。所以,对学校来说,如果只有第一课堂,不开展多种多样的第二课堂活动,那将是一种死气沉沉的片面教育,是不可能全面实现培养高质量、高素质的专门人才的任务的。对大学生来说,要全面塑造自己,把自己培养成全面发展的新人,也必须把两个课堂的学习结合起来,积极主动地参加第二课堂的活动。但是,要正确处理好两者之间的关系:第一课堂是主要的,丰富多彩的第二课堂活动,只是第一课堂的重要补充。参加第二课堂活动,务必要从自身的实际和条件出发,切不可因参加第二课堂活动冲击和影响第一课堂的学习。

五、确立新目标

目标是人们活动所追求的预期结果,是激发人的积极性使之产生自觉行为的必要前提。一个人确定的目标越远大、越崇高,他的行为动力就越强烈、越持久。没有目标就没有方向、没有力量、没有积极性,也就难以步入成功的殿堂。目标对人的行为具有定向作用、激励作用和维持作用。在人生的征途上,实现了一个奋斗目标后,必须及时地确定下一个奋斗目标,才能使自己有新的前进动力。大学生活是人生道路上的新起点,要顺利完成大学学习任务,要使大学的新生活有一个良好的开端,必须确立新的奋斗目标。中学生虽富于理想,喜欢憧憬未来,但其理想目标往往变化不定,朦胧不清。考学的压力和就业的待定性,使大多数中学生只考虑近期目标,缺乏长远目标。进了大学,高中时期的奋斗目标已变成现实,认为大功告成,有船到码头车到站的念头,放松了对自己的要求,学习热情不高了,动力不足了。加之新目标又未确立,不少学生感到茫然、空虚,进入"动力真空带",出现了松口气、歇歇脚的松劲情绪。殊不知,没有一个明确的目标,学习就没有持之以恒的动力。因此,尽快确立新的奋斗目标是大学生走向新生活、适应新环境的重要举措。

六、实现四个转变以保持学习动力

综上所述,为了适应大学学习生活,成为名副其实的大学生,必须迅速实现四个转变,来保持其持续稳定的发展。

1. 学习目标的转变

在学习目标上,要树立远大理想,由为"考上大学"而奋斗变成为"尽快成为优秀高级人才和有益于社会的人"而奋斗。这种转变的要求,不仅取决于大学学习目标的内在规定性,也取决于社会对大学生的期望。

2. 学习要求的转变

在学习上,把由只着眼于一门一门课程成绩的学习要求转变为"追求高级全面素质,并掌握一两个领域(专业)的专门知识与专门能力"的学习要求。大学学习的特点要求学生不能再像中学那样,只注意各门课程的成绩。大学各科的成绩固然很重要,但是大学的主要目标是培养具有较高综合素质的专业人才。因此,只有实现这一转变,才能更好地理解大学学习的本质和要求,实现人生奋斗的目标。在此,要注意处理好专业思想问题,正确认识并处理好个人需要与社会需要的关系,热爱所学专业。大学教育专业的定向性,对大学生思想产生的影响是十分复杂的。有的同学入学后,对所学专业不感兴趣,常常被气馁、自卑、抱怨、后悔等消极情绪所拖累,学习十分被动,谈不上学习动力,贻误了大好时光。专业思想的实质是个人需要与社会需要的关系问题。要求大学生一方面自觉地以祖国现代化建设事业的大局为重，正确处理个人情趣和社会需要之间的关系，愉快服从社会需要，另一方面还要努力培养新的专业兴趣，并扎实打好基础，增强多方面的适应性。

3. 学习观念的转变

在学习上，要增强自立学习精神，把由教师指导下的学习转变为“以自主学习为主的教师指导下学习与自主学习相结合”。由于中学生的知识、智能和学习心理水平较低，所以中学的学习始终是在教师指导下进行的。从主观条件看，大学生的自身状况与中学相比有了很大的不同。从客观条件上看，大学校园有知识密集的教师群体、设备先进的实验场地、藏书丰富的图书馆三大优越学习条件，这为大学生独立自主地学习提供了重要前提。一些同学升入大学后，由于从生活到学习很多事情要靠自己动脑筋去想，靠自己动手去做，特别是在学习上，同中学相比往往产生一种失去拐杖、不知所措的感觉，因而学习缺乏动力。为此必须尽快摆脱中学时期形成的对家长、对教师的依赖心理，根据大学学习的特点，下决心培养自己的独立自主精神。自主学习是积极主动的学习，它要将家庭、学校、社会对自己的要求转化为强烈的求知欲望，而不是消极的、被动应付的学习；自主学习又是有明确目标和主见的学习，它要将学校培养目标与自己的特点相结合，形成有自己特色的具体目标；自主学习同时也是以我为主的学习，这将通过学习达到自我完善和自我实现，用自己的智慧去碰撞前人和教师的智慧，自己主宰自己的学习。当然，自主学习并不是贬低教师的作用，大学生要善于因师而学，通过有师而学，进而达到无师自通。

4. 创造性学习的转变

要克服满足感，把由模仿、接受型为主的学习转变为“以创造性学习为主导的接受型学习和创造性学习相结合”的学习模式。中学学习以模仿、接受型为主，以继承知识为主；大学学习既有接受又有创造。从接受角度看，大学学习要完成三个方面的任务：一要掌握本专业必备的知识，形成与本专业相适应的知识结构系统；二是要提高自己的智力和能力水平，形成初步的智能结构系统；三是培育自己严谨的治学精神和优秀品质，形成自己的信念、理想、事业心和创造型学习心理品质结构系统。这三个方面任务的完成，便为接受型和创造型相结合的学习转变打下了基础。实际上，继承达到了量的积累便会产生创造冲动，创造感到积累不足时，又会产生继承的要求，二者相辅相成，相互促进的。一些大学新生经过紧张的高考竞争，取得大学生资格以后，难免会产生一种满足感，出现心理上的“无目的状态”，学习缺乏动力，这对大学生的成才极为不利。我们应当懂得，人生的道路就像在崎岖的山路上攀登，总是一峰接着一峰，在到达顶峰之前的任何一座小山头上，都有三种可能：一是继续攀登，二是停止不前，满足现状，三是顺坡下滑。上大学只不过是人生道路上的一座小山头，我们切不可在此处长久停留，而应克服满足感，瞄准新目标，踏上新路程，以旺盛的学习热情，尽快实现向接受型与创造型相结合的学习转变。

总之，只有顺利实现这四个转变，大学期间的学习动力才会得以持续、稳定、健康地发展。

5.3 土建施工类专业的教与学

教学方法[104]是指在教学过程中，教师和学生为实现教学目的、完成教学任务而采用的手段和途径的总称。它既包括教师施教的方法，也包括学生学习的方法，是教授方法与学习方法的统一。

建筑工程技术专业的教与学

教学方法在专业教学领域中运用是不能离开诸如“面对什么教学对象？为了什么专业教学目标？针对什么专业教学内容？应用什么教学媒体？”等问题的，也就是说，方法应用涉及教学的目标、内容、对象、媒体、环境等教学要素。因此，我们可以将专业教学法理解为：适合专业内容教学并在相应教学媒体支持下达到专业教学目标的方法的总和。

5.3.1 专业教学论与教学方法

专业教学论与专业课的教学方法（或称专业教学法），二者不能等同。专业教学论[105]可定义和理解为对应于专业科学的“辅助科学”“跨学科的和集成的科学”。它涉及专业教学系统的各个组成模块，这些模块相互作用，组成一个有机的整体，例如，教学计划的制定和完善，需要考虑人才市场的需求；教学的设计和实施，需要考虑学生的特点、学习的心理过程。具体来说，专业教学论要解决的问题是：怎样在专业科学的基础上确定教学对象和教学内容，选择教学方法，制定教学方案。对教学过程实施专业教学论“处理”，是教学计划的重要组成部分。

而教学方法则是教师为达到教学目的而组织和使用的教学技术、教材、教具和教学辅助材料以促成学生按照要求进行学习的方法。现代教学方法的内在本质特点是：

（1）教学方法体现了特定的教育和教学价值观念，它指向实现特定教学目标要求。

（2）教学方法受到特定的教学内容的制约。

（3）教学方法要受到具体的教学组织形式的影响和制约。

关于教学法的分类五花八门，但大致可以归纳为以下两大类：一是传统的教学法，例如传统讲授、讨论式讲授、讨论、研讨、小组工作、独立工作等；二是行动导向的教学法，例如项目教学法、实验教学法、模拟教学法、计划演示教学法、角色扮演教学法、案例分析教学法、引导文教学法、张贴板教学法、“头脑风暴”教学法、想法构图教学法等。

5.3.2 行动导向的教学法

行动导向学习是20世纪80年代以来职业教育教学论中出现的一种新的思潮。行动导向学习与认知学习有紧密的联系，都是探讨认知结构与个体活动间的关系。行动导向学习把认知学习过程与职业行动结合在一起，将学习者的个体学习过程与适应外界职业要求结合起来，大大提高了个体行动的角色能力。在现代职业教育中，行动导向学习的目标是获得职业能力，包括在工作中非常重要的关键能力。

行动导向学习的特点是：

（1）行动导向的学习是全面的。

（2）行动导向的教学是学生主动地学习的活动。

（3）行动导向学习的核心是完成一个可以使用，或者进一步加工或学习的行动结果。

（4）行动导向学习应尽可能地以学生的兴趣作为组织教学的起始点，并且创造机会让学生接触新的题目和问题以不断地发展原有的兴趣。

（5）行动导向学习要求学生从一开始就参与到教学过程的设计、实施和评价之中。

（6）行动导向学习有助于学校的开放。

（7）行动导向学习试图保持动脑和动手活动之间的平衡。行动导向的教学在理论上从这样的假设出发,即动脑和动手活动之间不是直线性的上升发展,而是两种成分之间动态的交互影响伴随着整个学习过程。

由于行动导向的学习对提高人的全面素质和综合职业能力起着十分重要的作用,所以日益被世界各国职业教育界的专家所推崇。

1. 行动导向教学法的特点

行动导向教学法与传统教学法的本质区别是这种教学不再是一种单纯的老师讲、学生听的教学模式,而是师生互动型的教学模式。在教学活动中教师的作用发生了根本的变化,即从传统的主角,教学的组织领导者变为活动的引导者、学习的辅导者和主持人。学生作为学习的主体充分发挥了学习的主动性和积极性,变“要我学”为“我要学”。

(1) 行动导向教学法不再是传统意义上的知识传授。老师将教学所要求的书本知识灌注给学生,把学生头脑当做是盛装知识的容器。行动导向教学法是让学生的所有感觉器官都参与学习,因此,它不只用脑,而是用脑、心、手共同来参与学习,把学生的头脑当作一把需被点燃的火把,使之不断地点燃思维的火花。老师应引导学生学习知识以及掌握这些知识的技能、技巧,又引导学生学习这种知识得来的过程和方法。在学习中学会学习,形成会学的能力。

(2) 行动导向教学法采取以学生为中心的教学组织形式。教师根据学生的兴趣、爱好和特长进行启发式教学,在活动中引导学生的个性、才能得到充分的发展,鼓励他们创新,使他们的创新意识和创新能力得到充分的发挥和提高。教师应对不同类型的学生进行因材施教(即采用不同的教学要求和不同的教学内容与方法)。在教学中充分尊重学生的个性,培养学生的自信心和自尊心。在教学中不应粗暴批评学生,要充分肯定学生的每一点成绩,鼓励学生在不断的练习中取得成功。

(3) 行动导向教学法不再是传统意义上的封闭式的课程教学。它采用非学科式的、以能力为基础的职业活动模式。行动导向教学法按照职业活动的要求,以学习领域的形式把与活动所需要的相关知识结合在一起进行学习的开放型的教学。学生也不再是孤立的学习,他们以团队的形式进行研究性学习。学习中老师为学生创造良好的教学情境,让学生自己寻找资料,研究教学内容,并在团队活动中互相协作,共同完成学习任务。

(4) 行动导向教学法注重对学生的方法能力和社会能力的培养。在学习中结合各种具体教学方法的使用,培养学生自主学习和学会学习的能力。在活动中培养学生的情感,培养学生的交往、沟通、协作和相互帮助的能力。同时要求在教学过程中,让学生按照展示技术的要求充分展示自己的学习成果,并对学生的展示技术和教学内容进行鼓励性评价,培养学生的自信心、自尊心和成就感,培养学生的语言表达能力,全面提高学生的社会能力、个性能力和学生的综合素质。

(5) 行动导向教学采用目标学习法,重视学习过程中的质量控制和评估。行动导向教学的整个教学过程是一个包括获取信息、制订工作计划、做出决定、实施工作计划、控制质量、评定工作成绩等环节的完整的行为模式——六步法。

六个步骤的详细解释:

① 资讯:深入全面地分析订单要求,调查、收集并补充完成订单所要求的各种信息,确定完成订单所需的人力、资源和设备等,制订工作进度计划。

② 计划:制定具体的工作计划,既要参照常规的工作步骤和程序,又要考虑创造性地使

用新的工具和工作方案的可能性。完成订单的过程是复杂的，也蕴涵着灵活地、创造性地设计工作过程的可能。为促进员工独立自主地完成工作以及持续地发展职业能力，必须避免“历来如此，无须别样”的工作态度，同等对待不同的工作设计方案。

③ 决策：在充分的民主讨论和谨慎论证的基础上，调整并选取更为合理可行的工作方案和进度计划。

④ 实施：强调员工自主地执行工作方案，既要保证充分的行动灵活性，又要提供相应的组织机构上的支持；员工不仅要采取具体措施克服完成订单过程中的具体困难和问题，而且要论证和说明这样做的原因，小组中的协商和讨论是必不可少的。

⑤ 检查：在实施的过程中，有关人员必须保持警惕性，要分步检查各阶段的工作结果，检查工作计划的进展情况。

⑥ 评价：既要在交付订单前严格地按照订单要求检查最终产品的规格、质量等，又要分析和评价工作计划的全面性、准确性，更要检查工作过程中的步子、缺憾以及顺利和成功，并分析其形成原因和弥补措施的效果，为改进工作提供参考。

2. 行动导向教学组织

完成一个学习性工作任务，要遵循“完整的行动模式”，因此教学组织也应符合这种模式。理论教师和实训教师不再是一个提供所有信息、说明该做什么并解释一切的传授者，也不再是始终检查学生活动并进行评价的监督者。作为学生学习过程的咨询者和引导者，在“完整的行动模式”中教师的行动应该是(图 5-15)：

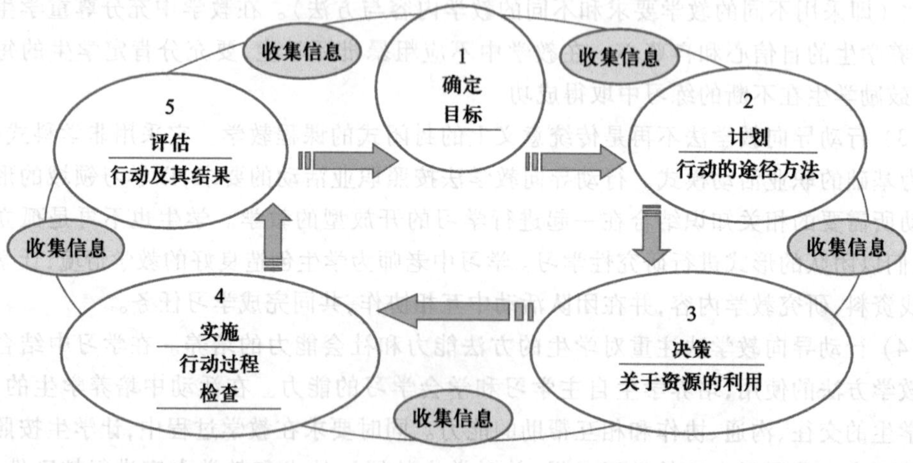

图 5-15 学习性工作任务中完整的行动

(1) 确定目标。学生必须独立实现一个给定的目标(根据学习性工作任务)，或者独自提出一个学习性工作任务的目标，例如开发某种产品的个人版本，根据已有的材料改变给定的设计方案，提高装配技术或改进劳动工具，制定装配货物的时间等。教师则规定活动的范围、使用材料和完成时间，并帮助学生或向其提供提示使其找到自己的目标(如果目标已经给定，教师就必须激励学生独立去实现目标)。

(2) 计划。学生制定小组工作计划或制定独自工作的步骤，着手制作几个不同的计划方案；教师给出提示，并为他们提供信息来源；其他教师(例如基础学科)可在必要时进行授课，让学生获得相应的知识。

(3) 决策。学生在自己制定的几个计划方案中确定一个并告诉教师;教师对计划中的错误和不确切之处做出指导,并对计划的变更提出建议。

(4) 实施和检查。学生按照工作计划实施,并检查活动和结果;学生填写教师提供的检查监控表,其他教师(例如基础学科)为学生提供适合于实施和检查的信息;教师应在如下情况下予以干涉:使用机器有危险情况发生;学员未遵循健康和安全规章;产生结果偏差;或者不符合设定的目标。

3. 行动导向教学法的种类

行动导向教学法包括:头脑风暴法、卡片展示法、思维导图法、模拟教学法、实验教学法、案例教学法、项目教学法、引导文法、角色扮演教学法。本文主要介绍项目教学法、实验教学法,读者对其他教学方法若有兴趣,可参阅相关文献。

(1) 项目教学法。项目教学法[106]是师生通过共同实施一个完整的项目工作而进行的教学活动。在职业教育中,项目是指以生产一件具体的、具有实际应用价值的产品为目的的任务。

① 项目教学法的特点。"项目教学法"最显著的特点是"以项目为主线、教师为主导、学生为主体",改变了以往"教师讲,学生听"被动的教学模式,创造了学生主动参与、自主协作、探索创新的新型教学模式。

目标指向的多重性。对学生,通过转变学习方式,在主动积极的学习环境中,激发好奇心和创造力,培养分析和解决实际问题的能力。对教师,通过对学生的指导,转变教育观念和教学方式,从单纯的知识传递者变为学生学习的促进者、组织者和指导者。对学校,建立全新的课程理念,提升学校的办学思想和办学目标,通过项目教学法的实施,探索组织形式、活动内容、管理特点、考核评价、支撑条件等的革新,逐步完善和重新整合学校课程体系。培训周期短,见效快。项目教学法通常是在一个短时期内、较有限的空间范围内进行的,并且教学效果可测评性好、可控性好。项目教学法由学生与教师共同参与,学生的活动由教师全程指导,有利于学生集中精力练习技能。

注重理论与实践相结合。要完成一个项目,必然涉及如何做的问题。这就要求学生从原理开始入手,结合原理分析项目、订制工艺。而实践所得的结果又考问学生:是否是这样?是否与书上讲的一样?

② 项目教学法的实施步骤。项目教学法一般按照以下 5 个教学阶段进行:

a. 确定项目任务:通常由教师提出一个或几个项目任务设想,然后同学生一起讨论,最终确定项目的目标和任务。

b. 制订计划:由学生制定项目工作计划,确定工作步骤和程序,并最终得到教师的认可。

c. 实施计划:学生确定各自在小组中的分工以及小组成员合作的形式,然后按照已确立的工作步骤和程序工作。

d. 检查评估:先由学生对自己的工作结果进行自我评估,再由教师进行简评和评分。师生共同讨论、评判项目工作中出现的问题、学生解决问题的方法以及学习行动的特征。通过对比师生评价结果,找出造成结果差异的原因。

e. 归档或结果应用:项目工作结果应该归档或应用到企业、学校的生产教学实践中。例如,作为项目的维修工作应记入维修保养记录;作为项目的工具制作、软件开发可应用到生产部门或日常生活和学习中。

(2) 实验教学法。实验教学法,是指学生在教师的指导下,使用一定的设备和材料,通过操作过程,引起实验对象的某些变化,从观察这些现象的变化中获取新知识或验证知识的教学方法。

① 实验教学法特点。实验教学法不仅培养学生分析问题、解决问题的能力,还着重在学生的个性培养,个性培养中也就蕴含了创造性的培养。创造性的思维往往在实验行为的不同阶段中发生,即使实验失败了,也可以寻找错误的源泉(基本假设或实验误差等)。因此这里要强调,实验不仅仅是用来检验假设的正确与否,实验行为蕴含的实质更多在于,学生在一定条件下进行实验行为,以检验假设为目标,综合应用已有的预备知识,通过工具、测试手段让学生进行观察、判断、搜寻乃至阐释,从而培养了能力。

如果仅仅采用实验的方法来证明一个已知的、并且存在的理论,那么每个学生都事先有了真理的标准,得到的实验结果可能都是千篇一律、令人满意的,但却绕过了发现并解决问题的这样一个创造性思维过程。所以说,实验教学的整个过程比单纯的实验结果重要得多。

② 实验教学法的实施步骤。巴德尔(Reinhard Bader)认为实验的过程由以下阶段构成:

a. 观察一个现象(例如,当加上负载后零部件产生形变);

b. 根据一个假设提出问题(例如,部件的形变和作用力之间的关系);

c. 实验的计划阶段,也就是说构建一个人工的、技术性的遵照某些边缘条件的实体(例如,计划一个滑轮组实验:决定变量和常量、夹具、加上负载、测量样本、每个单位时间增加负载、估计并计算误差);

d. 实施一个实验(观察、测量、记录、计算);

e. 产生一个陈述(结果),在考虑到边缘条件和测量的精度后支持或推翻初始的假设(例如,对某种材料的胡克定律的有效范围、负载在一个范围内);

f. 在整个理论范围内对子理论的归类(例如,一个单轴压力条件的假设、应力假设);

g. 反思理论和应用可能性的结论(例如,实验结果与实际情况下的某个零件一致、零件的数学计算的可能性)。

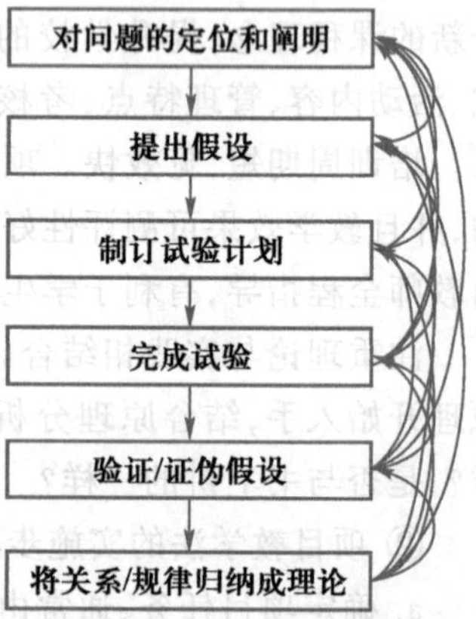

图 5-16 实验教学法的阶段

一个完整的实验教学法的过程如图 5-16 所示。

5.3.3 土建施工类专业的学习方法

学习方法[107],泛指人们在学习的领域内,为达到某种学习目的而使用的手段和措施。方法在表面上是一种手段,或说是过程,但实际上是一门学问。

俗话说,“学习有法,而无定法。”学习方法要因人、因课堂、因时、因地而制宜,应该灵活运用。就是同一个人,学习同一门课程,一般来说,从头到尾也不可能只采用一种学习方法。应该随着水平的提高和学习的内容不同而不断变化学习方法,提高学习效率。总之,在学习过程中既要注意借鉴别人的学习方法,也要注意总结自己的学习方法,才能将所需知识学好。学生学习效果的好坏取决于三个重要因素,它们是:学习的动力、态度和方法。

一、专业学习概述

1. 专业技能

(1) 专业技能及其学习过程。专业技能[108]是指运用知识或技术完成一定生产活动的能力。狭义的技能是指具有某种基础知识、完成一定生产活动的能力,即经过专门培训就能掌握或发挥的能力。广义的技能,还包括智力技能和操作技能。智力技能是借助于语言在头脑中进行的认识活动。操作技能又称为动作技能,是由一系列外部动作构成,通过培训形成的一种合乎规定的行动方式。在完成复杂活动时,既需要智力技能,又需要操作技能。技能与知识不同,例如生活常识、物理知识、化学知识、数学知识,可以通过语言文字等形式传授,而技能必须亲自学习,并坚持练习才能掌握其中的技巧。而一旦停止练习,技能将很快变得生疏,是一种熟能生巧的体力活,对眼手的协调能力要求很高。正如卖油翁的话"无它,唯手熟耳"。

不同的职业对专业技能素质的要求也不相同。为掌握专业技能,首先要学好专业知识和专业理论,这是掌握专业技能的前提;其次要搞好实际操作技能培训,苦练基本功,这是掌握实际操作技能的关键。

(2) 影响专业技能学习的因素。高职教育的重要特征是具有鲜明的职业岗位针对性,因此专业技能教学是高职教育教学过程中的重要环节。影响高职学生专业技能学习的因素包括两个方面:一个是学生个体即主观层面的因素,另一个是学生个体以外即客观层面的因素。

影响高职学生专业技能学习的主观层面因素包括以下三个方面:

① 认知因素。受认知因素影响的学生智力发展相对低于同年级学生的平均水平,他们通常是孤立学习、机械记忆,难以上升到意义学习,逻辑辩义的层次,难以做到举一反三、触类旁通的,学习技能费时多,效果却不如其他学生。

② 情感因素。受情感因素的影响的学生智力正常,反应灵活,只是由于学习态度、动机、情感、意志、兴趣等方面的问题导致动作技能学习困难,具体表现为学习主动性不强,学习态度消极,自我控制力较差,不能始终如一。

③ 动作技能因素。受动作技能因素影响的学生智力正常,记忆力较好,但学习机械,动作呆板,死记硬背,动作技能的学习迁移能力、知识应用能力,实验操作能力较差。

影响高职学生专业技能学习的客观层面因素包括以下三个方面:

① 生源层面的因素。总体而言,就读于高职院校的专科学生高考高分人数较少,低分人数较多。高考生在学校和专业的选择上随意性较大,他们并不了解所选学校的性质与所学专业的目标,学习的意识和学习的动力相对欠缺;一些学生在中学阶段没有形成良好的学习习惯,他们自认为学习基础较差,尤其是文科生学习理科的内容,常常感到力不从心。再加上入学后往往看不清学习职业技能对未来发展的重要性,必然会影响高职学生对专业技能的学习。

② 学校层面的因素。在高中阶段,学校往往重视对高考策略的研究,忽视对学习困难的学生群体进行分析。面对迎接高考的超负荷学习任务,不恰当的教与学的方法,使学生丧失了学习的兴趣和信心。教学活动是教师与学生的双向活动,其中任何一方出现问题都将对教学质量、教学效果产生影响。另外,我国由于大部分高职院校是从中等职业学校升

格而来,教学方式、教材内容和人才培养模式都在探索之中,一定意义上也制约着高职教育质量的提升。

③ 社会家庭层面的因素。社会不良风气、不良文化的影响,市场经济的负面作用,社会上知识技能与收入不成正相关的现象,不同社会经济地位、不同文化素质与教育理念的家长对教育赋予的不同评价以及他们对子女的期望、要求、奖惩目标的不同,都将对学生职业技能的学习产生相应的影响。

2. 树立专业思想、培养职业道德

(1) 专业思想。专业思想[109]是指人们对自己所从事的专业的总的看法和观点。积极的专业思想是推动人们学习知识、掌握技能的内在动力。有无良好的专业思想不仅关系到学生在校期间的学习生活,还关系到学生未来就业的素质基础和事业的成败。如果对所从事的职业能够谈到"热爱",那么其本身就不是为了工作而简单地工作,而是上升到了一定的高度。首先想到的是在自己的专业中进取,开拓新的领域,实现自己的人生理想,其次才是个人的其他方面情况。假如一个学生对所学专业丧失兴趣,他就会把学习当做枯燥无味的负担。因此,大学新生自觉培养稳固的专业思想对树立良好的职业道德具有十分重要的意义。

部分大学生之所以对自己所学专业缺乏兴趣,往往是因为对该专业缺乏了解。因此通过以下途径可以激发大学新生对本专业的兴趣:

> 同学,你知道应该怎么样进行专业学习了吗?如果还不明白,不妨与同学讨论讨论。

① 加强理论学习。通过认真学习本专业的有关资料、书籍、报刊、专著等,充实自己的理论知识,扩大自己的知识面,对自己所学专业的研究对象、任务和特点也就会有明确的认识,这是对专业的理性认识。

② 多做访问了解。如与高年级同学讨论、座谈,走访专业教师,听专家、名人、名前辈做报告等,听取他们对工作的心得、经历和经验,可以使自己得到对本专业间接的感性认识。

③ 参加社会实践。通过感受社会对本专业的重视程度,以及了解人们对本专业的需求状态,得知本专业的社会地位和作用,进而激发自己对专业的兴趣。

(2) 职业道德。职业道德是指从事一定职业的人们在其特定的工作或劳动中的行为规范的总和。它是一般社会道德在职业生活中的特殊要求,又带有具体职业或行业的特征。

职业道德的基本特征有四个方面:

① 范围上的有限性。职业道德的适用范围不是普遍的,而是特殊的、有限的。它表现在走上社会开始工作的成年人的意识与行为中,而不是表现在儿童和未走上社会的青少年中。每种职业都担负着一种特定的职业责任和职业义务。由于各种职业的职业责任和义务不同,从而形成各自特定的职业道德的具体规范,它只对从事本职业的人们适用,对从事其他职业的人们则往往不一定完全适用。

② 内容上的稳定性和连续性。由于职业分工有相对的稳定性,与其相适应的职业道德也就有较强的稳定性和连续性,往往表现为世代相袭的职业传统,形成人们比较稳定的职业心理和职业习惯。

③ 形式上的多样性。职业道德的形式,因行业而异。由于其表现形式多种多样,与不同职业的具体条件和人们的接受能力相适应,因此易于实践,有助于人们形成良好的道德

习惯。

④ 职业道德兼有强烈的纪律性。纪律也是一种行为规范，但它是介于法律和道德之间的一种特殊的规范。它既要求人们能自觉遵守，又带有一定的强制性。就前者而言，它具有道德色彩；就后者而言，又带有一定的法律的色彩。就是说，一方面遵守纪律是一种美德，另一方面，遵守纪律又带有强制性，具有法令的要求。例如，工人必须执行操作规程和安全规定；军人要有严明的纪律等。因此，职业道德有时又以制度、章程、条例的形式表达，让从业人员认识到职业道德又具有纪律的规范性。

职业道德是社会道德体系的重要组成部分，它一方面具有社会道德的一般作用，另一方面它又具有自身的特殊作用，具体表现在：

① 调节职业交往中从业人员内部以及从业人员与服务对象间的关系。职业道德的基本职能是调节职能。它一方面可以调节从业人员内部的关系，即运用职业道德规范约束职业内部人员的行为，促进职业内部人员的团结与合作。如职业道德规范要求各行各业的从业人员，都要团结、互助、爱岗、敬业、齐心协力地为发展本行业、本职业服务。另一方面，职业道德又可以调节从业人员和服务对象之间的关系。如职业道德规定了制造产品的工人要怎样对用户负责；营销人员怎样对顾客负责；医生怎样对病人负责；教师怎样对学生负责等。

② 有助于维护和提高本行业的信誉。一个行业、一个企业的信誉，也就是它们的形象、信用和声誉，是指企业及其产品与服务在社会公众中的信任程度，提高企业的信誉主要靠产品的质量和服务质量，而从业人员职业道德水平高是产品质量和服务质量的有效保证。若从业人员职业道德水平不高，很难生产出优质的产品和提供优质的服务。

③ 促进本行业的发展。行业、企业的发展有赖于高经济效益，而高经济效益源于高的员工素质。员工素质主要包含知识、能力、责任心三个方面，其中责任心是最重要的。而职业道德水平高的从业人员其责任心是极强的，因此，职业道德能促进本行业的发展。

④ 有助于提高全社会的道德水平。职业道德是整个社会道德的主要内容。职业道德一方面涉及每个从业者如何对待职业，如何对待工作，同时也是一个从业人员的生活态度、价值观念的表现；是一个人的道德意识，道德行为发展的成熟阶段，具有较强的稳定性和连续性。另一方面，职业道德也是一个职业集体，甚至一个行业全体人员的行为表现，如果每个行业，每个职业集体都具备优良的道德，对整个社会道德水平的提高肯定会发挥重要作用。

因此，开展职业道德教育是社会发展的需要。在我们努力建设中国特色社会主义的今天，广大青年学生作为祖国建设事业的后备力量，无疑将成为各条战线上跨世纪的生力军。在他们走向社会，从事各种职业活动之前进行职业道德教育，有着极其重大的现实意义和历史意义。

二、理论课的学习方法

理论课的主要学习环节包括课前预习、课后复习、作业、解决疑难问题、考试等。

1. 怎样听课

用好课堂时间是非常关键的，不要把希望寄托在课外、寄托在延长学习时间上面。用好课堂时间，就要认真听课，听课时力求做到“五到”：耳到、眼到、口到、心到、手到。

“耳到”即耳听。注意听老师的讲授，听同学的提问，听大家的讨论，听同学的不同见解，听老师的答疑。

"眼到"即眼看。认真看教材，看必要的参考资料，看老师的表情、手势、看老师的板书，也看优秀同学的反应。

"口到"即口说。复述老师的重点，背诵一下重要的概念、定理，大声朗诵老师指定的段落，大胆提问，大胆回答老师的提问。

"手到"即手写。写老师讲授的重点，抄有价值的板书。听课时，边听边在教材上圈重点，批注一下感想，画一画难点。

"心到"即动脑筋，对接触的知识积极思考。

耳到、眼到、口到、心到、手到，多种感觉器官并用，多种身体部位参与，自然加强了大脑不同部位参与上课的主动性，大脑处理信息的能力也就加强了。

学生带着问题上课逐渐成为课堂的主人、学习的主人，将大大提高课堂学习效率。

美国曾有人对180名学生做过实验：把这些学生分为A、B、C三组，每组学生都收听相同内容的录音。规定A组必须将所听到的内容逐字逐句笔记下来；B组只听，不做一点笔记；C组只记讲授内容要点。测试结果是：A组和B组的学生只记住全部内容的37%，C组学生记住58%。做不做笔记，以及怎样做笔记，效率之差竟达21%。

C组学生之所以优于A、B两组，其关键在于他们抓住了要点，并适当地做了笔记。这样学生的大脑便腾出时间来用于思考、分析、记忆，当然容易把握老师讲授内容的重点、难点，有助于深化、扩展、掌握教材的内容。

2. 怎样做笔记

"笔记"是人脑有效的外存储器，是人的记忆能力的延伸。课堂上除了要专心听讲外，适当地做点笔记，不仅有利于理解和记忆所学知识，促进积极思维，增强听课效果，而且也为课后复习提供重要依据线索，长此下去，还能提高书写速度和整理文字的水平。

课堂上应记些什么内容呢？一般认为应记以下五个方面的内容：

① 记知识的结构。老师系统的板书、重要的图解和表解等记下来有利于理解知识间的联系，形成知识网络，更好掌握事物发展的规律。

② 记重要内容和典型事例。老师所讲的重要内容，如重要的知识点，重要的思考方法，典型的例题，新颖的解法，独到的见解等，应尽可能地记下来，这样有利于把握重点，提高能力。

③ 记课本上没有的内容。有时为了能更系统、更深入地讲解某个问题，老师往往会补充一些课本上没有的材料，把它记下来，有利于课后复习，有利于深入地理解某个问题。

④ 记不懂的问题。课堂上对某个问题一时听不懂或理解模糊，把它记下来，便于课后深入钻研，或请教老师和同学帮助解决。

⑤ 记听课心得体会。如对某个问题，过去不理解，现在突然明白了，由此产生一些联想；对某个问题的学习过程中有时往往会产生一些新的想法、新的问题，这些问题稍纵即逝，及时记下来，有利于提高学习质量。

记课堂笔记有下列几种有效方法：

① 板书记录法。板书是教师精心设计的一堂课的内容提要，对学生理解讲课内容、重点、难点有很大的帮助，因此，每一堂课上都应把教师的板书记录下来，以便课后复习，加深理解。

② 范例摘录法。老师为了帮助学生进一步理解教学内容，往往补充一些教材上没有的例题，以挖掘知识的深度广度。这些例题常常十分重要，对概念的理解、知识的融会贯通，

都有很好的参考价值。因此需要记录下来,以便加深理解。

③ 重点摘录法。要根据课堂上听到的和下课后想到的,写出一个摘要来。每个月最好把这些摘要再重新整理一次,将所有的内容综合起来,整理出一个阶段的学习成果来。这样的笔记,就是通过思考理解后完全消化了的东西,所学的知识也就掌握得比较牢固了。

记好课堂笔记还应注意以下事项:

① 要处理好听课与笔记的关系。课堂上应以专心听讲,积极思考为主,笔记为辅。要记重点,要少而精,不要句句、字字都记,跟不上时不要勉强,可课后再找同学或老师补上。

② 要有一定的笔记速度。做好课堂笔记,要求书写速度比平时快一些,文字要简明不啰唆,有时甚至只写几个字也行,要尽可能使用符号、代号,只要自己看得懂就可以。

③ 要形式多样化。记课堂笔记的形式可多种多样,如摘抄式、提要式、质疑式、综合式、心得式、研讨式、批注式、图表式等,不同学科的笔记方式也不尽相同,如:语文课多用批注式,数学课多用提要式。

④ 要在理解的基础上再记。课堂上有些问题先要经过一番思考咀嚼,消化后再落笔记下来。没有理解透彻,不经消化,一味抄下来,抄得再多也是徒劳的。

⑤ 要经常整理、复习课堂笔记。课堂上记的笔记有时比较凌乱,有时缺漏,课后应及时整理,补记体会。课堂笔记要结合教材经常进行翻阅复习,巩固所学知识,加深对教材的理解,甚至产生新的效益。切忌"上课记笔记,复习背笔记,考后全忘记。"

3. 怎样预习、复习

学生在听课前后对主要教科书有关章节的阅读至少要有四遍:第一遍泛读,预习用;第二遍精读,复习用;第三遍深入精读,重点深入地理解所讲内容中的重点和难点部分;做作业前还应进行第四遍应用性阅读,侧重于看书上例题是怎样运用原理解决问题的。

(1) 怎么预习。预习的基本方法是用"已知"比较鉴别"未知",要在教科书上做一些符号,对新的概念和方法以及可能是重点和难点之处加以标明,以便在听课时引起自己注意。做好预习应坚持下面四点:

① 要把预习纳入学习计划,有时间保证;

② 要从自己已有知识实际出发进行比较鉴别;

③ 要努力摸索一套适合于自己的预习方法;

④ 要长期坚持下去形成一种学习习惯。

(2) 怎么复习。复习的特点:一是不受讲课节奏的约束,学生可以自己支配复习时间和复习的次数;二是没有定型的方式方法,可以通过温习"已知"掌握"新知",在新旧对比中复习,可以通过提问、质疑、讨论的方式复习,可以通过综合、归纳、总结的方式复习,可以通过习题、实验、设计等应用环节复习,也可以通过阅读参考文献的方式复习。

广义的复习包括以下内容:

① 在习题练习中复习,通过练习运用所学知识并检查知识掌握程度;

② 在初步掌握课内知识基础上,有针对性地找课外参考文献阅读,加深对课内知识的理解并扩大知识面;

③ 在练习和阅读参考文献后,再对一些重要的概念、原理再次进行复习、练习和应用,称为巩固复习或强化学习;

④ 在巩固复习后进行学习总结或学习综述(针对某一章或某一阶段)。

复习时应该注意的问题有：

① 正确对待复习和做习题练习的关系。应该通过课后复习，掌握好基本概念、基本原理、基本方法后再做习题练习，而不要边做习题边复习。

② 正确对待主要教科书和参考文献的关系。复习时，应该以教师指定的主要教科书和课堂笔记为主，参考文献为辅。在复习中还应该分清"重点"和"一般"；对于重点问题应该在复习中阅读一些参考文献以便加深理解。只是在确保掌握好重点知识的前提下，才能去扩大知识面。

③ 要及时复习、及时消化，不要等问题成堆后才复习，更不要考试前"临时抱佛脚"。

④ 在复习过程中，要不断地自己提出问题、自己回答问题，"打破砂锅璺（音问，指器皿上的裂纹）到底"，不断地把概念引向深入，以便理解透彻。

⑤ 要用自己的语言和文字，以自己习用的格式进行学习小结、总结和综述；不要把总结变成抄书或抄笔记。

4. 怎样解决疑难问题

学生在学习过程中会遇到各种疑难问题。只靠听教师讲授和自己勤奋学习是不够的，还要靠勤于提问。所谓学问，就是既要学又要问。问谁呢？问自己、问老师、问同学、问书本。

(1) 问自己，不断给自己提问题。问自己，就是不断给自己提出问题，自己设法去解决问题。复习时不断给自己提出问题，为的是不仅满足于弄懂课堂上教师讲的和书上写的知识，而且要激发自己深入钻研的动力，找到深入钻研的途径。做完每道习题后给自己提出问题或其他假设，为的是把解答引向深入，提高做题效果。

(2) 问教师，将思考的问题向教师讨教。问教师，不仅是将疑难问题向教师求答。更重要的是主动争取机会将自己经过思索得到的不确切的答案和教师共同讨论，分析正确与否。问教师不单是单向求答的过程，更是一个师生双向思想交流的过程。

(3) 问同学，对学习中共性的疑难问题开展讨论。问同学，就是经常在同学间展开对学习中遇到的共同疑难问题的讨论。由于同学们都是思想活跃的年轻人，对问题没有固有的认识陈规，讨论中往往会产生许多新的认识火花。

(4) 问书本，通过教科书和参考文献解决疑难问题。教科书对学生在学习阶段可能产生的问题是有解答的，只要将教科书的内容前后融会贯通，一般都能够找到答案。至于更深入一些的问题，则要通过阅读专门的文献才能解决，而这些专门文献也会在教科书的参考文献中列出。

思考题是教师为学生创造的"问题情景"，使学生在探索问题中独立思考获取知识。思考题主要涉及教学内容中的一些概念和这些概念的应用问题。它所要求的解答往往是对一些问题的定性分析和归纳，解答的形式往往是运用文字加以叙述或运用图表加以解析，而不是用公式和数据加以演算。一般情况下，思考题的解答可以按学生自认为合适的格式表达清楚，不必上交老师批阅，但宜妥善保存以备复习时参阅。

5. 怎样正确对待考试

考试周数占学生在校学习总周数的7%~8%，考试成绩不但决定着学生的学籍，而且影响着用人部门挑选毕业生时对学生的印象。但是，考试的全部意义并不仅是这些，它的重要性还在于：

① 学生可以通过考试认真地全面复习所学知识，并从中获得矫正的反馈信息以调整自

己的学习。因而,可以认为,考试往往会成为促进学生学习的动力和提高学习质量的手段。

② 教师可以通过考试发现自己教学上的成败,以便研究改进教学。

③ 学校可以通过考试了解教学情况,从中看出应该采取哪些改革措施;同时还可以通过考试选拔优秀人才,决定因材施教。

考试是学生对考查和考试的习惯统称。考查常用的方法有口头提问(质疑)、检查书面作业、书面测验、实践性作业评定等。考查一般要求及时评定,指出优缺点,作为反映学生平时学业成绩的重要组成部分,它将作为学生成绩的一部分记入期末成绩。考试则是阶段性检查学生学业成绩的手段,包括期中考试、学期考试、学年考试等,它的方式有笔试(闭卷或开卷)、口试两种。考试要数量化地给出衡量学生达到教学目的的程度,即分数。学生考试所得的分数和考查所得的成绩按一定比例关系换算得到期末的学习成绩。

学生应该以下列正确态度对待考试:

① 在平时学习中,要了解本课程的教学目标,并按此教学目标做好平时的学习。这是考出好成绩的根本战略保证。

② 认清考试对学生来说的根本目的是促进复习、提高学习质量。所以,学生应充分利用考前复习时机全面地进行复习,彻底地解决平时积累的疑难问题,对本课程的基本概念、基本原理、基本方法有透彻的理解。这是考出好成绩的理论保证。

③ 将考试当做自己平时学习的一次总结性检验,相信平时学好了必然也会考得好;即使平时学得不好,只要考前认真复习,不留死角,不存在侥幸过关思想,也能考好。这是考出好成绩的心理保证。

④ 重视考试过程中的方法和技巧。例如思想既要处于高度集中状态,又要始终保持清醒的头脑;勿急勿躁、不慌不乱、有条有理、简明扼要;认真对待每个考题的细节,重视每一个结论、每一个数据的核对;先易后难、由近及远等。这是考出好成绩的战术。

6. 实践课的学习方法

实践课表现为各种活动课程,土建施工类专业包括以下内容。

实验:力学实验、材料实验、土工试验等。

设计:课程设计、毕业设计等。

实习:认识实习、课程实习、生产实习、顶岗实习等。

实训:工种实训、施工综合实训等。

它们的主要教学组织形式是学生参与实验、设计、实际生产过程等各种活动。学习的目标是掌握各种实际的知识和技能,培养各种解决实际问题的能力。由于实践课是学生通过亲自参与教学活动得到收获的,所以能否有意识地依据自己的期望来主动安排自己的学习,向自己提出学习要求,将对能否学好实践课产生重大影响。这些期望包括以下几点。

(1) 在知识、技能、能力方面:

① 获得应用所学理论解决实验、设计以及在实习中遇到的实际问题的能力,并且在应用中巩固所学的理论;

② 学会在实践中应用所需要的实验技能、运算技能、上机(计算机)技能、制图技能、操作技能、写作技能等;

③ 在实践应用中扩展工程技术知识和经济知识,拓展思路,开阔眼界;

④ 在实践应用中锻炼创新思维,培养初步的创新能力;

⑤ 如果实践课为集体教学活动,可以在集体活动中学会处理人际关系(和教师、同学、实验技术人员、工程技术人员、工人等的关系)。

(2) 在情感和学风方面。加深对本专业的事业感、责任感、职业道德感,养成勤奋、严谨、求实、创新的学风。

(3) 在意识和意志方面。培养完成实际任务应具备的意识,包括实践意识、质量意识、协作意识、竞争和创新意识;培养不怕困难坚定地完成任务的意志。

为了获得这些期望,学生要参考表5-2,在实践课前、课初、课间和课末的几方面下功夫。

表 5-2 实践课活动内容及要求

活动阶段 \ 活动内容	学习要求	实验课	设计课	实习课	课外科技活动
实践课前	复习已学理论	基本概念、基本原理、基本方法、主要构造做法			
	弄清实践目的	实践目的(验证?观察?研究?……)	设计目标和设计阶段(方案设计?技术设计?施工图设计?……)	实习目的(认识?操作?岗位训练?……)	课题内涵及其目标
	搜集信息资料	以往的实验报告 与本实验有关的资料 与本实验有关的仪器设备	社会需求 自然及环境条件 材料、技术、制造条件 经济、市场条件 以往的设计资料	以往的实习报告 操作规程 岗位职责 现场生产的一般情况	阅读有关文献 参阅相近的研究报告 材料、设备、资金情况
实践课初	自拟方案计划	实验方案、计划、仪器设备	设计方案、计划	个人实习计划	科技活动方案、计划
实践课间	完成技能训练	熟悉仪器设备 掌握实验技能(安装、测试、记录、校正……)	查阅技术标准 掌握设计技能(运算、上机、校核、绘图……)	操作技能 处理技术问题	调查研究 实验 统计分析等
	勤观察多思索	观察实验现象 了解事物本质	从综合比较分析中寻找最佳方案	观察思考生产过程中的技术和管理问题	科学技术事实及其概括 直觉、灵感与科学发现
	锻炼创新能力	创新的思想意识、创新的认知风格、创新的处置方法、创新的工作态度			
	解决实际问题	描述实验现象 统计分析实验数据 得到实验结论	按照设计目标完成设计任务 满足各项设计指标	记录实际生产过程 解决若干生产中遇到的实际问题	完成课题
实践课末	做好文字总结	实验报告	设计说明书 计算书	实习报告	科技小论文

实践课前要弄清本课程要解决的主要问题,并据此查阅和收集尽可能多的信息。例如:

① 实验课前要弄清实验的目的是为了检验某些理论还是为了验证一些假说,是为了观察、描述某些现象,还是为了探索、研究新的设想。并据此收集该理论、假说、现象的有关资料以及关于将要使用的仪器设备和数据处理、误差理论等方面的信息;

② 设计课前要弄清是方案性设计、技术性设计还是施工图设计(或兼而有之的设计),还要弄清设计的目标、社会的需求。并据此收集设计项目所处的自然环境条件、设计可供选择的材料条件、可供利用的技术条件以及资金条件、市场供需条件等;

③ 实习前要弄清是认识性、操作性还是生产岗位性实习,并据此收集以往学生的实习报告,看一些操作规程,了解生产岗位的职责等。

实践课初期,学生宜根据课程的教学目的,在教师或工程技术人员指导下编制出自己的实践训练方案和具体的实施计划。例如:

① 实验前,如有可能宜制定自己的实验方案和实施计划(包括选用仪器设备),而不宜完全按照教师提出的实验做法,学生仅不动脑筋地做一些在实验结果表格中填数据的工作。

② 设计前,如有可能宜做自己经过思索和比较确定的设计方案,而不宜完全按照教师提出的设计方案,学生仅做一次计算和构造练习。

③ 实习前,如有可能宜自己制定符合现场实际的个人实习计划提请实习主管人批准,而不宜完全按照现场技术人员的要求做实录工作。

在实践课过程中,学生要独立地完成各项技能训练工作。例如:

① 实验过程中,要独立地掌握仪器设备的性能和使用方法,独立地观察和描述实验现象。

② 设计过程中,要独立地完成运算、计算机操作、校核、绘图、处理技术矛盾的设计全过程,学会独立地使用技术资料。

③ 实习过程中,要独立地操作、做技术记录、处理技术问题、参与技术管理等。

在实践课过程中,学生要善于利用实践这个课堂勤观察、多思考,学到实际的知识和能力。例如:

① 在实验过程中,要善于从各种现象和事物的观察中,了解它们的实质。

② 在设计过程中,要善于从各种设计方案的比较分析中,作出最佳的选择。

③ 在实习过程中,要善于通过错综复杂的实际生产过程,抓住时机,掌握生产的脉络,从中学会解决技术问题和组织管理问题的方法。

在实践课过程中,一旦遇到新的情况和新的问题,学生既要勇于提出自己的见解,敢于"标新立异"不墨守成规,又要不固执己见,吸收经过实践证明是正确的观点。这种创新能力是通过下列锻炼形成的:

① 在思想意识上,有渴求创新的愿望、坚定的信念和发散型的多向思维。

② 在认知风格上,提倡打破感觉和思维定式、保持思路灵活(如不受已有认识的束缚)、运用"广泛"范畴思考问题。

③ 在运用创造方法上,学会在失败时尝试反直觉措施、变熟悉的东西为陌生的东西、通过分析类比提出假说进行检验、对知识和问题进行重新组合等。

④ 在工作风格上，要长时间地集中注意力、善于对失败或棘手问题“暂时遗忘”、在困难面前能坚持到底、保持旺盛精力等。

在实践课过程中，除了勤观察、会创新思维以外，还要把这种观察和思维落到实处。例如：

① 在实验过程中，要学会对实验数据进行科学的处理和分析，发现规律，做出合乎逻辑推理的结论。

② 在设计过程中，要认真对待每一种设计方案、每一个计算参数、每一项运算结果、每一处构造做法；对方案要进行综合的比较，对数据要进行严格的校核，对构造做法要处理好各种细节。

中专毕业的院士——叶可明

叶可明（1937.3.28—），上海市金山县人，1956年毕业于建工部苏州建筑工程学校，1962年毕业于同济大学函授部工业与民用建筑专业本科，建筑工程与土木工程施工技术专家，现任上海建工（集团）总公司高级工程师、顾问总工程师，是建筑施工领域的中国工程院院士。

他先后取得10余项在国内与国际领先的科研成果。其中南浦大桥、杨浦大桥、东方明珠广播电视塔的施工工艺与设备研究均获上海市科技进步一等奖。南浦大桥工程获1995年国家科技进步一等奖，上海广播电视塔施工工艺与设备研究应用获1996年国家科技进步二等奖。1995年他获得上海市工程建设十大科技明星称号。1996年被评选为上海市科技功臣。并在2006年一月上海市重点工程实事立功竞赛20周年中，被授予“杰出贡献人物”称号。

他长期研究施工技术，形成了针对“高、大、深、重、新”不同对象，能因时、因地、因人制宜的施工技术体系。提出了广泛适用于高层建筑和高耸结构的升板机提模提脚手体系。实现350米高度自升式模板工艺；提出了上海软土地基中分地区、级别的支护原则，实现了20米深坑复合支护技术及10米深坑无支撑支护技术；完善了大体积混凝土施工技术与管理，实现24 000立方米混凝土一次浇灌；提出商品泵送混凝土双掺技术与级配优化技术路线，实现350米高度混凝土一次泵送到顶；提出了大型构件组合吊装、整体提升及现场工业化技术路线，实现高空特重构件简化施工。

40多年中的大部分时间，叶可明院士都在建筑工地上度过，一次次创造性地将图纸上的工程变成实物，一次次地攻克难题，突破前人，设计出独特的施工方法。经历许多的汗水与成功的喜悦，他一直在实践着自己的那句格言：知识是前人的实践，只有通过自己的实践才有真知，才能增知。

③ 在实习过程中，要注意生产中出现的各种问题，随时记录，经常加以研究分析；有时还要就某个专门问题搜索实际资料，确定处理措施。

实践课后期，学生要重视各种文字报告或文字总结。例如：实验报告，设计说明书，计算书，实习报告，科技论文，调查报告等。写好这些文字报告或文字总结的意义在于：

① 它是学生参加教学实践活动的记录或总结，它能全面地反映学生的实际学业水平；

② 它也是记录实践教学过程的文件，同时记录了有关实际的科学、技术和生产问题，具有保存和传播的价值；

③ 它能够帮助学生整理思路、强化学习收获、加强立意和思维训练、提高写作技巧；

④ 具有一定学术水平的报告或论文，还可能刊载在报刊杂志上，成为社会所有的财富。

在写文字报告或总结时，宜个人写而不宜集体写；宜在对实践课的学习进行全面总结以后成文，而不宜不进行全面总结就匆忙成文；宜有自己的独立见解而不宜只是记录的堆积；宜写成为有学术价值的科技资料或文献，而不宜只是学习过程的叙述。

在各种文字总结中还应包括思想总结，例如：对科学实践或工程实践的理解；对实践中遇到的信息问题、协作问题、社会需求问题、市场经济问题、人际关系问题、科学技术的地位问题等的认识；对专业事业的认识和情感等。

扩展资料

高职人才培养应强调“技术性”①

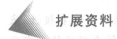

现代科学技术的迅速发展，对高职院校人才培养观念产生了深刻影响和巨大冲击。一些高职院校不能紧跟技术化社会发展的步伐以变应变，致使高职学生以低技术含量的状态进入职业岗位，职业竞争力不强。为改变这种落后的局面，高职院校必须要转变发展方式，要突破以往高职教育中技术性教育不强的状况，努力凸显高职教育中技术性的主导地位。

技术化社会趋向最明显的特征就是知识取代了以往单纯的劳动力而成为最重要的经济增长因素，在劳动者中，脑力劳动者的比重不断上升，而技术的不断升级使社会需要更多的智能劳动者(技术性人才)，如工程师、高水平技术人员，信息设计人员和受过专门技术培训的人员。因此，高职院校人才培养要适应促进个体在技术性社会更好地获得生存和发展的能力，将学生培养成具有综合知识和高级技术技能的劳动者。具体说，就是培养适应社会需求的生产、管理、服务、建设一线的高端技能型人才。

高端技能型人才——达到高级技术操作运用或管理的职业资格要求的人才。这里势必出现职业性与学术性二者互相依存、共存于学生综合职业能力之中的统一体的趋势。因此，在高职院校人才培养过程中，课程设计应以工作过程为导向，要由技术实践情景构成的以结构逻辑为中心的行动体系，以强调获得学生自我建构的技术性知识——陈述性知识为主，也即学生必须具有经验并可具有进一步发展，包括专业学习能力、实践能力，对人类负责的高度责任心，有较高的人文社会科学素质，具有把技术问题置于整个社会系统中而能进行综合平衡考虑的能力。

为了适应知识社会和创新型国家建设的要求，体现由人力资源大国变成人力资源强国的要求，高职院校的着力点还应在于将当前学生技术基础的训练与改进工作流程、工作线路、工作方法及技术创新，提高工作现场的效率，培养他们将工作一线的技术创造与创新能力相结合。学生创新能力的获得需要实践能力，而实际技术的考核标准是学生实践能力的有力保障，这要与国家职业技能鉴定和职业资格证制度接轨，使高职学生在获得高职学历毕业证书的同时也拥有本专业或相关专业的职业资格证书、技术等级证书，从而增强学生的技术能力和创业能力。

强调高职院校人才培养的“技术性”，更需要高职院校主动适应企业、行业的需求，牢固树立起“企业本位”与“学校本位”相结合的理念，积极开展产学研合作教育，建立一个“共生共进”的企校良好运行机制，在政策法规保证下，坚持互利互惠的合作原则，形成良好的利益机制。积极进行以教材为中心、以课堂为中心、以教师为中心的教学改革，打破院、系、专业之间的壁垒，加强学生的文化基础教育、实践训练和技术能力培养，建立有效的评价机制。在人才培养的过程中，高职院校还应坚持“学生本位”的教学指导思想，区别教学与管理的职能，即由教学专家和企业家共同组成教育专家委员会共同履行教学研究，提出教学忠告和咨询，进行专业设置和课程设计，评价教学效果的职能，与学校履行按专家委员会设

---

① 引自《教育与职业》2011年第34期，作者：崔清源。

计的教学规范组织实施的职能相对分离。

实现“技术性”人才培养，高职院校还应积极改革教学方法，调动学生学习的积极性，采用项目教学法、基于问题的学习法、技术规程教学法、基于行业的教学法等来提高技术实践教学的效率；教学中，应注重学生理论知识、经验知识在工作知识中的生成及行动能力的培养，要根据学生形象思维能力较强的特点，改进教学方法，提高学生的学习兴趣；注重理论与企业技术实践的结合，强调学生分析、解决综合技术问题能力的培养。

附录 1

职业教育专业目录(2021 年)(土木建筑大类部分)

专业类	中职		高职专科		高职本科	
	专业代码	专业名称	专业代码	专业名称	专业代码	专业名称
建筑设计类	640101	建筑表现	440101	建筑设计	240101	建筑设计
	640102	建筑装饰技术	440102	建筑装饰工程技术	240102	建筑装饰工程
	640103	古建筑修缮	440103	古建筑工程技术	240103	古建筑工程
	640104	园林景观施工与维护	440104	园林工程技术	240105	园林景观工程
			440105	风景园林设计		
			440106	建筑室内设计		
			440107	建筑动画技术		
城乡规划与管理类	640201	城镇建设	440201	城乡规划	240201	城乡规划
			440202	智慧城市管理技术		
			440203	村镇建设与管理		
土建施工类	640301	建筑工程施工	440301	建筑工程技术	240301	建筑工程
	640302	装配式建筑施工	440302	装配式建筑工程技术	240302	智能建造工程
	640303	建筑工程检测	440303	建筑钢结构工程技术	240303	城市地下工程
			440304	智能建造技术	240304	建筑智能检测与修复

续表

专业类	中职		高职专科		高职本科	
	专业代码	专业名称	专业代码	专业名称	专业代码	专业名称
土建施工类			440305	地下与隧道工程技术		
			440306	土木工程检测技术		
建筑设备类	640401	建筑智能化设备安装与运维	440401	建筑设备工程技术	240401	
	640402	建筑水电设备安装与运维	440402	供热通风与空调工程技术	240402	
	640403	供热通风与空调施工运行	440403	建筑电气工程技术	240403	
			440404	建筑智能化工程技术		
			440405	工业设备安装工程技术		
			440406	建筑消防技术		
建设工程管理类	640501	建筑工程造价	440501	工程造价	240501	工程造价
	640502	建设项目材料管理	440502	建设工程管理	240502	建设工程管理
			440503	建筑经济信息化管理		
			440504	建设工程监理		
市政工程类	650601	市政工程施工	440601	市政工程技术	240601	市政工程
	650602	给排水工程施工与运行	440602	给排水工程技术	240602	城市设施智慧管理
	650603	城市燃气智能输配与应用	440603	城市燃气工程技术		
			440604	市政管网智能检测与维护		
			440605	城市环境工程技术		
房地产类	640701	房地产销售	440701	房地产经营与管理	240701	房地产投资与策划
	640702	物业服务	440702	房地产智能检测与估价	240702	现代物业管理
			440703	现代物业管理		

附录 2

学位授予和人才培养学科目录(2018 年 4 月更新)

《学位授予和人才培养学科目录》,是国务院学位委员会学科评议组审核授予博士、硕士学位的学科、专业范围划分的依据。同时,学位授予单位按本目录中各学科、专业所归属的学科门类,授予相应的学位。培养研究生的高等学校和科研机构以及各有关主管部门,可以参照本目录制订培养研究生的规划,进行招生和培养工作。

学位授予和人才培养学科目录(与土建施工类专业相关部分)

学科门类	一级学科	二级学科
08 工学	0801 力学(可授工学、理学学位)	080101 一般力学与力学基础
		080102 固体力学
		080103 流体力学
		080104 工程力学
	0813 建筑学	081301 建筑历史与理论
		081302 建筑设计及其理论
		081303 城市规划与设计
		081304 建筑技术科学
	0814 土木工程	081401 岩土工程
		081402 结构工程
		081403 市政工程
		081404 供热、供燃气、通风及空调工程
		081405 防灾减灾工程及防护工程
		081406 桥梁与隧道工程
	0833 城乡规划学	083301 区域发展与规划
		083302 城乡规划与设计
		083303 住房与社区建设规划
		083304 城乡发展历史与遗产保护规划

续表

学科门类	一 级 学 科	二 级 学 科
08 工学	0833 城乡规划学	083305 城乡生态环境与基础设施规划
		083306 城乡规划管理
	0834 风景园林学 （可授工学、农学学位）	
12 管理学	1201 管理科学与工程(可授管理学、工学学位)	注:本一级学科不分设二级学科(学科、专业)

名词检索

〔1〕 建筑　为了满足人们生活和生产而营造的空间。建筑可分为建筑物和构筑物。P2

〔2〕 工业建筑　供人们进行工业生产活动的建筑。P3

〔3〕 农业建筑　供人们进行农牧业的种植、养殖、贮存等用途的建筑。P3

〔4〕 非生产性建筑　又叫民用建筑，是指供人们工作、学习、生活、居住等的建筑。P3

〔5〕 建筑高度　自室外设计地面至主体檐口顶部的垂直高度。P4

〔6〕 低层或多层民用建筑　建筑高度不大于 27.0 m 的住宅建筑、建筑高度不大于 24.0 m 的公共建筑及建筑高度大于 24.0 m 的单层公共建筑。P4

〔7〕 高层民用建筑　建筑高度大于 27.0 m 但不大于 100.0 m 的住宅建筑和建筑高度大于 24.0 m但不大于 100.0 m 的非单层公共建筑。P4

〔8〕 超高层建筑　建筑高度大于 100.0 m 的建筑，包括住宅和公共建筑。P4

〔9〕 第一类高层建筑　国际上对建筑的分类，指 9~16 层(最高 50 m)的建筑。P4

〔10〕 第二类高层建筑　国际上对建筑的分类，指 17~25 层(最高 75 m)的建筑。P4

〔11〕 第三类高层建筑　国际上对建筑的分类，指 26~40 层(最高 100 m)的建筑。P4

〔12〕 第四类高层建筑　国际上对建筑的分类，指 40 层以上(100 m 以上)的建筑。P4

〔13〕 基础　建筑最下部的承重构件，承担建筑的全部荷载，并下传给地基。P5

〔14〕 楼地层　楼房建筑中的水平承重构件，包括底层地面和中间的楼板层。P6

〔15〕 楼梯　楼房建筑的垂直交通设施，供人们平时上下和紧急疏散时使用。P7

〔16〕 屋顶　建筑顶部的承重和围护构件，一般由屋面、保温(隔热)层和承重结构三部分组成。P7

〔17〕 散水　指与房屋外墙墙脚相交接的室外地面部分，用以分散雨水，保护墙基免受雨水侵蚀。P7

〔18〕 天沟　坡屋面使雨水统一流向落水管的落水沟。P7

〔19〕 踢脚板　又称“踢脚线”，是楼地面和墙面相交处的一个重要构造节点。P7

〔20〕 建筑材料或土木工程材料　用于土建工程的材料的总称。P9

〔21〕 直接作用　又称荷载，是直接施加在结构上的各种力。P11

〔22〕 永久荷载 也称恒荷载,是指在建筑使用期间经常出现,并且其值不随时间变化,或者其变化很小,小到与平均值相比可忽略不计的荷载。P11

〔23〕 可变荷载 也称活荷载,是指在建筑使用期间经常出现,但其值随时间变化较大,与平均值相比不可忽略的荷载。P11

〔24〕 偶然荷载 在建筑使用期间不一定出现,但是一旦出现,其量值很大且持续时间很短的荷载。P11

〔25〕 建筑结构 在建筑物中,由建筑材料组成的用来承受各种作用,以起骨架作用的空间受力体系。P12

〔26〕 混凝土结构 以混凝土为主制作的结构。P14

〔27〕 砌体结构 由块体(砖、砌块、石材)和砂浆砌筑的墙、柱作为建筑物主要受力构件的结构。P14

〔28〕 木结构 主要结构构件均采用实木锯材或工程木产品的结构。P14

〔29〕 钢结构 以钢材为主制作的结构。P14

〔30〕 墙体承重结构 房屋重量通过墙传到基础的结构。P14

〔31〕 框架结构 由梁和柱连接而成的承重体系的结构。P14

〔32〕 剪力墙结构 由一系列纵向、横向剪力墙及楼盖所组成的空间结构。P15

〔33〕 筒体结构 将剪力墙或密柱框架集中到房屋的内部和外围而形成的空间封闭式的筒体。P15

〔34〕 空间结构 结构构件三向受力的大跨度的,中间不放柱子,用特殊结构解决的结构。P15

〔35〕 建筑设备 安装在建筑物内为人们居住、生活、工作提供便利、舒适、安全等条件的设备。P17

〔36〕 "绿色建筑" 为人们提供健康、舒适、安全的居住、工作和活动的空间,同时在建筑全生命周期中实现高效率地利用资源(节能、节地、节水、节材)、最低限度地影响环境的建筑物。P17

〔37〕 建设项目 投入一定量的资金,按照一定程序在一定时间内完成,并符合质量要求的,以形成固定资产为明确目标的一次性任务。P18

〔38〕 单项工程 在一个建设项目中,具有独立的设计文件,可独立组织施工和竣工验收,建成后能单独形成生产能力或发挥效益的工程。P18

〔39〕 单位工程 在一个单项工程中,具有独立的设计文件,可独立组织施工和竣工验收,但建成后不能单独形成生产能力或发挥效益的工程。P19

〔40〕 分部工程 单位工程的组成部分,是按单位工程的结构形式、工程部位、构件性质、使用材料、设备种类等的不同而划分的工程。P19

〔41〕 分项工程 组成分部工程的若干个施工过程。P19

〔42〕 工程建设程序 一个工程建设项目或者一栋房屋由开始拟定计划到建成投入使用所必须遵循的程序。P19

〔43〕 地下建筑 建造在岩体或土体中的建筑物和构筑物。P36

〔44〕 隧道 修建在岩体或土体内的用于通过行人、车辆、水、煤气等的构筑物。P39

〔45〕 工程建设标准　建设工程设计、施工方法和安全保护的统一的技术要求及有关工程建设的技术术语、符号、代号、制图方法的一般原则。P42

〔46〕 强制性标准　保障人体健康,人身财产安全的标准和法律、行政性法规规定强制性执行的国家和行业标准。P43

〔47〕 推荐性标准　非强制性的国家和行业标准。P43

〔48〕 建筑业　国民经济的重要物质生产部门,是专门从事土木工程以及附属设施的建造,线路、管道和设备的安装以及装饰装修活动的行业,其产品是各种工厂、矿井、铁路、桥梁、港口、道路、管线、住宅以及公共设施的建筑物、构筑物和设施。P50

〔49〕 国民经济　一个国家或一个地区全部经济活动的总和。P50

〔50〕 业主　建设项目投资者(即建筑产品购买者)、工程建设项目建设组织者的统称。在我国,业主又习惯地被称为建设单位。P64

〔51〕 工程勘察综合企业　能够从事工程勘察综合业务的企业。P65

〔52〕 工程勘察专业企业　专门从事某一项工程勘察专业业务的企业。P65

〔53〕 工程勘察劳务企业　专门为工程勘察提供劳务的企业。P65

〔54〕 建设工程设计企业　专门从事建设工程设计业务的企业。P66

〔55〕 工程设计综合企业　能够从事工程设计综合业务的企业。P66

〔56〕 工程设计行业企业　专门从事某一行业工程设计业务的企业。P66

〔57〕 工程设计专业企业　专门从事某一专业工程设计业务的企业。P66

〔58〕 工程设计专项企业　专门从事某些专项工程设计业务的企业。P66

〔59〕 监理单位　依法取得监理资质证书,具有法人资格的工程监理企业的总称。P68

〔60〕 建筑业企业　又可称为建筑企业、建筑施工企业、建筑安装企业,是指从事土木工程、建筑工程、线路管道和设备安装工程及装修工程的新建、扩建、改建和拆除等有关活动的企业。P70

〔61〕 施工总承包　发包人按照施工总承包合同约定,将工程项目的施工发包给具有施工总承包资质条件的承包人承包,由发包人支付工程价款,承包人可将所承包工程的非主体部分分包给具有相应资质的专业承包企业、将劳务分包给具有劳务分包资质的企业的一种工程承包方式。P70

〔62〕 专业承包　工程总承包人或施工总承包人依据专业分包合同的约定,将承包的工程中的专业工程分包给具有相应资质条件的专业分包人完成,由工程总承包人支付工程分包价款,并由总包人与分包人对分包工程项目负连带责任的工程承包方式。P70

〔63〕 施工劳务　工程总承包人、施工总承包人或工程专业分包人依据劳务分包合同约定,将所承包的工程中的施工劳务分包给具有相应资质条件的劳务分包人完成,并由发包人支付劳务报酬的承包方式。P70

〔64〕 建筑业企业资质　建筑企业的建设业绩、人员素质、管理水平、资金数量、技术装备等的总称。P70

〔65〕 劳动组织　在集体劳动中合理安排使用劳动力,提高劳动者的劳动(工作)效率的形式,方法和措施的统称。P72

〔66〕 企业规章制度　企业职工参与生产经营活动应遵守的行为准则,主要包括企业各项

工作的要求、规则、规程、程序、方法、标准等。P77

〔67〕 施工项目　建筑业企业对一个建筑产品的施工过程,也就是建筑业企业的生产对象。它可以是一个建设项目的施工,也可以是其中的一个单项工程或单位工程的施工。P82

〔68〕 项目经理部　也称项目部,是指实施或参与项目管理工作,且有明确的职责、权限和相互关系的人员及设施的集合。包括发包人、承包人、分包人和其他有关单位为完成项目管理目标而建立的管理组织。P82

〔69〕 施工项目管理　施工企业运用系统的观点、理论和科学技术对施工项目进行计划、组织、监督、控制、协调的过程,实现按期、优质、安全、低耗的项目管理目标。它是整个建设工程项目管理的一个重要组成部分,其管理的对象是施工项目。P82

〔70〕 施工项目组织形式　也称施工组织结构的类型,是指一个组织以什么样的结构方式去处理层次、跨度、部门设置和上下级关系。P84

〔71〕 项目组织　为完成项目而建立的组织,一般也称为项目班子、项目管理班子、项目组等。P84

〔72〕 施工项目经理　施工项目的最高责任人和组织者,是决定施工项目盈亏的关键性角色。P88

〔73〕 项目技术负责人　在项目部经理的领导下,负责项目部施工生产、工程质量、安全生产和机械设备管理工作。P89

〔74〕 施工员　在工程施工现场,从事施工组织策划、施工技术与管理,以及施工进度、成本、质量和安全控制等工作的专业人员。P89

〔75〕 质量员　在工程施工现场,从事施工质量策划、过程控制、检查、监督、验收等工作的专业人员。P88

〔76〕 安全员　在工程施工现场,从事施工安全策划、检查、监督等工作的专业人员。P90

〔77〕 资料员　在工程施工现场,从事施工信息资料的收集、整理、保管、归档、移交等工作的专业人员。P91

〔78〕 教育体系　互相联系的各种教育机构的整体或教育大系统中的各种教育要素的有序组合。从大教育观的角度来分,教育体系有广义和狭义之分。P101

〔79〕 高等教育　学制体系中的最高阶段,是在完全的中等教育基础上进行的各种层次、各种形式的专业教育的总称。我国的高等教育体系从教育层次上分为专科教育、本科教育、研究生教育三个层次。P102

〔80〕 职业教育　使受教育者获得某种职业或生产劳动所需要的职业知识、技能和职业道德的教育。P103

〔81〕 高等职业教育　既是高等教育也是职业教育的重要组成部分,是以培养具有一定理论知识和较强实践能力,面向生产、建设、管理、服务第一线职业岗位的实用型、技能型专门人才的教育类型,是职业教育的高等阶段。P104

〔82〕 专业培养目标　专业教育活动的基本出发点和归宿,也是高等学校所培养人才在毕业时预期的素质特征。P108

〔83〕 土木工程　是一种工程分科,指用钢材、石材、砖、木材、混凝土等各种建筑材料,修建各类工程设施的生产活动和工程技术。P124

〔84〕 建筑工程　为兴建房屋建筑物和附属构筑物设施所进行的规划、勘察、设计和施工等各项活动的总称，其中包含基础工程。P124

〔85〕 地下与隧道工程　为兴建地下建筑物和构筑物与隧道所进行的规划、勘察、设计和施工等各项活动的总称。P125

〔86〕 建筑工程技术专业　以培养建筑施工一线的技术和管理人才为主要任务的学业门类。P125

〔87〕 地下与隧道工程技术专业　以培养隧道工程、地下工程施工一线的技术和管理人才为主要任务的学业门类。P125

〔88〕 土木工程检测技术专业　以培养土木工程检测一线的技术和管理人才为主要任务的学业门类。P125

〔89〕 建筑钢结构工程技术专业　以培养建筑钢结构工程技术施工一线的技术和管理人才为主要任务的学业门类。P126

〔90〕 装配式建筑工程技术专业　以培养装配式建筑工程施工一线的技术和管理人才为主要任务的专业门类。P126

〔91〕 智能建造技术专业　以培养智能建造工程施工一线的技术和管理人才为主要任务的专业门类。P126

〔92〕 专业能力　在职业业务范围内的能力，主要通过某个职业（或专业）的专业知识、技能、行为方式和职业态度而获得。P131

〔93〕 方法能力　人们独立学习、获取新知识、技能的能力，包括制订工作计划、工作过程、产品质量的自我控制和管理以及工作评价等能力。P131

〔94〕 社会能力　人们与他人交往、合作、共同生活和工作的能力，包括工作中的人际交流、劳动组织能力、群体意识和社会责任心等内容。P132

〔95〕 课程　有狭义和广义两种概念。狭义的课程是指被列入教学计划的各门学科及其在教学计划中的地位和开设顺序的总和。广义的课程是指学校有计划地为引导学生获得预期的学习效果而进行的一切努力。P133

〔96〕 课程体系　按照学习心理和教学要求，兼顾科学知识的内在联系而组成的各门教学科目系统。P133

〔97〕 工作过程　在企业里为完成一件工作任务并获得工作成果而进行的一个完整的工作程序。P134

〔98〕 行动领域　来自职业岗位的典型工作任务的集合。P134

〔99〕 学习领域　是两个德文单词 Lernen（学习）与 Feld（田地、场地，常转译为领域）的组合同 Lernfeld 的中文意译，是指一个由学习目标描述的主题学习单元。P137

〔100〕 学习情境　较学习领域更小的学习单元。P137

〔101〕 执业资格制度　国家对某些承担较大责任，关系国家、社会和公众利益的重要专业岗位实行的一项管理制度。P146

〔102〕 学习　在社会生活实践中，以语言为中介，自觉地、积极主动掌握社会和个人的经验的过程。P160

〔103〕 学习理论　关于学习的本质、过程、条件等根本问题的一些观点，它试图说明学习是如何发生的，其规律是什么，如何有效地进行学习。P164

〔104〕 教学方法 教学过程中,教师和学生为实现教学目的、完成教学任务而采用的手段和途径的总称。P187

〔105〕 专业教学论 对应于专业科学的“辅助科学”“跨学科的和集成的科学”。P188

〔106〕 项目教学法 师生通过共同实施一个完整的项目工作而进行的教学活动。P191

〔107〕 学习方法 泛指人们在学习的领域内,为达到某种学习目的而使用的手段和措施。P192

〔108〕 专业技能 运用知识或技术完成一定生产活动的能力。P193

〔109〕 专业思想 人们对自己所从事的专业的总的看法和观点。P194

参考文献

[1] 杜国城,胡兴福.高职高专教育土建类专业教学内容和实践教学体系研究[M].北京:中国建筑工业出版社,2011.
[2] 胡兴福.建筑结构[M].北京:中国建筑工业出版社,2007.
[3] 吴泽.建筑经济[M].2 版.北京:中国建筑工业出版社,2008.
[4] 程桢,韩家宝. 关于高职土木工程类专业人才培养模式的研究[J]. 中国科教创新导刊,2008 (30):67-68.
[5] 张玉杰,龙建旭. 贵州高职类建筑工程技术人才培养模式构建中的几点思考[J]. 人才培育,2009,5 (3):72-73.
[6] 刘国伟,刘东方. 建筑设备对现代建筑的影响及课程教学探析[J]. 科教市场,2006(11):338.
[7] 罗素. 浅谈现代建筑设备[J]. 山西建筑,2009,35(19):105-107.
[8] 本书编委会.GB/T 4754—2011 国民经济行业分类[S]. 北京:中国标准出版社,2011.
[9] 周银河.建筑经济与企业管理[M].北京:中国建筑工业出版社,1996.
[10] 王志轩.分析我国建筑业对国民经济的贡献 [J].中华民居,2011(3).
[11] 国家统计局固定资产投资统计司.中国建筑业统计年鉴(2010)[M]. 北京:中国标准出版社,2011.
[12] 本书编委会.建筑业企业资质管理规定(建设部令第 159 号)[M]. 北京:中国建筑工业出版社,2007.
[13] 刘伊生.建筑企业管理[M]. 北京:北方交通大学出版社,2003.
[14] 冯玉金.建筑施工企业管理制度与常用表格大全[M]. 北京:中国建材工业出版社,2006.
[15] 李慧民. 土木工程项目管理[M].北京:科学出版社,2009.
[16] 胡志根.工程项目管理[M].武汉:武汉大学出版社,2004.
[17] 董军.土木工程行业执业资格考试概论[M]. 北京:中国建筑工业出版社,2010.
[18] 楚风华."十二五"中国建筑业发展展望[J].中国建设信息,2011(4).
[19] 韩进之.教育心理学纲要[M].北京:人民教育出版社,2003.

[20] 周谦之.学习心理学[M].北京:科学出版社,1992.
[21] 刁生富.学会学习[M].广州:暨南大学出版社,2003.
[22] 马立骥,等.大学学习导论[M].合肥:中国科技大学出版社,2004.
[23] 丁志凌,孙琼.学习方法[M].乌鲁木齐:新疆人民出版社,2003.
[24] 高杰.大学学习方法指南[M].北京:人民军医出版社,1988.
[25] 翟瞻,等.浅谈“教、学、做、考合一”教学方法在建筑工程技术专业的应用与实践[J].价值工程,2011.
[26] 韩培江.建筑工程基础[M].北京:高等教育出版社,2005.
[27] 罗福午.土木工程(专业)概论[M].2 版.武汉:武汉工业大学出版社,2001.
[28] 颜明忠.职业教育专业教学论(工业与民用建筑专业)[M].北京:中国建筑工业出版社,2011.
[29] 姬慧.“工学结合”人才培养模式初探[J].山西高等学校社会科学学报,2007,19(9):105-107.
[30] 吴兴应,秦科,周卫平.高校建筑设备节能分析:以湖南城市学院为例[J].湖南城市学院学报(自然科学版),2010,19(3):31-33.
[31] 林涛,刘小平.高职建筑工程专业人才培养 T 型模式探索[J].黑龙江高教研究,2006(12):69-70.
[32] 中华人民共和国教育部高等教育司,全国高职高专校长联席会.教学相长[M].北京:高等教育出版社,2004.
[33] 祝萍.土建工程概论[M].北京:煤炭工业出版社,2007.
[34] 王晓初,杨春峰.土木工程概论[M].沈阳:辽宁科学技术出版社,2008.
[35] 李亮,魏丽敏.基础工程[M].长沙:中南大学出版社,2005.
[36] 刘玲.浅析现代建筑技术现状及发展方向[J].四川水泥,2018, 1:110.
[37] 李海东,黄文伟.高等职业教育人才培养目标定位研究[J].广东教育,2016, 1:11-15.
[38] 刘润民,杨志强.改革开放 40 年我国高职人才培养目标综述[J].教育观察,2018,10:11-12.

郑重声明

高等教育出版社依法对本书享有专有出版权。任何未经许可的复制、销售行为均违反《中华人民共和国著作权法》，其行为人将承担相应的民事责任和行政责任；构成犯罪的，将被依法追究刑事责任。为了维护市场秩序，保护读者的合法权益，避免读者误用盗版书造成不良后果，我社将配合行政执法部门和司法机关对违法犯罪的单位和个人进行严厉打击。社会各界人士如发现上述侵权行为，希望及时举报，本社将奖励举报有功人员。

反盗版举报电话 (010)58581999 58582371 58582488

反盗版举报传真 (010)82086060

反盗版举报邮箱 dd@ hep.com.cn

通信地址 北京市西城区德外大街4号

高等教育出版社法律事务与版权管理部

邮政编码 100120